“十二五”国家科技支撑计划重点项目“博格达－哈尔里克成矿带铜－金成矿条件研究及靶区评价”专题（2011BAB06B04－02）资助

新疆博格达－哈尔里克成矿地质背景研究及找矿潜力分析

朱志新 等 编著

地质出版社
·北 京·

内容提要

本书是在“十二五”国家科技支撑计划项目“新疆重要成矿带战略性矿产资源预测与靶区评价”（2011BAB06B04－02）的专题基础上，结合近年的最新研究成果撰写的一部有关博格达－哈尔里克地区成矿地球动力学背景及成矿潜力分析的专著。本书包含了岩石学、岩石地球化学、同位素年代学、同位素示踪、流体地球化学、大地构造演化与成矿以及成矿预测等方面内容，具多学科结合的特点。通过对博格达－哈尔里克地区成矿地质背景和典型矿床进行系统研究，分析了该地区成矿地质条件，总结了成矿规律并建立综合信息预测模型，圈定了铜各类靶区10处，金各类靶区4处，并估算了科研预测资源量，对区域成矿潜力分析及找矿方向研究具有重要的参考价值。

图书在版编目（CIP）数据

新疆博格达－哈尔里克成矿地质背景研究及找矿潜力分析／朱志新等编著．—北京：地质出版社，2016．11
ISBN 978－7－116－09956－2

Ⅰ．①新…　Ⅱ．①朱…　Ⅲ．①成矿带－成矿地质－研究－新疆②成矿带－找矿－研究－新疆　Ⅳ．①P617．245②P624

中国版本图书馆CIP数据核字（2016）第214608号

责任编辑：田　野　吴金键
责任校对：张　冬
出版发行：地质出版社
社址邮编：北京海淀区学院路31号，100083
咨询电话：（010）66554528（邮购部）；（010）66554631（编辑室）
网　　址：http：//www.gph.com.cn
传　　真：（010）66554686
印　　刷：北京地大天成印务有限公司
开　　本：787 mm×1092 mm　1/16
印　　张：10.5
字　　数：260千字
版　　次：2016年11月北京第1版
印　　次：2016年11月北京第1次印刷
定　　价：68.00元
书　　号：ISBN 978－7－116－09956－2

（如对本书有建议或意见，敬请致电本社；如本书有印装问题，本社负责调换）

#《新疆博格达－哈尔里克成矿地质背景研究及找矿潜力分析》

编 著 人 员

朱志新	王克卓	陈　斌	赵同阳
李　平	徐仕琪	马星华	陈　川
靳刘圆	王　超	陈邦学	郑加行
韩　琼	刘　鑫	朱彦菲	孙耀锋

前　言

《新疆博格达－哈尔里克成矿地质背景研究及找矿潜力分析》一书属“十二五”国家科技支撑计划项目“博格达－哈尔里克成矿带铜－金成矿条件研究及靶区评价”专题成果。重点研究了博格达－哈尔里克地区成矿动力学背景、典型矿床成矿模式以及铜金成矿潜力，厘定了博格达－哈尔里克构造带火山－沉积序列、侵入岩浆序列以及区域构造－岩浆演化模式，查明了典型矿床成因及成矿模式，建立了区域铜金综合信息预测模型，共圈定铜找矿靶区10处，金找矿靶区4处，并分析了博格达－哈尔里克地区铜金成矿潜力。

本书共分为六章，其中第1章绪言介绍了项目概况，总结了研究区前人研究现状及存在的关键地质科学问题，并提出本次工作的研究内容及技术方法，由朱志新、赵同阳编写；第2章区域成矿地质背从地质概况、区域地球物理、区域地球化学、区域矿产及遥感地质特征等方面进行了阐述，由朱志新、赵同阳、王克卓、靳刘圆、李平、陈邦学编写；第3章成矿动力学背景研究主要通过岩石学、岩石地球化学、同位素年代学、Sr－Nd同位素示踪等方法，查明了研究区岩浆作用与成矿的关系，由陈斌、赵同阳、马星华、靳刘圆编写；第4章典型矿床研究主要通过流体包裹体、电子探针、稳定同位素示踪等方法，查明了研究区内铜沟铜矿、索尔巴斯陶金矿以及琼祖尔开金矿的矿床地质特征、成矿流体及成矿物质特征及来源，厘定了矿床成因，并建立了成矿模式和找矿模型，由李平、马星华、王超、靳刘圆编写；第5章成矿预测及找矿潜力分析主要通过典型矿床研究及成矿规律分析，建立了区域综合信息找矿模型并圈定了成矿远景区及找矿靶区，结合远景资源量预测及成矿条件，分析了博格达－哈尔里克地区成矿潜力，由徐仕琪、朱志新、李平、郑加行、韩琼编写；第6章结论由朱志新编写。本书插图由刘鑫、朱彦菲、孙耀锋完成。全文统稿由朱志新完成。

由于博格达－哈尔里克地区工作程度较低，科研经费有限，难以进行更深入细致的研究，加之作者水平有限，疏漏和错误之处在所难免，恳请广大地质专家和同仁批评指正。

编　者

2016年5月

目　　录

第1章　绪　　言

博格达－哈尔里克地区位于北天山东段，包括博格达山、巴里坤山、哈尔里克山等，隶属于乌鲁木齐市、昌吉州、哈密地区管辖。区内交通便利，除少数地区海拔较高、地势较陡外，其余地区均可通行汽车。区内山体呈东西向，长约700km，宽50～100km，最宽处达150km。一般山势高于中天山而低于南天山，海拔在800～3500m之间（图1.1.1）。博格达山呈东西走向，长320km，宽40～80km，主峰博格达峰海拔达5445m，在其3km范围内还有5267m、5213m两座山峰，构成“三个山”。垂直分带明显，北坡梯级地貌为：海拔5445～3500m为极高山冰雪作用带；海拔3500～2800m为高山、亚高山带；海拔2800～1800m为中高山带，天池就位于此带上；海拔1800m以下为低山丘陵带。东段山体逐渐下降到海拔3000余米，至七角井为1000余米。巴里坤山西段呈东西走向，东段北西走向，长160km，宽20～40km。一般海拔3000m，主峰月牙山为4265m，向两端逐渐降低为2000m左右。哈尔里山（喀尔里克山）呈北西走向，长150km，宽30～50km，维吾尔语意为“雪山”。主峰托木尔提峰为4886m。区内主要河流为乌鲁木齐河，区内主要湖泊有天池、柴窝堡湖和巴里坤湖。

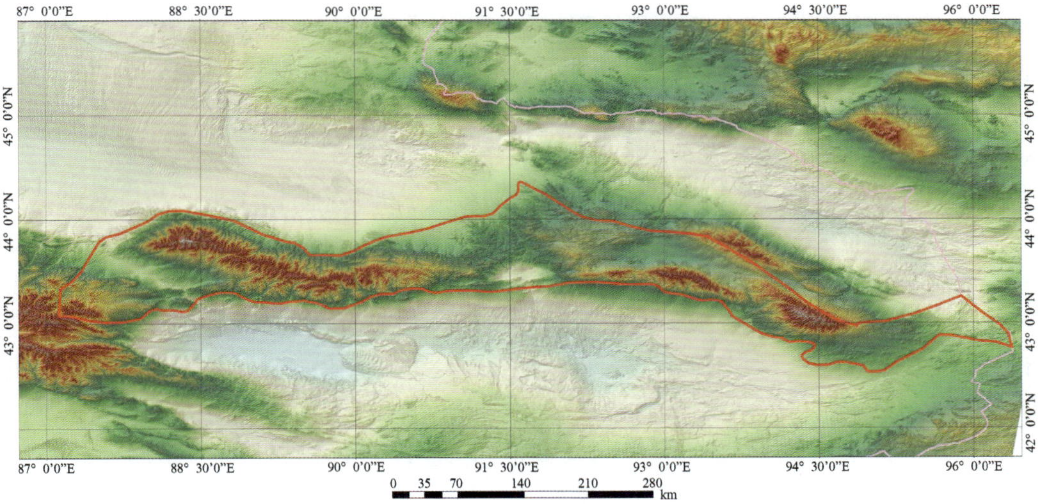

图1.1.1　研究区地势图

1.1　研究现状与存在问题

研究区地质调查工作开展相对较早，1875～1893年俄国人和瑞士人就沿哈尔里克山南缘沁城－哈密－三堡以西进行路线综合地质调查工作。新中国成立后的20世纪五六十年代，开展过1:20万区调、矿产普查等工作；80年代开展了1:20万的化探、航磁、重力等测量工作；八九十年代开始，新疆“305项目办”在本地区开展了涉及多领域多专业的基础地质及矿产地质的综合研究工作；90年代开始在邻区和区内开展了正规的1:5万地质调查工作；2000年以来，尤其是近几年，新疆有关部门在区内相继进行了多个1:5万区域地质矿产联测调查项目，部分项目配合有1:5万物探和化探工作。区内现已完成多幅1:5万区域地质矿产调查项目，随着这些项目的相继完成，将极大地提高本地区的地质矿产工作程度（图1.1.2）。

近年来，博格达－哈尔里克造山带区域地质背景方面的科研工作也取得了丰硕的成果。方国庆（1993）对博格达地区火山－沉积建造进行地球化学研究，认为博格达晚古生代属岛弧环境；顾连兴等（2000，2001）认为博格达石炭纪早期海相火山岩具有双峰式火山岩特征，结合岩石地球化学、Sr－Nd同位素资料，认为博格达造山带具有俯冲撕裂型大陆裂谷特征，是古亚洲洋壳向先存的准－吐－哈陆块斜向俯冲，将其东南端撕裂的产物，该裂谷早石炭世打开，于晚石炭世闭合，该造山带中广泛分布的辉绿岩和少量中—酸性岩恰代表了由挤压变为拉张这一短暂而重要的地球动力学环境转折时期；王银喜等（2006，2007）支持博格达构造属性为大陆裂谷的观点，并认为博格达东段地区七角井刺梅沟一带早石炭世双峰式火山岩是大陆裂谷环境中比较特殊的并十分少见的构造成因类型，大石头群晚石炭世流纹岩是博格达裂谷闭合后区域隆升阶段的产物。王金荣等（2010）对博格达山东段北部的西地－伊齐－小红柳峡一带发育的晚石炭世柳树沟组双峰式火山岩及早二叠世卡拉岗组酸性火山岩建造研究认为，博格达山前身裂谷岩浆作用始于早石炭世，结束于晚石炭世末期，早二叠世末进入后造山伸展的演化阶段。陈登超等（2010）对博格达山北侧石炭系碎屑锆石的定年研究认为博格达晚古生代大陆裂谷在早石炭世已形成，晚石炭世开始衰退，并发生两次弱造山作用，中二叠世闭合。由此看来，就博格达造山带晚古生代的构造属性而言，虽有不同学者进行相关研究，仍存在岛弧、裂谷、陆内裂谷、弧后盆地等观点，还难以取得统一的认识。

郭华春等（2006）、曹福根等（2006）分别对哈尔里克山口门子地区和塔水河一带的花岗质岩体进行年代学研究，并且初步确定了哈尔里克具有早古生代活动陆缘型岩浆弧。王赐银等（1996）、赵明等（1997）通过同位素定年得出哈尔里克晚古生代火山弧发生于早石炭世，晚石炭世发生陆陆碰撞。孙桂华等（2005）通过对口门子一带大面积出露的闪长岩和花岗闪长岩锆石SHRIMP U－Pb定年获得（316±3）Ma，将其解释为哈尔里克晚古生代的初始岩浆侵入活动，通过与博格达对比得出两者晚古生代岩浆初始侵入时间大体相同，由此推论哈尔里克与博格达晚石炭世期间的构造属性基本相同。孙桂华等（2007）、汪传胜等（2009a，2009b）、陈希节等（2010）通过年代学、地球化学、构造变形等证据确定了二叠纪哈尔里克进入后碰撞时期。夏芳等（2012）对哈尔里克山侵入岩进行系统研究，结果表明该地区侵入事件主要分为奥陶纪—志留纪（460～425Ma）、泥盆纪（415～360Ma）、石炭纪—二叠纪（335～270Ma）三期。靳刘圆等（2013）通过对哈尔里克地区火山岩的研究，结果表明该地区火山岩在奥陶纪—泥盆纪期间为弧火山岩，并且该岛弧带随着吐哈盆地南缘活动陆缘逐步向南侧迁移，在石炭纪—二叠纪演变为弧后环境。

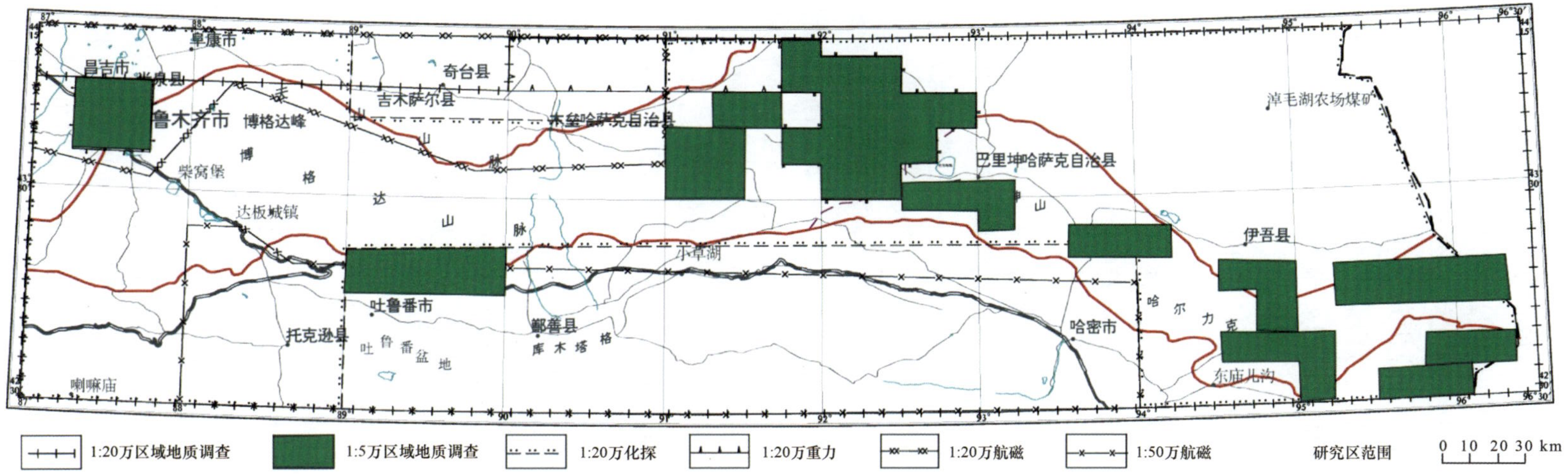

图 1.1.2 研究区工作程度图

对于博格达－哈尔里克一带矿床方面的研究工作还相对薄弱。对于索尔巴斯陶金矿床，前人仅根据野外宏观地质特征、围岩蚀变等对索尔巴斯陶金矿床提出了不同的成因类型，包括爆破角砾岩筒型（党延霞等，2010）、陆相火山岩型（刘家远，2001）、浅成低温热液型（杨富全等，2005）、低温气液交代－蚀变岩型（张文璟等，2013）。龚斌利、刘云鹤（2013a，2013b）对新疆哈尔里克山地区韧性剪切带型铜金矿化地质特征及找矿前景进行了分析，认为该地区发育韧性剪切带，且岩石发生了强烈破碎和糜棱岩化，矿化蚀变明显，矿化带延伸稳定，沿剪切带及向更深部可能发育更强的矿化蚀变，具有较好的找矿前景。

综合分析上述前人研究成果，博格达－哈尔里克造山带存在的重要地质矿产问题可归纳为以下三点：

（1）资料的综合研究程度、横向对比尚不深入

由于测试手段、成矿理论和工作程度等因素的制约，目前博格达－哈尔里克造山带典型矿床的研究解剖深度不够，一方面影响了典型矿床成矿模式的建立，另一方面也影响了找矿标志和找矿模型的建立。已有涉及研究区的成矿地质背景对比研究多是局部小范围的对比研究，缺乏最新的地质矿产数据资料，影响了典型矿床成矿地质背景研究和成矿规律的系统总结。以往主要是从资料到资料总结和编图，缺乏实地野外地质考察研究，影响对比研究的程度。

（2）博格达－哈尔里克造山带构造－岩浆演化模式和地球动力学背景

博格达造山带并没有发现较老大陆地壳的痕迹，主要的岩石建造是石炭系火山－沉积体系，大陆裂谷在什么基底岩石上发生？双峰式岩浆并非裂谷体系所特有，实际上，弧岩浆岩体系也是幔源基性岩浆和壳源酸性岩浆的组合，中间成分的岩浆（如安山质岩浆）是否形成以及形成多少，取决于基性和酸性岩浆的混合程度，即壳幔相互作用程度。最后，博格达“大陆裂谷”在早石炭世裂开之后，很快闭合，之后又裂开的过程的地球动力学机制是什么？

博格达造山带火山－沉积建造的成因存在两种可能性：第一种，博格达造山带玄武岩主要来自软流圈地幔的部分熔融，并被地壳物质轻微混染，而流纹岩是下地壳部分熔融的产物；第二种，博格达造山带玄武岩和流纹岩可能由于岩浆房中幔源岩浆由于物理化学条件的变化而发生熔离作用所形成的成分截然不同的基性和酸性岩浆组合。究竟何种成因仍需进一步深入研究。

（3）博格达－哈尔里克构造带铜－金矿的成因机理及后期岩浆－热液和变质作用的改造/富集机制

首先，铜金等成矿物质显然来自海底基性为主的火山喷发，但基性火山岩来自什么性质的地幔，以及动力学背景是什么并不清楚，可能的源区和动力学环境包括俯冲带交代过的地幔楔、弧后伸展环境、地幔柱玄武岩，或大洋中脊环境等；其次，海水富硫对 Cu－Au 等成矿元素在海底火山沉积地层中大量沉积成矿显然是必要的（Farquhar et al.，2010），但这种富硫过程产生的原因并不清楚；第三，博格达－哈尔里克构造带中火山沉积型铜金多金属矿床多受到后期岩浆－热液和变质作用流体的改造，表现为在层状矿体上产生新的脉状矿体（所谓的“下层上脉”现象），这种后期热液和流体对层控型铜金多金属矿床的改造过程和再富集机制是什么？这显然是进一步找矿勘查过程中必须回答的问

题。此外，对与这些构造－岩浆－变质事件相关的成矿年代的测定显然是至关重要的，它直接影响到对不同类型金属矿床的成因、成矿物质来源，以及成矿作用与地壳演化关系的深入认识。

1.2 研究内容与技术方法

1.2.1 研究内容

在充分收集分析前人资料和研究成果的基础上，提炼成矿研究方面存在问题，针对现存问题，在进行系统野外观测基础上，采用现代实验技术手段从构造－岩浆演化模式入手开展成矿动力学背景研究；对3处典型矿床进行重点剖析，并考察其他矿床（点）20余处，追踪典型矿床的成矿物质来源和成矿时代，建立典型矿床成矿模式，总结不同类型矿床的成矿作用特点、控矿要素配置和示矿信息，查明各岩带铜、金矿形成的有利和不利的地质条件，建立区域成矿模型和找矿模式；以找矿模型为依据，以博格达－哈尔里克成矿带成矿预测数据库（1∶20万）为基础进行成矿有利地段信息提取，获得知识驱动方式定性预测结果，同时进行数据驱动方式成矿预测，获得定量预测结果，综合分析两种预测结果，优选找矿靶区；同矿山企业合作，采用多种勘查技术方法组合（高分辨率遥感＋地质调查＋快速地球化学剖面＋重、磁、电综合技术）辅以少量山地工程对找矿靶区进行评价。

1.2.2 技术方法

在充分分析、研究前人资料的基础上，根据存在的主要地质矿产问题提出本次工作的重点及着手点（图1.2.1）。

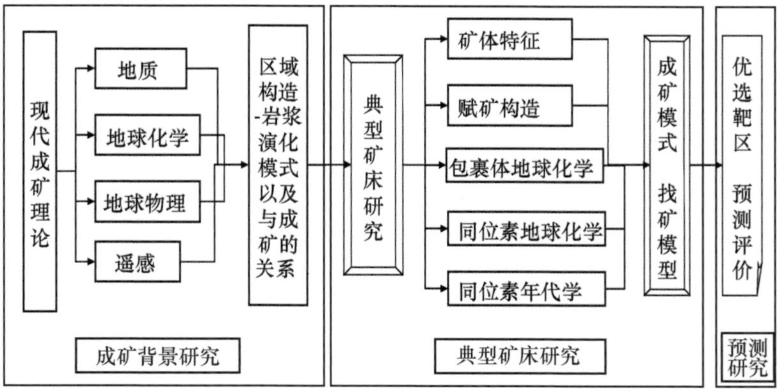

图1.2.1 技术路线

1）通过对博格达和哈尔里克造山带的基底性质的研究，澄清博格达造山带中双峰式岩浆的构造背景、重建哈尔里克造山带构造－岩浆演化的过程，查明该带铜、金成矿地质背景；

2）本书将从典型铜、金矿床剖析入手，通过岩石学、微量元素和同位素地球化学的角度探讨博格达－哈尔里克造山带的成因和构造环境，重新认识该带构造岩浆演化和成矿关系；

3）通过大量实践和总结，建立适用于研究区复杂地形条件和优势矿床类型的高效勘查技术方法组合。

第2章 区域成矿地质背景

2.1 地质概况

博格达－哈尔里克山位于新疆准噶尔盆地和吐哈盆地之间，东西长约700km，南北宽40~100km不等，主要由古生代的地质体组成。从大地构造划分看，研究区位于天山－兴蒙造山系，准噶尔弧盆系与准噶尔－吐哈地块（潘桂棠等，2009）的衔接地带，其北侧为早石炭世卡拉麦里蛇绿混杂岩带（汪帮耀等，2009），南侧为吐哈地块，就其古生代大地构造属性，由博格达石炭纪火山盆地（王宗秀等，2003；Xiao Wenjiao et al.，2004；李锦轶等，2004）和哈尔里克古生代复合岛弧组成（马瑞士等，1993；周济元等，1994）（图2.1.1）。

两个构造单元在地层出露、岩浆活动上各有不同。博格达晚古生代火山盆地是由于康古尔古洋盆向北部的准噶尔地块俯冲形成的，于晚石炭世快速转入陆陆挤压造山阶段，晚二叠世进入弧后陆内演化阶段。哈尔里克岛弧带最初是由于早古生代（晚寒武世—早奥陶世）的康古尔洋向北部的准噶尔地块俯冲碰撞形成的岛弧带（李文铅，2008），之后随着中天山地块的继续推进，使泥盆纪的大南湖岛弧以及早石炭世的企鹅山岛弧带继续向北碰撞拼贴，形成哈尔里克古生代复合岛弧带，这些过程使哈尔里克山古生代造山作用变得极为复杂，同时伴随着强烈的岩浆活动。晚古生代末期伴随着造山后的伸展变形作用，使口门子一带等多处广泛发育有韧性剪切带。与博格达造山带类似，中新生代进入相对稳定的陆内演化阶段。

2.1.1 地层

2.1.1.1 博格达地层小区

博格达造山带出露地层主体为石炭系，仅在西段白杨沟地区博格多复背斜见有对称大面积分布的二叠系，东段与哈尔里克造山带相邻地区分布有泥盆系甚至更老的地层。大多被辉绿岩脉侵入。地层由老到新介绍如下：

下石炭统七角井组（C_1q）：该组下部由块状、枕状玄武岩、安山质火山角砾岩火山岩为主，顶部为火山碎屑岩－火山碎屑沉积岩－沉积岩组合。其中第一岩性段为灰绿色、灰色、深灰色杏仁状玄武岩、安山质火山角砾岩、安山质凝灰岩夹杏仁状安山岩、凝灰质粉砂岩；第二岩性段岩性为（深）灰色、灰绿色凝灰质细砂岩、粉砂岩与长石岩屑砂岩呈韵律层交互出露，局部有中—酸性的火山沉凝灰岩、玻屑凝灰岩等夹层。砂岩中产芦木、蕨类植物化石，少量灰岩中产有双壳类、珊瑚类动物化石。以上化石特征表明，该时期化石部分来自陆地，部分来自海洋，海相化石指示浅海环境。东部地区被卡拉岗组不整合覆盖，西部与柳树沟组呈断层接触。

上石炭统柳树沟组（C_2l）：出露的岩性为灰绿、灰紫色安山岩、灰绿色杏仁状玄武岩、火山灰凝灰岩为主，夹长石岩屑砂岩、粉砂岩、生物碎屑灰岩、英安岩、流纹岩、火山角砾岩、火山质细砾岩。岩石组合类型较为复杂，岩性变化较大。该组地层发育有大量灰岩，局部形成生物碎屑灰岩透镜体或条带，包括内碎屑砾屑灰岩、砂屑灰岩、生物屑灰岩等，其中含海相化石：海胆、海百合茎、腕足类、苔藓虫，所反映其沉积环境为滨海浅水环境。与下伏七角井组呈断层接触，上覆祁家沟组与其呈整合接触。

上石炭统祁家沟组（C_2qj）：岩石组合较为简单，岩性较为稳定。出露的岩性为灰色、绿灰色细粒—中粒—粗粒长石岩屑砂岩、岩屑长石砂岩、粉砂岩、砂砾岩不均匀互层，夹火山沉凝灰岩、凝灰质砂岩。总体上为一套正常沉积的碎屑岩夹少量火山碎屑岩的沉积岩地层。粒度分析、岩石地层、古生物资料均表明，上石炭统祁家沟组沉积环境应为滨海环境。下与七角井组呈断层接触。

上石炭统奥尔吐组（C_2a）：为一套滨海相—三角洲相碎屑岩夹火山碎屑岩建造，其岩石组合为细粒岩屑砂岩、粉砂岩、砂砾岩夹凝灰质砂岩、凝灰岩、沉凝灰岩，砂岩中含植物化石 *Calmites* sp. 。

下二叠统石人子沟组（P_1s）：下部为灰色钙质细砂岩、灰绿色长石岩屑细砂岩夹凝灰岩；上部为浅褐色、灰色中—细粒长石岩屑砂岩、浅灰色钙质长石岩屑砂岩夹凝灰质粉砂岩，为一套潮间带长石岩屑杂砂岩夹凝灰岩建造。整合覆于祁家沟组之上。

下二叠塔什库拉组（P_1t）：该组主要岩性为浅灰色长石岩屑细砂岩、钙质长石细砂岩夹钙质粉砂岩、安山岩、凝灰岩，为一套潮上带长石岩屑杂砂岩夹安山岩建造。整合覆于石人子沟组之上。

中二叠统卡拉岗组（P_2k）：该组岩石组合简单，岩性较为稳定。出露的岩性为黄灰色、浅灰绿色英安岩、流纹岩夹深灰色岩屑凝灰岩、玻屑凝灰岩。总体上该组为一套酸性为主的中酸性火山岩夹中酸性火山碎屑岩组合，具陆相火山岩特征。该组岩石均不同程度地受到动力作用发生，普遍发育碎裂化，变质作用较强者，已转变为长英质碎斑岩。与下石炭统七角井组、上石炭统柳树沟组均呈不整合接触关系。

上二叠统乌拉泊组（P_3w）：该组岩性主要为灰绿色长石岩屑细砂岩、长石粗砂岩、凝灰质细砂岩夹灰黑色泥质粉砂岩。属潮上带长石砂岩夹泥质粉砂岩 - 细砂岩建造。平行不整合覆于塔什库拉组之上。

下—中侏罗统水西沟群（$J_{1-2}Sx$）：主要岩性为灰绿色泥质粉砂岩、浅灰绿色、黄绿色粉砂岩，岩石呈薄层状，单层厚度一般为 0.3 ~ 0.5cm，水平层理发育。根据岩石组合特征及构造特征，其沉积环境应为典型的陆内湖相沉积。不整合覆盖于下石炭统七角井组第二段之上，其上被古近系—新近系渐新统—中新统桃树园组（E_3N_1t）不整合覆盖。

中侏罗统西山窑组（J_2x）：紫红色细砂岩、粉砂岩互层，夹褐黄色粗砂岩、砾岩。属沼泽亚相砂岩 - 粉砂岩夹泥岩建造。

中侏罗统头屯河组（J_2t）：灰白色粉砂岩、细砂岩，深灰色、灰色泥岩夹煤线。

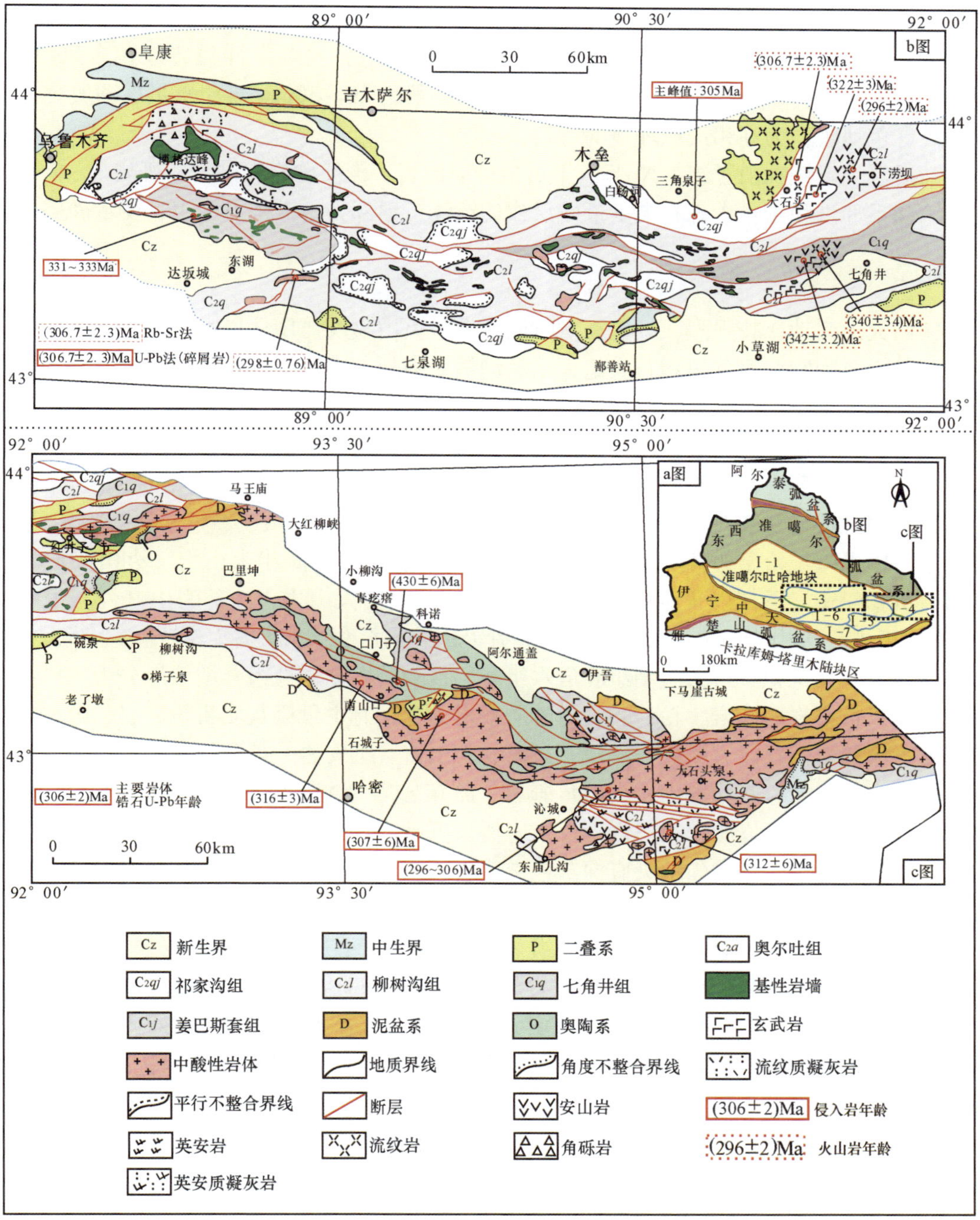

图 2.1.1　研究区地质简图

a—据成守德，张良臣等修改，2012；b、c—据相关 1∶20 万和 1∶5 万地质图修改；

Ⅰ-1—准噶尔吐哈地块；Ⅰ-2—依连哈比尔尕裂谷盆地；

Ⅰ-3—博格达构造带；Ⅰ-4—哈尔里克构造带；

Ⅰ-5—大南湖古生代岛弧；Ⅰ-6—吐哈盆地；

Ⅰ-7—觉罗塔格裂陷槽

古近系古新统—始新统紫泥泉子组（$E_{1-2}z$）：砖红色砾岩、紫红色细砂岩、砖红色粗砂岩。

古近系渐新统—新近系中新统桃树园组（E_3—N_1t）：主要岩性为砖红色含砾砂岩、土黄色泥岩、粉砂岩等，产状平缓，厚度较薄，一般为10~30m。岩层水平层理发育，宏观为砖红色地貌，为湖相沉积环境的产物。

新近系上新统独山子组（N_2d）：土黄色砂质泥岩、泥质砂岩夹砂岩、砾岩。

第四系冲洪积物：砂砾石夹少量砂层或透镜体，顶部为松散砾石为主，少量砂层。

2.1.1.2 哈尔里克地层小区

区内火山活动比较强烈，频繁。从时间上看，火山喷发作用从奥陶纪开始，至二叠纪结束。其中奥陶纪、泥盆纪和石炭纪火山活动最为强烈，火山岩分布面积最广，其次为志留纪，二叠纪火山作用强度相对较弱，火山岩分布范围较为局限。区内火山岩类型比较齐全，从基性—酸性岩类均有分布，以中基性岩浆喷发为主，中酸性岩浆喷发作用较弱。岩性主要为安山岩和玄武岩类岩石，英安岩和流纹岩类岩石分布较少。根据岩性组合特征、生物化石组合特征及变质变形特征，主要地层单元划分叙述如下：

下—中奥陶统恰干布拉克组（$O_{1-2}q$）：该组主要为一套海相火山岩、火山碎屑岩及碎屑岩沉积建造。下部以正常碎屑岩为主夹有少量中性火山岩；中部为中基性、中酸性（以中性为主）火山岩、火山碎屑岩为主夹有火山碎屑沉积岩和正常碎屑岩；上部为火山岩与碎屑岩间互沉积。与大南湖组和塔水组断层接触。根据岩性组合把该组分为三段：第一岩性段以长石岩屑砂岩、粉砂岩、粉砂质板岩为主，有少量凝灰质粗粉砂岩，内中夹有安山岩；第二岩性段以玄武岩、安山玄武岩、安山岩、英安岩、角砾凝灰岩、凝灰熔岩及安山质火山角砾岩、玄武安山质火山角砾岩、凝灰岩等为主，局部夹有粉砂岩、细砂岩、砂质砾岩和凝灰质砂岩等；第三岩性段以岩屑长石砂岩、钙质粉砂岩、凝灰质砂岩、细砂岩及沉凝灰岩为主，不均匀地夹有深灰色玄武岩、灰白色石英安山岩、灰色安山质角砾熔岩和凝灰岩。

中—上奥陶统塔水组（$O_{2-3}t$）：该组岩石均发生了较强的韧性变形、变质，其原岩建造为一套海相火山复理石沉积。岩性主要为长英质糜棱岩、糜棱岩化蚀变安山岩、角砾凝灰岩、强蚀变凝灰岩、火山灰凝灰岩、沉凝灰岩及绢云母板岩、长英质板岩、绢云千糜岩、钙质糜棱岩。与恰干布拉克组、赛尔万组、阿尔巴萨依组均以断层接触。

中—上奥陶统赛尔万组（$O_{2-3}s$）：该组为一套海相中性、中酸性火山岩建造。下部以火山碎屑岩为主，火山熔岩次之，夹有少量正常碎屑岩；上部以火山碎屑岩为主，火山熔岩次之。该组岩石受动力变质作用，普遍发生片理化、糜棱岩化、千糜岩化和强蚀变。与塔水组和姜巴斯套组为断层接触。根据岩性组合把该组分为两段：第一岩性段以蚀变凝灰岩、火山灰凝灰岩、含角砾火山灰凝灰岩、蚀变安山岩、长英质糜棱岩、超糜棱岩为主，夹少量细砂岩、粉砂岩；第二岩性段以蚀变凝灰岩、火山灰凝灰岩、蚀变安山岩、糜棱岩化安山岩、安山岩、长英质糜棱岩、超糜棱岩为主。

下泥盆统大南湖组（D_1d）：该组为一套海相碎屑岩夹碳酸盐岩建造。岩性以长石岩屑砂岩、粉砂岩、粉砂质砂岩、灰岩、泥岩、凝灰质砂岩为主，向上夹有少量的安山质凝灰岩和安山岩。与恰干布拉克组呈断层接触，以角度不整合与居里得能组接触。

下石炭统姜巴斯套组（C_1j）：该组下部为灰色中—薄层状灰岩、泥质灰岩为主，间夹钙质粉砂岩、泥质粉砂岩；含少量腕足类化石；中部主要为杂色细碎屑岩及火山质砾岩、沉凝灰岩、凝灰质细砂岩、粉砂岩夹中酸性岩屑凝灰岩夹层，含有多层腕足类、双壳类化石；上部主要为巨厚层状砾岩夹有砾质粗粒砂岩、砂砾岩、粉砂岩透镜体，砂岩中见植物茎。与赛尔万组呈断层接触关系。

上石炭统居里得能组（C_2j）：该组下部主要为一套海相碎屑岩夹碳酸盐岩建造，以砂岩、细砂岩为主夹砾岩、砂砾岩夹层或透镜体及灰岩；上部为中性火山碎屑岩沉积，岩性主要为凝灰岩、熔结凝灰岩、角砾凝灰岩。与大南湖组呈角度不整合接触，与恰干布拉克组呈断层接触。

下二叠统阿尔巴萨依组（P_1a）：该组为一套陆相火山岩建造，下部以凝灰岩为主夹少量熔岩，岩性以流纹质、安山质凝灰岩为主夹少量安山岩、英安岩、流纹岩；上部以基性、酸性火山熔岩为主夹火山碎屑岩，岩性以玄武岩、霏细岩、安山岩为主，夹中酸性火山角砾岩和少量角砾凝灰岩。与塔水组呈断层接触关系。

上二叠统库莱组（P_3k）：该组为一套陆相碎屑岩沉积，根据岩石组合可分为两个岩性段，两个岩性段从岩石颜色上很易区分，第一岩性段总体色调为灰、褐灰、黄灰、灰绿色，第二岩性段岩层总体色调为褐红色、紫灰色，二者为整合过渡关系。其下与中二叠统三道沟组呈超覆不整合接触关系，其上被渐新统—中新统桃树园组不整合覆盖。

古近系渐新统—新近系中新统桃树园组（E_3—N_1t）：岩性为一套砖红色砂岩、粉砂岩夹泥质粉砂岩。出露厚度几十米至130m。不整合于晚二叠世库莱组和其他老地层、岩体之上。

第四系冲洪积物：冲积层松散堆积，主要为灰色砾石、砂砾、亚砂土和粉砂土等组成，未经胶结。

2.1.2 火山岩

2.1.2.1 博格达地区火山岩

根据近年来获得的高精度定年数据（表2.1.1），博格达复背斜主体由石炭系组成（图2.1.2）。根据岩性组合特征、生物组合特征及变质变形特征，主要地层单元划分为：下石炭统七角井组（C_1q）、上石炭统柳树沟组（C_2l）和祁家沟组（C_2qj）以及上二叠统卡拉岗组（P_2k）。下石炭统七角井组（C_1q）为一套海相双峰式火山-沉积建造，主要岩性为灰黑色、深灰色枕状玄武岩与灰色流纹岩、酸性凝灰岩互层，局部含有黑色碳质页岩、深灰色长石岩屑砂岩等。上石炭统柳树沟组（C_2l）主要岩性为一套海陆交互相火山岩夹陆源碎屑岩建造；祁家沟组为一套浅海相灰岩夹碎屑岩建造，主要岩性为灰绿色玄武岩、暗紫色英安岩、酸性火山角砾岩和凝灰岩，以及少量砂岩、粉砂岩等碎屑岩以及灰岩透镜体。上二叠统卡拉岗组（P_2k）东部大石头一带则发育偏酸性火山岩及少量陆源碎屑岩。

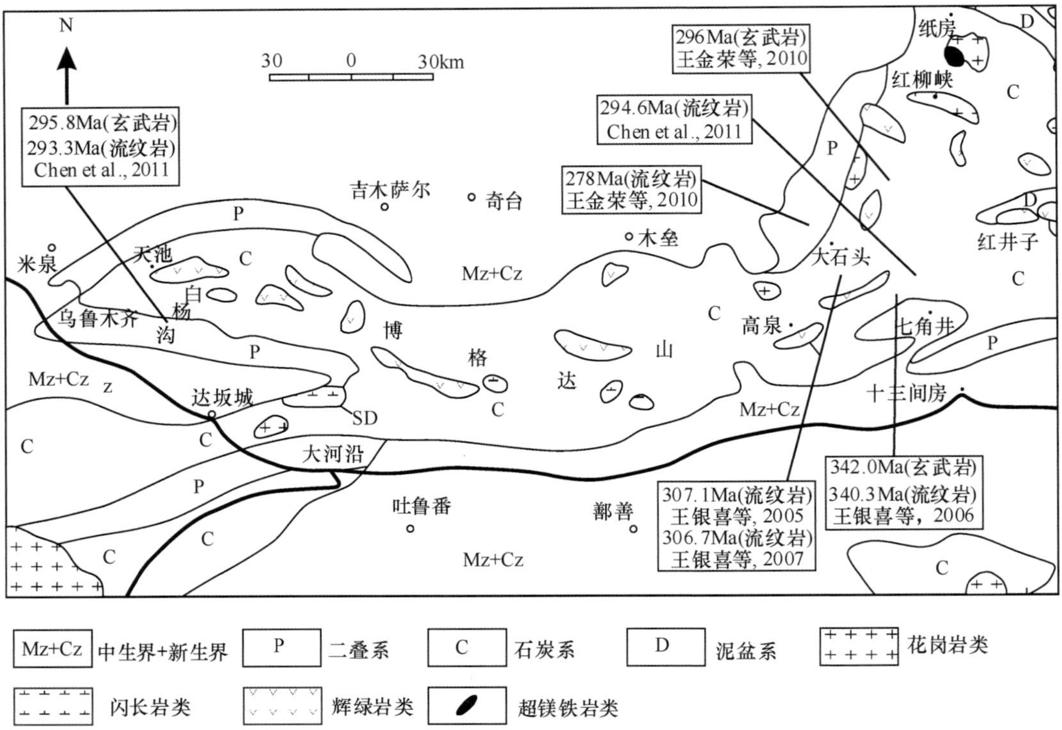

图 2.1.2　新疆博格达造山带区域地质简图及岩浆活动年龄分布图

（据 Chen et al.，2011；顾连兴等，2000；王金荣等，2010；王银喜等，2006；有修改）

表 2.1.1　新疆博格达造山带岩浆活动年龄

产地（地层位置）	岩性	年龄	测试方法	资料来源
大石头—色皮口（上石炭统）	流纹岩	(307.1 ± 1.3) Ma	全岩 Rb－Sr	王银喜等，2005
七角井刺梅沟（下石炭统）	玄武岩	(342.0 ± 3.2) Ma	全岩 Rb－Sr	王银喜等，2006
	流纹岩	(340.3 ± 3.4) Ma		
大石头（上石炭统）	流纹岩	(306.7 ± 2.3) Ma	全岩 Rb－Sr	王银喜等，2007
高泉子（上二叠统）	流纹岩	(278 ± 2) Ma	全岩 Rb－Sr	王金荣等，2010
高泉子（下石炭统）	流纹岩	(296 ± 2) Ma		
白杨沟（下二叠统）	玄武岩	(295.8 ± 2.8) Ma	LA－ICP－MS 锆石 U－Pb	Chen et al.，2011
	流纹岩	(293.3 ± 1.7) Ma		
七角井（下二叠统）	流纹岩	(294.6 ± 2.0) Ma		
车轱辘泉（下二叠统）	玄武岩	(294.5 ± 3.6) Ma		
	流纹岩	(293.6 ± 2.3) Ma		

下石炭统七角井组（C_1q）　岩性组合为：下部以灰绿色—紫红色变玄武岩、灰绿色变凝灰岩为主，局部夹凝灰质粉砂岩和灰岩透镜体；中部为灰白—灰黑色变沉凝灰岩、局部夹中厚层灰白色酸性凝灰岩、凝灰质粉砂岩；上部以灰黑色千枚状变凝灰质粉砂岩、千枚状变晶屑凝灰岩、灰—浅灰色千枚岩、变粉砂岩互层为主，夹少量变晶屑岩屑凝灰岩及

中细粒变岩屑长石砂岩。岩性组合总体由火山岩相建造向细碎屑岩建造演化。根据岩性组合进一步划分出四个岩性段：

第一岩性段：灰绿色—紫红色变玄武岩、灰绿色变凝灰岩、灰绿色变复屑凝灰岩局部夹变凝灰质粉砂岩和灰岩透镜体。

第二岩性段：灰—灰黑色变沉凝灰岩、黄绿色变复屑凝灰岩，局部夹中厚层灰白色变酸性凝灰岩、变凝灰质粉砂岩。

第三岩性段：灰黑色千枚状变凝灰质粉砂岩、变千枚状变晶屑凝灰岩、凝灰质长石岩屑砂岩互层为主，夹变晶屑凝灰岩。

第四岩性段：以灰—浅灰色千枚岩化变含炭凝灰质细砂岩、变粉砂岩、变晶屑岩屑凝灰岩、变长石砂岩夹变粉砂岩。

七角井组中目前尚未发现化石，王银喜等（2006）在本区南侧刺梅沟测得玄武岩全岩 Rb－Sr 等时线年龄（342.0 ±3.2）Ma，石英角斑岩全岩 Rb－Sr 等时线年龄（340.3 ±3.4）Ma。

上石炭统柳树沟组（C_2l） 该组岩性组合为：下部灰绿色凝灰岩、凝灰质砂岩、灰黑色凝灰质粉砂岩、灰褐色凝灰岩局部夹英安岩；中部为灰绿色—紫红色玄武岩、杏仁状安山玄武岩、粗粒玄武岩、紫红色火山角砾岩；上部为灰绿色—灰色凝灰岩、凝灰质粉砂岩、凝灰质砾岩，局部夹灰岩透镜体。岩性组合总体由火山碎屑岩—火山岩相建造向细碎屑岩建造演化。根据岩性组合将该组分为五段：

第一岩性段：下部岩性为灰绿色凝灰岩、凝灰质砂岩以及灰黑色粉砂岩，过渡为含砾粗砂岩，顶部岩性以灰绿—灰褐色凝灰岩为主，局部夹英安岩，以厚层火山岩作为结束标志。

第二岩性段：紫红色英安斑岩、紫红色铁质玄武岩。

第三岩性段：灰绿色火山凝灰岩、浅灰色凝灰质砂岩为主，夹灰岩透镜体。

第四岩性段：灰绿色凝灰质砂岩、紫红色细砂岩、粉砂岩，夹灰绿色凝灰岩、灰绿色英安岩、灰绿色玄武岩组合为主，夹少量灰岩透镜体。

第五岩性段：浅灰绿色火山灰凝灰岩、凝灰质砂岩及凝灰质砂砾岩，夹少量灰—紫红色灰岩透镜体等。

上石炭统祁家沟组（C_2qj） 该组岩性组合为底部灰黑色粉砂岩、紫红色细砂岩、砂砾岩、砾岩，顶部为灰色—深灰色细砂岩、粉砂岩夹紫红色安山岩、灰白—青灰色微晶灰岩，局部夹中基性火山岩。岩石组合表现为一套海陆交互相陆源粗碎屑岩—碳酸盐岩建造，局部夹有火山岩，属于一套火山岩—粗碎屑岩组合。与柳树沟组呈不整合或断层接触关系。

中二叠统卡拉岗组（P_2k） 该组岩性以酸性火山岩及碎屑岩为主。下部为灰绿色粗砂岩、凝灰砾岩，凝灰砂岩、火山角砾岩夹霏细斑岩、流纹岩、安山玢岩、凝灰岩及粉砂岩；上部为霏细斑岩、流纹岩、酸性凝灰岩夹钠长斑岩、安山玢岩、火山角砾岩及粉砂岩。含植物化石，下与上石炭统祁家沟组呈断层接触。

2.1.2.2 哈尔里克地区火山岩

研究区隶属于准噶尔火山岩区，分布于准噶尔弧盆系，该地区以发育古生代海相火山岩为特征，比起前寒武纪以及新生代而言，古生代火山岩分布较为广泛，其中尤以晚古生代泥盆纪—石炭纪的火山岩居多，二叠纪以及中生代期间的陆相火山岩也有分布，岩石地球化学表明，火山岩大多为钙碱性系列岩石，从基性到酸性岩类均有分布，其中以中基性岩类局多（图 2. 1. 3）。

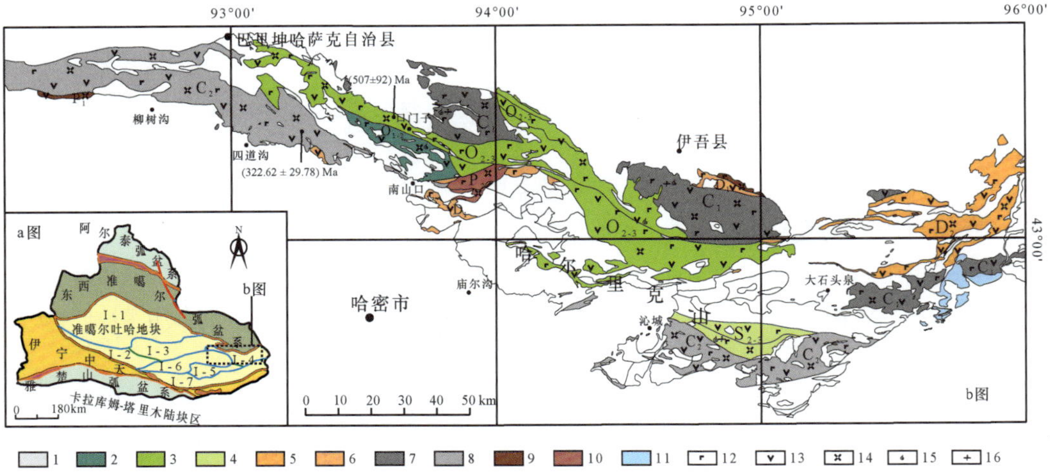

图 2. 1. 3　哈尔里克地区大地构造位置图（a 图）和火山岩分布略图（b 图）

（a 图据成守德 2012 修改；b 图据 1∶20 万、1∶5 万地质图修改）

a：Ⅰ-1—准噶尔地块；Ⅰ-2—依哈比尔尕晚古生代裂陷槽；Ⅰ-3—博格达晚古生代裂谷；Ⅰ-4—哈尔里克古生代岛弧；Ⅰ-5—大南湖古生代岛弧；Ⅰ-6—吐哈地块；Ⅰ-7—觉罗塔格裂陷槽

b：1—早—中奥陶世；2—中—晚奥陶世；3—中—晚志留世；4—中泥盆世；5—早泥盆世；6—早石炭世；7—晚石炭世；8—早二叠世；9—中二叠世；10—晚二叠世；11—中—晚侏罗世；12—基性火山岩；13—中性火山岩；14—酸性火山岩；15—动物化石；16—植物化石

奥陶纪火山岩　早—中奥陶世恰干布拉克组火山岩、中—晚奥陶世塔水组火山岩、中—晚奥陶世赛尔万组火山岩。早—中奥陶世恰干布拉克组火山岩，该组第一段（$O_{1-2}q^1$）为正常沉积碎屑岩与火山岩互层，第二段（$O_{1-2}q^2$）为火山岩夹正常沉积碎屑岩。其中，正常沉积碎屑岩为灰绿色厚层—块状粗粉砂质细砂岩；火山岩为灰绿色块状英安岩、暗灰色厚层—块状安山质火山角砾岩。恰干布拉克组火山岩主要为钙碱性系列，钠质类型，具岛弧火山岩特征，稀土元素及微量元素亦具岛弧火山岩特征。该组玄武岩的构造环境，说明该组形成于岛弧构造环境。为岛弧拉斑玄武岩和岛弧钙碱性玄武岩；上述判别图亦说明该组形成于岛弧构造环境。这与本组中广泛见到的零星孔雀石化现象吻合。说明本组具有形成铜矿的良好矿源层条件。综上所述，该组火山岩具有形成铜多金属矿产的较大潜力，是寻找铜及多金属矿产的有利层位。

志留纪火山岩　分布在大南湖一带，以火山碎屑岩类为主，熔岩很少，其中有火山泥球火山灰凝灰岩及层凝灰岩，属钙碱性系列，具岛弧火山岩特点。

泥盆纪火山岩　在大南湖 - 哈尔里克 - 六驼山一带较发育，从早泥盆世到晚泥盆世均有较强的火山活动。早泥盆世火山岩发育海相火山 - 沉积体系，以爆发相岩石和火山碎屑沉积岩为主，夹中基性火山岩和少量基性火山岩及酸性火山岩。为同岩浆源的岛弧构造背景的强太平洋型钙碱性系列的钠质火山岩。中泥盆世火山活动比早泥盆世弱，下部夹少量凝灰岩，向上中酸性火山岩增多，上部出现玄武岩、安山岩。主体为钙碱性系列钠质火山岩，少部分酸性火山岩为钾质系列岩石，显示出地壳成熟度增高，显示贫钾的岛弧火山岩的地球化学特征。晚泥盆世火山岩以火山碎屑岩为主，夹安山岩、英安岩和少量玄武岩。火山碎屑岩中出现大量的熔结凝灰岩。为岛弧火山岩特征。

石炭纪火山岩　哈尔里克、大南湖－六驼山发育，早石炭世早期火山活动较弱，仅出现一些火山碎屑岩和少量基性熔岩；后期火山活动非常强烈，以溢流－爆发－沉积为主的反复多次韵律式喷发。熔岩略多于火山碎屑岩。熔岩以安山岩为主，辉石安山岩、玄武岩次之，英安岩较少；火山碎屑岩主要为安山质凝灰岩、熔结凝灰岩、角砾凝灰岩和角砾岩屑凝灰岩等。为太平洋型钙碱性系列钠质火山岩，其岩石地球化学显示出岛弧火山岩特征。晚石炭世火山岩主要为玄武岩－安山岩－英安岩组合，岩石地球化学表明其为钙碱性岩石系列，夹少量的拉斑玄武岩。陆缘活动带－岛弧产物。总体反映了裂谷及残余海盆闭合后火山活动的特点，形成陆相火山磨拉石建造各碱性系列火山岩。

二叠纪火山岩　阿尔巴萨依组为一套陆相火山岩建造，根据岩石组合可分为两个岩性段：下部（第一岩性段）以凝灰岩为主夹少量熔岩；上部（第二岩性段）以基性、酸性火山熔岩为主夹火山角砾岩及角砾凝灰岩。该组火山岩属亚碱性系列，具低硅富碱贫 Ca、Mg 特征。该组火山岩主要为拉斑玄武岩系列。稀土配分型式和板内玄武岩相似。早二叠世库莱盆地又发生裂陷，形成阿尔巴萨依组一套陆相火山岩建造。该组火山岩为玄武岩（安山岩）－流纹岩组合，具板内裂谷火山岩建造特征。多呈块状产出，具陆相火山岩特征。

2.1.3　侵入岩

2.1.3.1　博格达地区

博格达一带广泛分布辉绿岩岩床及少量闪长岩—花岗闪长岩和正长花岗岩岩株，大多侵位于上石炭统。辉绿岩主要为顺岩层，呈岩床状侵位产出，广泛分布于博格达山脉，岩石具典型辉绿结构、嵌晶辉长结构。中酸性侵入体分布较少，主要以闪长岩、花岗闪长岩、二长花岗岩和正长花岗岩为主，产出形式以小岩株、岩枝状产出为主（图 2.1.4）。

根据近年来获得的高精度定年数据（表 2.1.2）以及各侵入岩与围岩地层的接触关系，博格达地区侵入岩大致可分为早石炭世末期（330Ma 左右）和晚石炭世至早二叠世（290Ma 左右）两个主要阶段。早石炭世末期岩浆侵入活动主要见于博格达西段三个山地区，该地区原 1∶20 万区域地质调查研究表明，在西段地区并未见有下石炭统出露，以大面积二叠系为特征，通过最新 1∶5 万区域地质调查工作，在野外发现了早石炭世珊瑚化石（未定种）。同时对侵位于该地层中的石英闪长岩体和石英二长岩体进行高精度 SHRIMP 锆石 U－Pb 测年获得岩体 $^{206}Pb/^{238}U$ 加权平均年龄分别为（333.5 ± 2.2）Ma（MSWD = 0.26）（李平等，2013a）、（331.9 ± 2.0）Ma（MSWD = 0.37）（李平等，2013c），其年龄代表了岩体的结晶年龄，岩石地球化学数据表明岩体具有壳幔岩浆混合的地球化学特征，初步认为该岩体早期通过幔源岩浆分离结晶，晚期大量壳源物质加入冷却形成。可能反映了博格达西段石炭纪由拉张过程转入碰撞造山阶段的初始侵入活动，也是首次在该地区识别出早石炭世的岩浆活动，从而为重新认识博格达造山带西段石炭纪的构造演化提供佐证。晚石炭世至早二叠世岩浆侵入活动主要见于博格达西段大河沿一带，该地侵入岩为石英闪长质侵入体，仅为规模较小的岩株，侵位于上石炭统柳树沟组（C_2l）火山－沉积岩系中，岩体露头面积约30km²，延伸方向与区域地层方向一致。岩体的成分以闪长质为主，主体为闪长质岩石，部分为钾长花岗岩。顾连兴等（2000）获得矿物－全岩Rb－Sr年龄为（298.4±0.76）Ma，其不仅代表了博格达造山带海西晚期的侵入活动，更反映了博格达造山带由早期的裂谷拉张阶段转入陆陆汇聚的重要转折期。

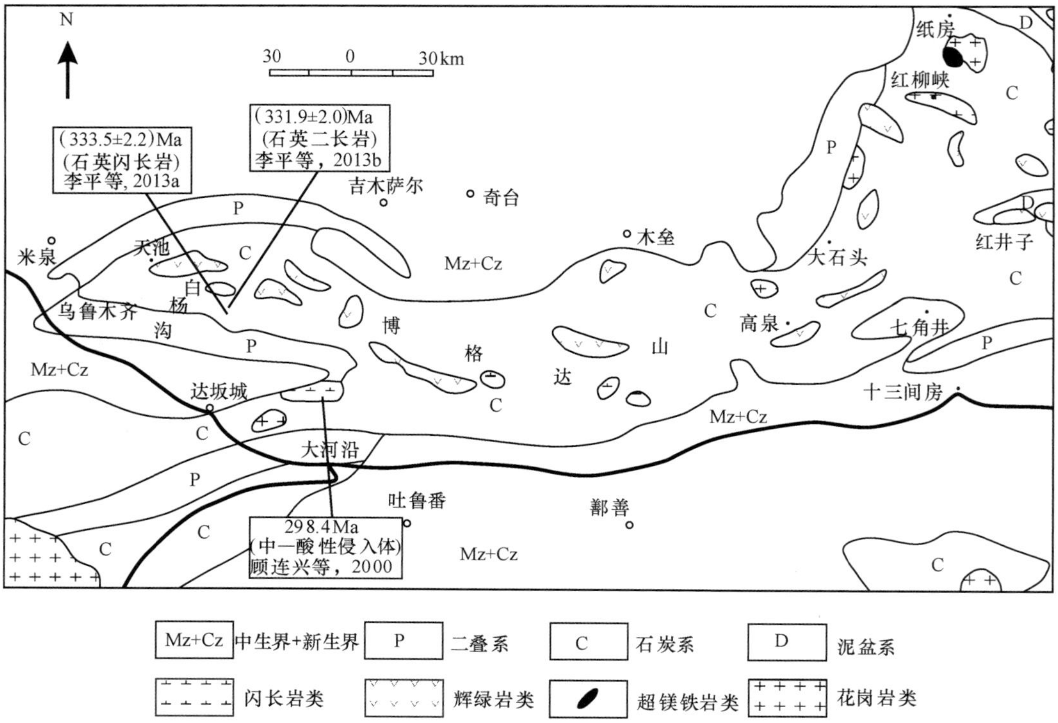

图2.1.4　新疆博格达造山带区域地质简图及岩浆活动年龄分布图

（据顾连兴等，2000；王银喜等，2006修改）

表2.1.2　新疆博格达造山带岩浆活动年龄

产地（地层位置）	岩性	年龄	测试方法	资料来源
上大河沿（侵入上石炭统）	闪长质岩体	（298.4±0.76）Ma	矿物－全岩Rb－Sr	顾连兴等，2000
三个山（原下二叠统）	石英闪长岩	（333.5±2.2）Ma	SHRIMP锆石U－Pb	李平等，2013a
三个山（原下二叠统）	石英二长岩	（331.9±2.0）Ma	SHRIMP锆石U－Pb	李平等，2013c

2.1.3.2　哈尔里克地区

研究区侵入岩不发育，以中酸性岩脉为主，出露有奥陶纪闪长质岩体、志留纪和石炭纪花岗质岩体。奥陶纪闪长岩呈岩枝状产出，接触蚀变带形成角岩化和次生石英岩化，岩体呈孤岛状。侵位于奥陶系恰干布拉克组中。志留纪花岗岩侵位于奥陶系塔水组和赛尔万组中，呈岩枝状产出，与围岩形成角岩化蚀变，岩石处于韧性剪切带内，糜棱岩化作用强烈。晚古生代是研究区岩浆作用最活跃的时期，岩体形态、产状不一，岩性复杂多样，成因类型和岩石序列齐全。特别是石炭纪侵入岩更加发育。石炭纪花岗岩侵位于大南湖组中，呈椭圆状，岩株状分布，侵入接触关系十分清楚，在外接触带形成明显的角岩化带（图 2. 1. 5）。

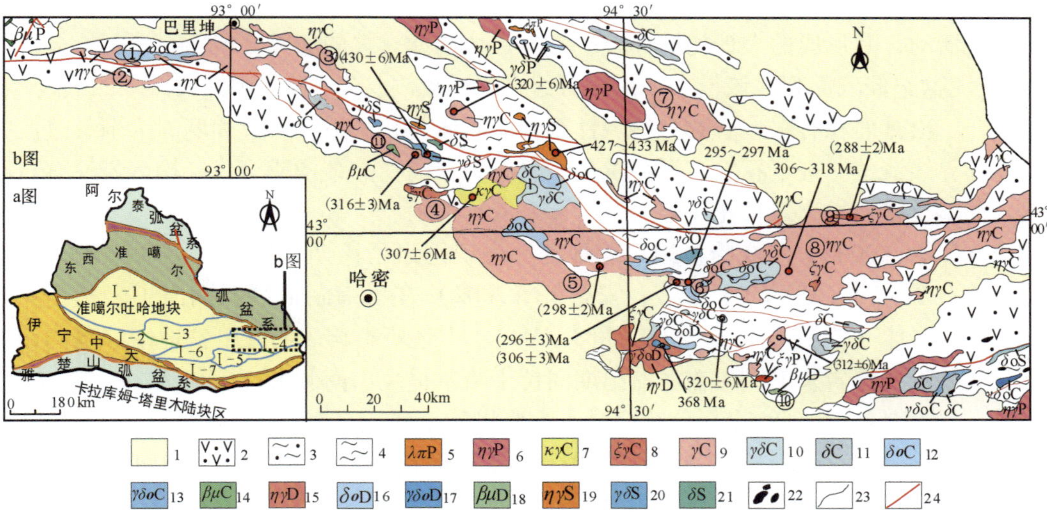

图 2. 1. 5　哈尔里克地区大地构造位置图（a 图）和侵入岩浆略图（b 图）

（a 图据成守德 2012 修改；b 图据 1∶20 万、1∶5 万地质图修改）

1—中新生界；2—上古生界；3—下古生界；4—前寒武系；5—二叠纪流纹斑岩；6—二叠纪二长花岗岩；7—石炭纪碱性花岗岩；8—石炭纪正长花岗岩；9—石炭纪二长花岗岩；10—石炭纪花岗闪长岩；11—石炭纪闪长岩；12—石炭纪石英闪长岩；13—石炭纪英云闪长岩；14—石炭纪辉绿岩；15—泥盆纪二长花岗岩；16—泥盆纪石英闪长岩；17—泥盆纪英云闪长岩；18—泥盆纪辉绿岩；19—志留纪二长花岗岩；20—志留纪花岗闪长岩；21—志留纪闪长岩；22—超基性岩；23—侵入界线；24—断裂

a：Ⅰ-1—准噶尔地块；Ⅰ-2—依连哈比尔尕晚古生代裂陷槽；Ⅰ-3 博格达晚古生代裂谷；Ⅰ-4 哈尔里克古生代岛弧；Ⅰ-5—大南湖古生代岛弧；Ⅰ-6—吐哈地块；Ⅰ-7—觉罗塔格裂陷槽

b：①达坂沟岩体；②苏那岩体；③大黑沟岩体；④哈尔里克岩体；⑤八大石岩体；⑥小铺岩体；⑦伊吾北岩体；⑧白石头泉岩体；⑨奥莫尔塔格岩体；⑩梧桐窝子泉岩体；⑪巴里坤塔格岩体

根据定年数据及侵入体与围岩接触关系，可将该地区岩浆侵入活动划分为 4 个侵入序列，分述如下：

1）奥陶纪-志留纪侵入序列　该侵入序列岩石组合为闪长岩-石英闪长岩-花岗闪长岩-二长花岗岩-正长花岗岩系列，空间上呈北西-南东向展布。岩体大多侵入于奥陶纪火山岩、火山碎屑岩地层中，接触界面不平整，岩体中常见大小不等的地层残留体。岩体呈小岩株状、岩枝状等不规则状产出。从岩体宏观特征分析，岩石类型由老至新表现为由中性向中酸性至碱性的演化，即闪长岩（石英闪长岩）-花岗闪长岩-二长花岗岩-正长花岗岩演化系列，其接触关系主要为脉动式侵入接触，后期石炭纪二长花岗岩呈超动式侵入其中。近年来，在哈尔里克山地区开展 1∶5 万区域地质调查工作，识别出来该期岩浆活动以中酸性岩浆为主（孙桂华等，2007a）。郭华春等（2006）在口门子一带识别出早志留世的岩浆活动［闪长岩　锆石 U－Pb（430±6）Ma］；曹福根等（2006）在哈尔里克山东段识别出中奥陶世—早志留世的岩浆活动［中—酸性侵入体　锆石 U－Pb（447±11）Ma、（448±7）Ma、（462±9）Ma］。同时，该岩体的岩石岩相学、岩石地球化学研究结果表明其具有火山弧前花岗岩特征。因此，孙桂华（2007）认为哈尔里克山地区中奥陶世至早志留世（O_2-S_1）期间的岩浆活动是哈尔里克地区真正与岛弧演化相关的岩浆活动，其形成的大地构造环境应为与板块俯冲有关的岛弧环境。

2）泥盆纪侵入序列　该侵入序列岩石组合为石英闪长岩－花岗闪长岩－（二长）花岗岩组合。出露面积有限，多数为钙碱性系列。岩体与长城系片岩、片麻岩为渐变过渡关系，局部界线清楚。被下石炭统沉积覆盖。岩石为花岗变晶结构或交代结构。岩性有石英闪长岩、斜长花岗岩、二长花岗岩。

李亚萍等（2006）在吐哈盆地东缘地区，也识别出了该期岩浆侵入活动（黑云母花岗岩　锆石 U－Pb（386±5）Ma）；宋彪等（2002）在大南湖地区识别出了岩基和克孜尔卡拉萨依岩体（锆石 U－Pb 383Ma 和 357Ma）。上述资料均表明吐哈盆地南缘奥陶纪—志留纪活动陆缘弧岩浆前锋带在泥盆纪期间位于哈尔里克山南侧大南湖地区。

3）石炭纪侵入序列　岩石分布广泛，主要出露于研究区东段，岩石组合为斜长花岗岩－石英闪长岩－花岗闪长岩－闪长岩组合、黑云母花岗岩－（二长）花岗岩－正长花岗岩组合以及辉长岩－石英斑岩－辉绿玢岩组合。

陈富文等（2005）对土屋延东矿区一带出露的花岗质斑岩进行年代学研究，获得锆石 U－Pb 年龄分别为 334Ma 和 333Ma；李文铅等（2006）对彩霞山黑云母二长花岗岩进行年代学研究，获得锆石 U－Pb 年龄为 316Ma。这些资料均表明，早石炭世期间吐哈盆地南缘活动陆缘弧岩浆前锋带可能是早石炭世的产物（李锦轶等，2006）。孙桂华等（2005）在口门子一带识别出了晚石炭世岩浆活动［闪长岩 锆石 U－Pb（316±3）Ma］；赵明等（1997）对哈尔里克山中段的小铺黑云母花岗岩进行年代学研究，结果表明其锆石 U－Pb 年龄为（294±3）Ma；孙桂华（2007）得到的片麻状黑云母花岗岩锆石 U－Pb 年龄为（311±9）Ma。综上研究结果表明，晚石炭世岩浆活动侵位时代集中在 310Ma 前后（孙桂华等，2005）。

4）二叠纪侵入序列　该侵入序列岩石组合主要为（二长）花岗岩、辉绿玢岩、石英斑岩、花岗斑岩。侵入体出露面积较小，分布有限，为一套辉长辉绿岩－正长花岗岩－石英斑岩－花岗斑岩序列小侵入体，侵入石炭系—下二叠统。在二叠纪期间，哈尔里克山地区侵入岩以广泛发育基性岩墙和典型的后碰撞碱性花岗岩为特征，其侵位时代集中发生在 290～270Ma 期间。

2.1.4　构造

（1）包斯贪南断裂

位于博格达山北坡大加山以北，呈向北凸起的弧形，属于压性断裂，断层面向南倾，倾角在西段为 60°～70°，东段约为 50°，断裂南部中泥盆统逆掩于上石炭统之上。沿断裂带具有片理化、赭石化、硅化及破碎等现象，两侧地层走向呈明显的斜交。

（2）准噶尔南缘断裂

为隐伏断裂，已被物探证实。为具有继承性多期次复活的大断裂，大幅度由南向北逆冲，并伴有北东向走滑，使古近系解体，沿断裂带发生差异性升降运动，幅度达4000m，由于该断裂顺时针方向的扭动，迫使水系在通过断裂带北泄时，向东偏转。北西、北东向两组次级断裂活动性也十分强烈，水平断距可达2～5km。沿断裂常形成油气泉及泥火山。这些断裂也切割了晚更新世及全新统的冲洪积层。

（3）塔水－板房沟断裂

该断裂由口门子经塔水为北西走向，至板房沟一带转为近东西向，向东又转为北西走向，与彦托达坂断裂相交，至沁城一带，接至塔水河断裂，是一条区域大断裂。区内全长约60km，是一条长期继承性活动的韧脆性断裂。该断裂位于塔水－板房沟韧性剪切带中央强变形域中，早期可能为韧性变质变形岩石组合，形成于较深的构造层次，晚期该变形域出露地表，继续发生脆性变形，导致早期的千枚岩、糜棱岩又发生碎裂作用，形成以糜棱岩为角砾和碎斑的构造破碎岩组合，断裂两侧发育带状延伸的花岗质岩脉和石英脉群，断面北倾，倾角65°～70°，北盘具斜冲效应，平面上显示为右行扭动。该断裂两侧糜棱岩带和碎裂岩带宽500～1000m，并发育宽200m以上断续延伸的水岩变质带，伴生韧性剪切带型金矿化。

2.2 区域地球物理特征

2.2.1 重力特征

研究区位于东天山－北山布格重力高异常区内，该带北与准噶尔重力高异常区相接，南与吐哈盆地重力低异常区相连。其中博格达西段地区总体表现为局部重力高，最高值为$-130\times10^{-5}m/s^2$，主要分布在博格达山西段达坂城一带以及奇台南侧，博斯塘铜矿地区局部为重力高。哈尔里克地区整体表现为重力低，仅在巴里坤北侧以及镜儿泉一带局部出现重力高。从区域上看，研究区重力值具有由西向东逐渐降低的趋势，经过研究区的梯级带向西转为北西西向，与区域断裂及地层褶皱枢纽方向基本一致。

2.2.2 航磁特征

研究区位于东天山－北山磁力高值区，属于东、西天山及准噶尔磁场过渡区，异常带为低缓高磁异常区，局部叠加了高磁异常条带，ΔT一般为50～100nT，局部可达300 nT。其中博格达地区以西段达坂城发育磁力高值为特点，西地－七角井－巴里坤湖一带具有磁力低的特征，哈尔里克口门子及镜儿泉局部地区具磁力高特点。

2.3 区域地球化学特征

此次工作共收集14个图幅1∶20万水系化探样14333个。

目前，已完成Au、As、Cu、Pb、Zn等元素异常圈定工作。研究区内发育两处综合化探异常，博格达－七角井Cu、Au、Zn综合异常带和大南湖Cu、Ni、Au综合异常带。前者位于东天山博格达－七角井－白石头一带，东西向长约500km，以Cu、Au、Zn为主，其次有 Pb、Ni、Sb、Sn，As、Hg、Mo 等异常是铜、金成矿远景地区。异常规模及面积较小，分布零散，多呈单元素异常分布，仅在少部分地区形成多元素异常集中区：如博格多 Cu、Pb、Zn、Ni 异常集中区；七角井 - 吴家庄子 Cu、Au、Ni、Sb、Pb 异常集中区；沁城 Sn、Sb、Cu、Ni、Pb 异常集中区，在博格达成矿带内，有铜、金等矿化。后者位于沙尔湖到庙尔沟一带，东西长约 300km，以 Cu、Au 为主，局部地区伴有 Sb、Ag、Ni、Zn、Pb、Sn 等异常，是铜、金、镍成矿远景地区，自西向东形成四处多元素异常集中区：沙尔湖 Cu、Ni、Pb、Ag 异常集中区；大草滩 Cu、Ni、Pb、Zn 异常集中区；大南湖 Cu、Ni、Au 异常集中区；庙尔沟 Cu、Sb、Au、Ni 异常集中区；在觉罗塔格成矿带内，主要为铜、金矿化，有阿拉塔格铜金矿等（图 2. 3. 1）。

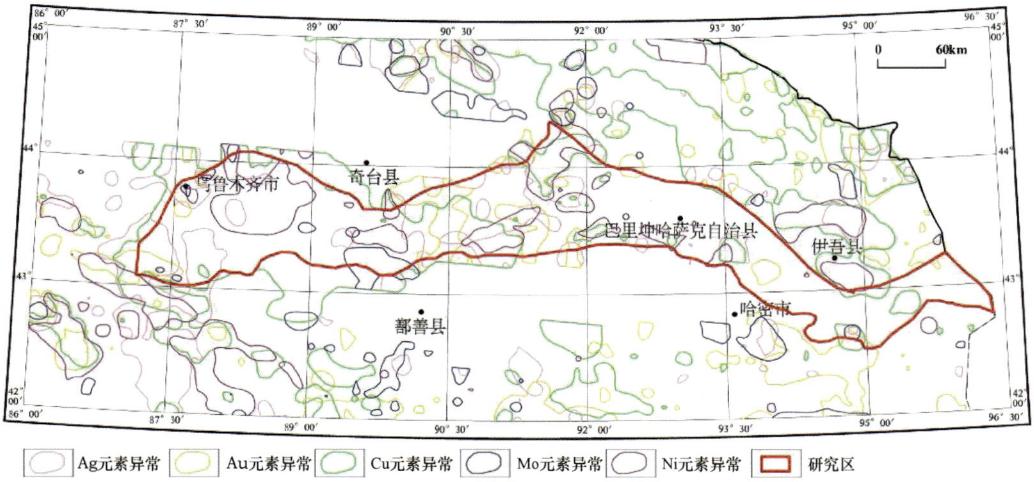

图 2. 3. 1　研究区综合化探异常图

2. 4　区域成矿特征

研究区位于古亚洲成矿域，准噶尔成矿省（Ⅱ），准噶尔南缘（复合岛弧带）Cu - Mo - Au - W - Fe - Cr - Mn - 稀有金属 - Pt - Sb - 高岭土 - 硫铁矿 - 膨润土 - 重晶石 - 玉石 - 硼 - 沸石 - 石墨 - 红柱石 - 泥炭 - 盐类成矿带（Ⅲ -6），研究区西段属于博格达（裂谷带）Cu - Fe - Au - U - Mn - Ti - 硼 - 油页岩 - 石油 - 天然气 - 磷 - 沸石 - 盐类 - 高岭土矿带（Ⅳ -6 - ②），东段属于哈尔里克（复合岛弧带）Cu - Au - W - RM - Mo - 多金属 - 石墨 - 红柱石 - 盐类 - 泥炭矿带（Ⅳ -6 - ③）（图 2. 4. 1）。

2. 4. 1　博格达矿带

博格达（裂谷带）Cu - Fe - Au - U - Mn - Ti - 硼 - 油页岩 - 石油 - 天然气 - 磷 - 沸石 - 盐类 - 高岭土矿带（Ⅳ -6 - ②）位于乌鲁木齐以东，界于准噶尔盆地与吐鲁番 - 哈密盆地之间，占据整个博格达山系。近东西向，呈波状弯曲。东西长 360km，南北宽 40 ~ 60km。

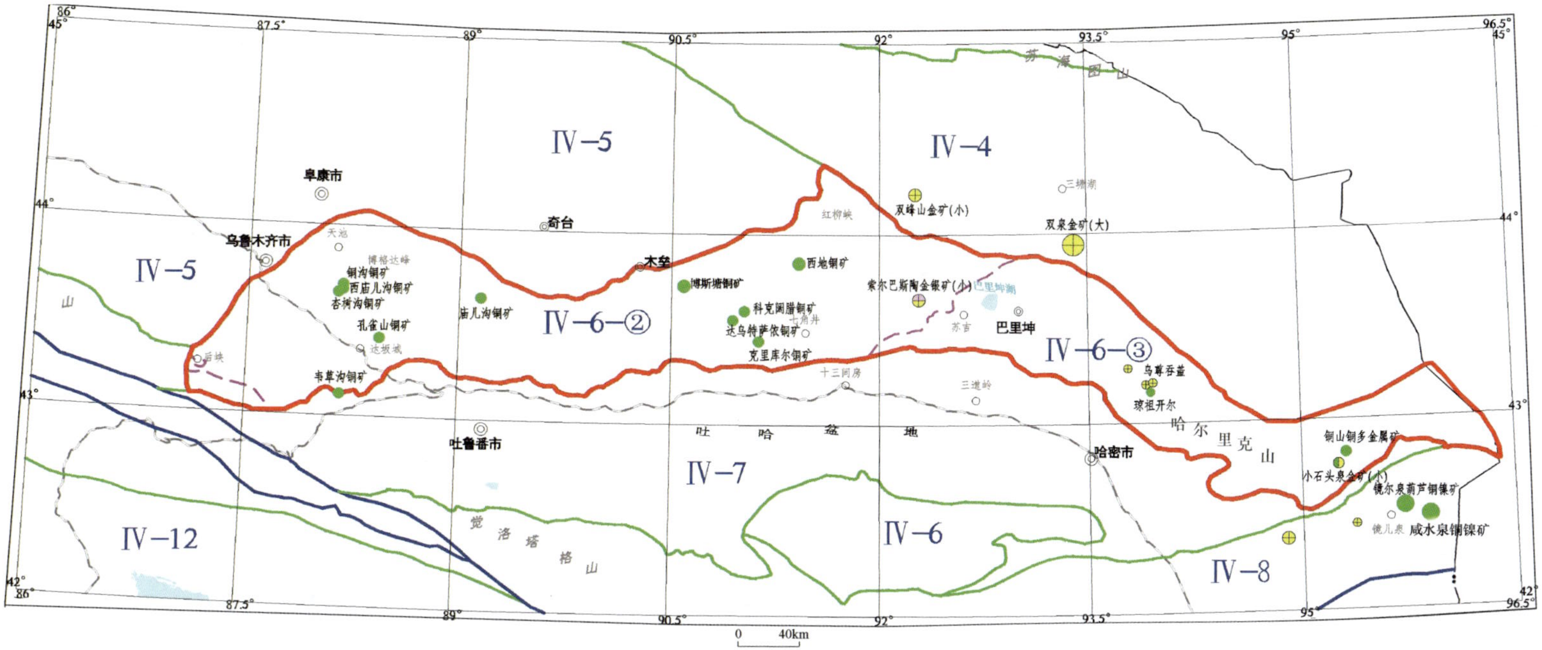

图 2.4.1　研究区成矿带区划示意图

（据董连慧等,2010,有修改）

该带与博格达晚古生代弧后裂陷盆地范围一致，区内主要出露石炭系，山前分布少量二叠系。该弧后裂陷盆地的拉张作用始于早石炭世，首先在博格达东段地区七角井一带出现了枕状玄武岩和英安斑岩典型的双峰式火山岩组合，在博格达西段地区则以浅海相火山岩-滨海相陆缘碎屑岩为主。上石炭统岩石组合为滨海相陆源碎屑岩，局部夹有碳酸盐岩以及中酸性火山岩碎屑岩。下二叠统岩石组合为滨海相正常碎屑岩。二叠纪晚期，该地区沉积作用逐步转为陆相正常碎屑岩。该带侵入岩岩石组合较单一，以发育大量顺层侵入的辉绿岩岩墙或岩株为特征，可能形成于造山后期的拉张环境，中酸性侵入体极为少见，仅出露几处花岗闪长岩体和正长花岗岩株。相对造山期挤压变形阶段的褶皱作用，该区内的断裂构造活动较弱。

博格达地区的金属矿产以铜矿为主，主要矿床有达坂城矿集区的铜沟铜矿、杏树沟、庙儿沟、凤凰泉铜矿等矿床，在木垒铜矿集区主要有博斯塘铜矿、西地铜矿、克里库尔铜矿、达乌特萨依铜矿等，上述铜矿床的成因类型有层控砂页岩型铜矿、海相火山岩型铜矿，均表现出较强的后期叠加改造作用，对于矿床的形成具有富集作用。

2.4.2 哈尔里克矿带

哈尔里克（复合岛弧带）Cu-Au-W-RM-Mo-多金属-石墨-红柱石-盐类-泥炭矿带（Ⅳ-6-③）位于新疆东部，博格达带以东，吐鲁番-哈密盆地之北，盆地东段也出露一部分。东延出境外。近东西向，略呈波状弯曲。长约350km，宽30~150km。区内主要为泥盆系、石炭系，及占基岩出露面积约35%的石炭纪花岗岩类。

该带出露最老地层为中—上奥陶统的火山碎屑岩夹玄武岩、中酸性熔岩，属岛弧拉斑玄武岩系列和钙碱性系列。泥盆系以碎屑岩、钙碱性系列基性、中酸性火山岩、火山碎屑岩和灰岩组成，系复理石建造。石炭系分布于哈尔里克山的南北两侧，下石炭统下部以正常碎屑岩为主，中、上部主要为中基性火山熔岩和火山碎屑岩及熔岩集块岩，上石炭统除火山岩外还出现大量海陆交互相正常沉积岩。二叠系为陆相火山岩和砂砾岩。该区侵入岩十分发育，形成贯穿全区的花岗岩链，以华力西中期为主，在哈尔里克山东段出现A型的碱性花岗岩。

研究区内广泛发育铜矿床、矿（化）点，及金矿床、矿（化）点，主要有索尔巴斯陶金（银）矿、铜山多金属矿、骆驼井子金矿点、三道井子银金矿点、扎勒格孜库都克铜矿点、琼祖尔开金矿、双峰山金矿等。

2.5 遥感地质特征

本次研究工作采用Landsat-7卫星数据，收集研究区ETM+影像6景，分别为：P137R030、P138R030、P139R030、P140R030、P141R030、P143R030（图2.5.1）。

2.5.1 遥感数据处理

2.5.1.1 预处理

遥感影像预处理的目的是获得高质量的待解译数据，包括前期处理、几何处理、辐射

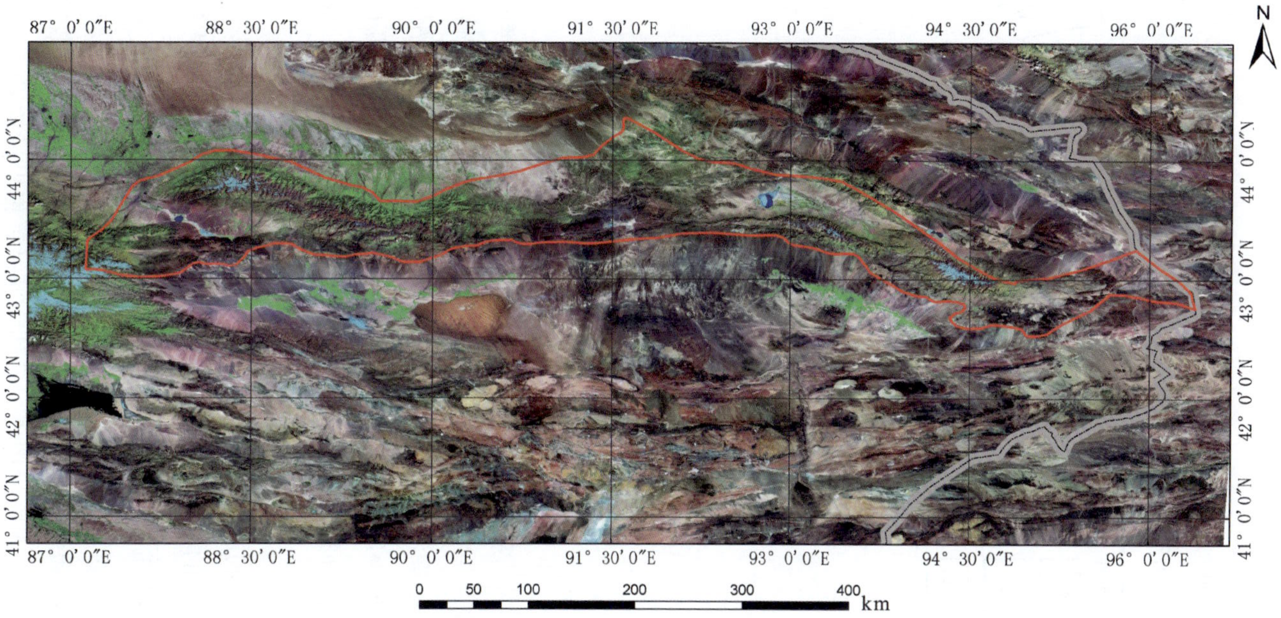

图 2.5.1　研究区遥感影像图

处理等步骤，其基本流程如图 2.5.2 所示，具体步骤如下：

1）数据前期处理包括影像解压缩、波段组合、数据筛选等步骤。

2）几何处理主要包括影像配准和几何纠正等步骤，首先根据基准影像，采用视觉或摄影测量方法对各景影像数据进行基于重叠区的自动配准，然后根据拍摄参数进行影像的几何纠正。

3）辐射处理主要包括辐射定标和大气校正，根据标准数据集中与影像相关的传感器参数和太阳辐射参数，用商用软件（如 ENVI、ERDAS 等）处理。

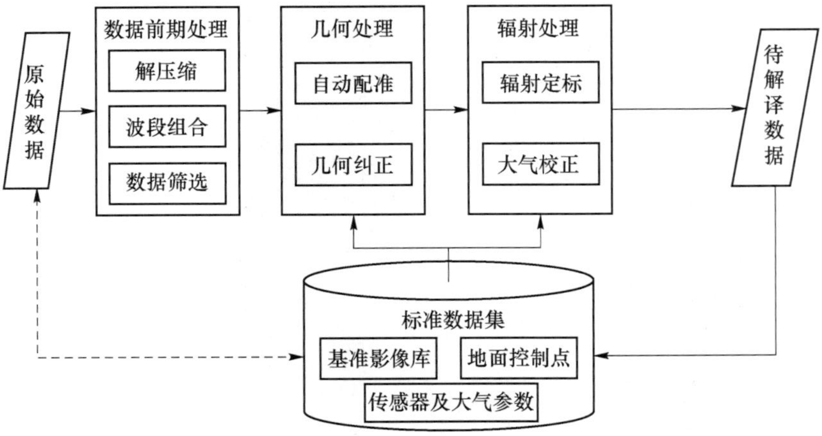

图 2.5.2　数据预处理技术流程图

2.5.1.2　数字镶嵌

本次工作将主要采用基于地理坐标的无缝镶嵌方法对各景图像进行镶嵌。在遥感影像处理中，有些工作区通常需要将两幅或多幅（景）遥感图像拼接成一幅影像图，即遥感影像镶嵌。多幅图像镶嵌处理涉及图像的几何校正和相邻图像的色彩匹配两方面的内容。相邻图像的色彩匹配是影像镶嵌质量的重要保证。待镶嵌遥感影像色彩匹配的质量直接影响整体镶嵌图像效果。镶嵌处理一般应具备三个基本条件：①信息丰富；②色调和谐；③镶嵌的几何精度高。

本书拟在 PCI 软件下，利用 GCPWORKS 模块来实现影像的无缝拼接。尽可能多地选取分块数据之间重叠影像中的同名点来作为镶嵌控制点，使得拟合中误差在 1 个像元左右，并且各分块影像之间进行亮度匹配以减小色调差异。

该处理方法能够同时处理分块影像下的全色波段数据和多光谱数据，使得在处理过程中能够充分的保证全色数据和多光谱数据间的高度匹配，解决了之前在数据融合时局部地方数据不匹配而导致出现影像阴影的现象。另外，通过采集少量的 GCP，辅助以 1 阶或 2 阶多项式能够保证控制点拟合精度在 0.2mm 左右，达到了该项目技术对几何精度的要求；由于 DEM 数据的投影信息是 UTM 坐标系，而在处理过程中由影像镶嵌产生的影像数据能够保证与 DEM 数据在三位显示中的准确匹配。

2.5.2 遥感地质解译

根据研究区不同的自然地理景观、地貌类型，并结合宏观遥感影像的色调、影纹结构特征，以及区内不同地段地质体的解译程度，将调查区划分为 2 个解译影像区。

1）地质解译程度一般区：主要为研究区新生界覆盖区，除水系宏观形态及大的线型构造可见外，不同地质体的影像与影纹特征差异较小，地层界线较难区分。

2）地质解译程度良好区：研究区内的基岩地区，基岩出露好，不同地质体色调、影纹特征差异较大，易于区分。再加上已做过 1∶20 万和 1∶5 万区域地质调查工作，可利用和参照的地质信息比较多，为遥感地质解译程度良好地区。

根据野外踏勘、填图，并结合图区前人开展的 1∶20 万和 1∶5 万区调信息所进行的遥感解译情况简述如下：

2.5.2.1 地层解译标志

研究区主要地层解释标志如表 2.5.1 所示。

表 2.5.1 研究区主要地层 ETM 图像解译标志一览表

地质体名称及代号	遥感图像	色调	地貌特征	水系	花纹图案
全新统冲积物（Qh^{al}）		亮灰白色	河谷凹地－山间戈壁	稠密树枝状水系	稠密树枝状，条纹间夹长条状、不规则状条块
上更新统—全新统冲洪积物（$Qp-Qh^{apl}$）		灰紫色	山前冲积扇	稀疏树枝状水系扇状水系	灰紫色扇状条纹影纹图案
上更新统新疆群（QpX）		浅灰紫色、浅灰蓝色	河谷阶地	少	浅灰紫色、浅灰蓝色扇状影纹图案
渐新统—中新统桃树园组（$E_3—N_1t$）	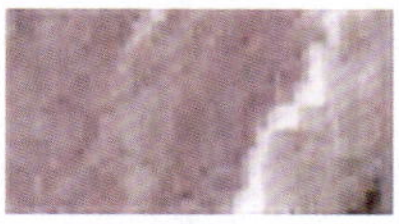	浅灰褐色	河谷凹地－山前微倾斜平原	河谷凹地、山间凹地	浅灰褐色条格
下二叠统库莱组上段（P_1k^2）		浅绿灰色	山梁、高山地貌	平行状、梳状水系	浅绿灰色条纹或团块斑状
下二叠统阿尔巴萨依组下段（P_1k^1）		浅灰褐、浅灰蓝色	山梁、高山地貌	平行状、梳状水系	浅灰褐、浅灰蓝色相间出现的条纹
上石炭统柳树沟组第二段（C_2l^2）		浅灰色	山间缓坡凹地	树枝状、“丰”字状水系	灰色与浅灰色相间的蠕虫状条带

续表

地质体名称及代号	遥感图像	色调	地貌特征	水系	花纹图案
上石炭统柳树沟组第一段（C_2l^1）		灰白、浅灰褐色	山梁、丘陵地貌	平行状、梳状水系	灰白色、浅灰褐色相间的近平行条带
上石炭统居里得能组第三段（C_2j^3）		深灰、灰绿色	山梁、高山地貌	树枝状、“丰”字状水系	深灰、灰绿色条纹或斑状团块
上石炭统居里得能组第二段（C_2j^2）		灰蓝、灰紫色	褶皱山块长条状负地形、丘陵	平行状、梳状水系	灰蓝、灰紫色相间条格影纹，局部见鳞状团块
上石炭统居里得能组第一段（C_2j^1）		浅灰蓝、灰紫色（芨芨台南）	褶皱山块长条状负地形、丘陵	细平行状、细“丰”字状水系	浅灰蓝、浅灰紫色条带状影纹，见少量深色环状、半圆状花纹
	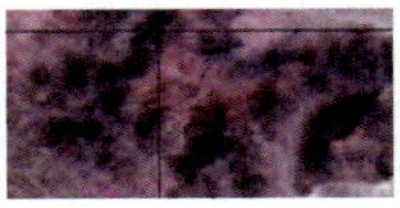	紫红色（陶赖登阿根）	褶皱山块长条状负地形、丘陵	细平行状、细“丰”字状水系	紫色条带状影纹
	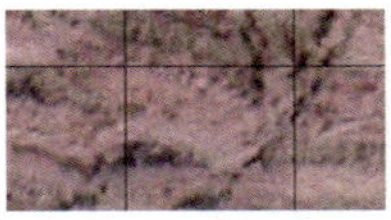	浅灰褐色（塔勒德泉南）	褶皱山块长条状负地形、丘陵	细平行状、细“丰”字状水系	浅灰褐色条带状影纹
下石炭统塔克巴斯陶组（C_1tk）		深灰蓝色	山梁、高山地貌	树枝状水系	深灰蓝色条带状影纹
下石炭统七角井组第三段（C_1q^3）		深黄褐色	褶皱山块长条状负地形、丘陵	细平行状、细“丰”字状水系	深褐色蠕虫状、条带状影纹及鳞状团块
下石炭统七角井组第二段（C_1q^2）	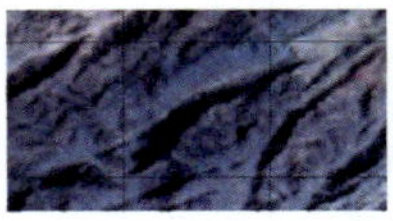	浅灰紫、灰蓝色（肠子沟）	褶皱山块长条状丘陵地形	细平行状、细“丰”字状水系	浅灰紫、灰蓝色平行条纹、蠕虫状条纹
		浅灰绿、浅褐色（塔勒德泉南）	褶皱山块长条状丘陵地形	细平行状、细“丰”字状水系	浅灰绿、浅褐色平行条纹、蠕虫状条纹
下石炭统七角井组第一段（C_1q^1）		深灰紫、深灰蓝色	褶皱山块长条状丘陵	细树枝状水系	深灰紫、深灰蓝色平行条纹，少量蠕虫状条纹

2.5.2.2 侵入体解译特征

区内出露侵入体明显受构造控制。参照1∶50万、1∶20万和1∶5万地质图资料，测区侵入岩主要为花岗岩类（二长花岗岩、正长或碱长花岗岩）、闪长岩和少量基性岩。一般情况，在遥感图像上侵入体与围岩影像差异显著，形态清晰，主要表现为浑圆、近圆及不规则长条状，常受断裂控制或边界即为断裂，色调与周围有别且内部均一，有时在风化、植被、地貌、水系以及断裂构造上也与周围岩石有明显差异。在色调上，花岗岩为灰白色，闪长岩为暗灰色，正长花岗岩为暗红色，基性岩体为暗灰绿色，超基性岩体为紫色。

2.5.2.3 断裂构造的解译特征

线性构造的解译主要依据如下特征：

1）两侧存在岩性差异与明显错动；

2）岩层走向或产状截然相抵；

3）可识别出有关的拖曳或牵引构造（drag structure）；

4）控制侵入岩并形成齐整边界；

5）连续陡坎、平直沟壑或河流；

6）由断层三角面、断层崖等构成的山前断陷边界；

7）清楚错断冲积扇或洪积扇的新构造。

依据上述解译特征，图区解译出大量北东向、北西向、北东东向和近东西向断裂。通过与1∶5万、1∶20万地质图核对以及野外实地检查，吻合度很高。

第3章　成矿动力学背景研究

3.1　火山岩成矿作用研究

3.1.1　博格达地区石炭系火山－沉积序列

博格达复背斜主体由石炭系组成。根据岩性组合特征、生物组合特征及变质变形特征，主要地层单元划分为：下石炭统七角井组（C_1q）、上石炭统柳树沟组（C_2l）、祁家沟组（C_2qj）和上石炭统奥尔吐组（C_2a）。下石炭统七角井组（C_1q）为一套海相双峰式火山－沉积建造，主要岩性为灰黑色、深灰色枕状玄武岩与灰色流纹岩、酸性凝灰岩互层，局部含有黑色碳质页岩、深灰色长石岩屑砂岩等。上石炭统柳树沟组（C_2l）主要岩性为一套海陆交互相火山岩夹陆源碎屑岩建造；祁家沟组为一套浅海相灰岩夹碎屑岩建造，主要岩性为灰绿色玄武岩、暗紫色英安岩、酸性火山角砾岩和凝灰岩，少量砂岩、粉砂岩等碎屑岩，以及灰岩透镜体。除流纹岩和玄武岩外，本次野外调查在哈萨坟沟、下涝坝和天池地区还发现安山岩、粗安岩、英安岩及部分玄武安山岩和粗面岩，有别于前人认识的双峰式火山岩组合。哈尔里克带内，怪坡火山岩剖面以中酸性为主，主要有流纹岩、英安岩和安山岩，并发现有火山细碎屑岩与火山角砾岩互层，部分岩石经历了较强的变质。三塘湖地区的石炭系火山岩主要有玄武岩和安山岩，并有火山角砾岩和凝灰岩，其中部分玄武岩具枕状构造。

（1）下石炭统七角井组（C_1q）

该组主要分布于博格达东段下涝坝、七角井地区，该组火山岩总体为一套海相火山－沉积体系。根据下涝坝地区1∶5万区调成果，可将火山作用方式分为爆发－沉积相、溢流－爆发－沉积相、溢流－爆发相和溢流－沉积相，喷发韵律划分见表3.1.1。

爆发相火山碎屑岩的岩石组合为灰色弱碳酸盐化安山质火山灰凝灰岩、灰绿色弱碳酸盐化安山质玻屑火山灰凝灰岩、灰绿色安山质火山灰凝灰岩、绿灰色安山质晶屑玻屑凝灰岩、灰绿色蚀变安山质晶屑岩屑凝灰岩、绿灰色安山质玻屑凝灰岩、绿灰色流纹质岩屑晶屑凝灰岩、绿灰色流纹质火山角砾岩、灰色流纹质火山角砾岩、灰色流纹质角砾凝灰岩。其中主要以流纹质火山角砾岩、安山质晶屑玻屑凝灰岩为主。溢流相的火山熔岩的岩石组合为绿灰色、褐灰色流纹岩、灰紫色、灰绿色安山岩、少量的深灰色阳起石化英安岩，其中以绿灰色的流纹岩为主，安山岩次之。火山碎屑沉积岩出露很少，岩石类型比较单一，为灰色沉凝灰岩。

表 3.1.1　七角井组火山岩层序韵律划分表

层序	岩性描述	厚度/m	火山岩相	韵律
53	灰褐色流纹岩	18	溢流相	Ⅴ
52	灰色沉凝灰岩	12.7	喷发－沉积相	Ⅳ
51	灰色沉凝灰岩	9.8		
49	绿灰色流纹质火山角砾岩	29.55	爆发相	
48	灰色中酸性玻屑火山灰凝灰岩	20.95		
47	灰色流纹岩	34.93	溢流相	
46	灰色流纹质角砾凝灰岩	36.83	爆发相	
45	灰色流纹质火山角砾岩	109.55		
42	浅灰色微晶球粒灰岩	140.41	沉积相	Ⅲ
41	灰白色含球粒微晶灰岩	30.25		
34	深灰色粉砂岩夹微晶生物灰岩	60.99		
32	绿灰色砾岩	29.65		
31	灰绿色碎裂化杏仁状安山岩	26.68	溢流相	
30	绿灰色流纹质火山角砾岩	85.07	爆发相	
29	绿灰色流纹岩	147.56	溢流相	Ⅱ
28	绿灰色流纹质岩屑晶屑凝灰岩	58.69	爆发相	
27	绿灰色流纹岩	30.64	溢流相	
26	绿灰色蚀变杏仁状玄武岩	34.32		
25	灰绿色碎裂岩化安山质角砾熔岩	34.32		
24	灰绿色安山岩	99.29		
23	绿灰色安山质玻屑凝灰岩	54.39	爆发相	
22	绿灰色安山质晶屑玻屑凝灰岩	6.39		
21	灰绿色蚀变安山质晶屑岩屑凝灰岩	37.73		
20	绿灰色安山质晶屑玻屑凝灰岩	68.61		
10	深灰色阳起石化英安岩	16.51	溢流相	Ⅰ
8	灰紫色安山岩	86.69		
7	灰绿色安山质火山灰凝灰岩	87.66	爆发相	
6	灰绿色弱碳酸盐化安山质玻屑火山灰凝灰岩	51.76		
5	灰色弱碳酸盐化安山质火山灰凝灰岩	72.19		
4	灰色安山质玻屑火山灰凝灰岩	21.76		
3	灰绿色岩屑砂岩	54.81	沉积相	
2	灰色泥晶生物碎屑灰岩	10.76		
1	灰色泥晶含生物碎屑灰岩	142.03		

七角井组中目前尚未发现化石，王银喜等（2006）在本区南侧刺梅沟测得玄武岩全岩 Rb－Sr 等时线（342.0±3.2）Ma，石英角斑岩全岩 Rb－Sr 等时线（340.3±3.4）Ma。

（2）上石炭统柳树沟组（C_2l）

该组广泛分布于整个博格达地区，与下石炭统七角井组呈断层接触，局部与祁家沟组呈不整合关系，并被中二叠统阿尔巴萨依组不整合覆盖。华力西晚期辉长岩/辉绿岩广泛侵入其中。根据天山牧场 1∶5 万区调成果和岩性、物质成分和喷发强度变化进行韵律划分，由下至上共划分出 6 个喷发韵律（表 3.1.2），从韵律划分来看，主要以爆发相－溢流相为主，夹有少量的沉积相，喷发韵律清楚。爆发相为含砾晶屑岩屑凝灰岩、安山质岩屑凝灰岩、火山角砾岩；喷溢相为安山岩、英安岩，少量玄武岩；沉积相为复理石建造的凝灰质粉砂岩、砂岩。从韵律分析可以看出，早期火山活动相对较弱，底部为喷溢相，上部爆发相－喷溢相，火山喷溢持续时间较长，爆发相、沉积相持续时间较短；中期火山喷发相对较强，为喷溢相－爆发相，缺少沉积相或沉积相不发育，说明火山间歇期较短，表明火山活动较早期明显增强。晚期火山喷发相对更强，以爆发相为主，缺少喷溢相、沉积相，说明火山活动为一连续爆发的过程。总体表现为由弱→强的过程。

表 3.1.2　上石炭统柳树沟组火山岩喷发韵律

层序	岩石名称	厚度/m	岩相	韵律
21	安山岩	163	爆发相－溢流相	Ⅵ
20	辉石安山岩	55		
19	含角砾凝灰岩	57		
18	安山岩	95	爆发相－溢流相	Ⅴ
17	晶屑岩屑凝灰岩	36		
16	凝灰岩	13		
15	英安岩	169	爆发相－溢流相	Ⅳ
14	含角砾凝灰岩	32		
13	安山岩	60	爆发相－溢流相	Ⅲ
12	凝灰岩	40		
11	辉石安山岩	44	爆发相－溢流相	Ⅱ
10	岩屑晶屑凝灰岩	56		
9	英安斑岩	90		
8	岩屑长石砂岩	48	爆发相－间歇	Ⅰ
7	岩屑凝灰岩	52		
6	含角砾凝灰岩	35		
5	凝灰岩	5		
4	晶屑凝灰岩	30		
3	含角砾晶屑岩屑凝灰岩	43		
2	晶屑岩屑凝灰岩	13		
1	含角砾凝灰岩	5		

流纹岩：灰绿色，斑状结构，流纹构造。斑晶主要为石英，斜长石，占岩石总量15% ~20%，粒径0.25 ~0.8mm。其中，斜长石占斑晶总量30% ~40%，半自形—他形，石英占40% ~50%，半自形。基质以隐晶长英质矿物为主，流动构造明显。

安山岩：紫色至灰绿色，斑状结构，块状构造，斑晶约占岩石总量30%，主要为斜长石，约占斑晶的70%，半自形，以及角闪石和辉石，总占斑晶的30%。自形—半自形，基质主要为细粒斜长石和辉石，可见流动构造。

英安岩：灰绿色，斑状结构，块状构造，斑晶主要为斜长石，自形—半自形，约占斑晶的60%，另有石英（20%）和角闪石。基质主要为微晶斜长石。

粗安岩：斑状结构，块状构造，斑晶主要由斜长石、辉石组成。

玄武岩：灰色至紫红色，呈斑状结构，块状构造，少数为气孔构造，斑晶约占30% ~35%，粒径多0.1 ~1.0mm，主要为斜长石，自形—半自形，另有少量辉石、石英，半自形。基质粒度多小于0.1mm，由长条状斜长石、微粒石英及辉石、角闪石组成。

除上述火山岩外，在博格达 - 哈尔里克造山带还发现多处侵位于火山地层中的辉长 - 闪长 - 花岗质岩体及晚期岩脉。侵入岩有两种赋存状态：部分岩基没有变质变形改造，穿切经过褶皱变形的火山岩，并被晚期的辉绿岩脉穿插（图3.1.1A，B）；另外一些岩体经历过变质变形，矿物呈现明显的定向结构（图3.1.1C，D）。在两类岩体中均发现了大量

图3.1.1　博格达 - 哈尔里克侵入岩及内部包体野外地质特征

A，B—辉绿岩脉穿插于花岗岩体；C—片麻状中粒闪长岩；

D—片麻状二长花岗岩；E—二长花岗岩中暗色包体；F—花岗闪长岩中暗色包体

的基性暗色包体（图3.1.1E，F）。这种具有变质变形特征和没有变质变形的从中酸性至基性的侵入岩，记录了造山带从弧岩浆作用到碰撞后岩浆活动的演化过程，对恢复造山带演化过程和探讨地球动力学机制的演变具有重要意义。

（3）上石炭统祁家沟组（C_2qj）

该组广泛分布于整个博格达地区，与柳树沟组呈不整合或断层接触关系。火山岩主要以沉积相为主，且厚度较大，而爆发相厚度较小，喷溢相局部发育。其中沉积相占主导，分布面积较广，且厚度较大，岩石类型有凝灰质中粒岩屑砂岩、细晶灰岩、岩屑砂岩、凝灰质细砂岩、凝灰质粉砂岩等；爆发相占重要组成部分，岩石类型有安山质火山角砾岩、岩屑凝灰岩、晶屑岩屑凝灰岩、安山质含砾晶屑岩屑凝灰岩等；喷溢相局部分布，多呈带状出现，岩石类型有英安岩、安山岩。

（4）上石炭统奥尔吐组（C_2a）

为一套滨海相－三角洲相碎屑岩夹火山碎屑岩建造，其自然岩石组合为细粒岩屑砂岩、粉砂岩、砂砾岩夹凝灰质砂岩、凝灰岩、沉凝灰岩，砂岩中含植物化石 *Calmites* sp. 。

根据近年来该地区开展的1∶5万区域地质调查成果（郭华春等，2006；曹福根等，2005；王德贵等，2011），结合本次野外剖面测制、路线地质调查研究，对博格达地区石炭系火山－沉积层序进行了重新厘定，其自下而上依次为：七角井组、柳树沟组、祁家沟组、奥尔吐组。并对其火山沉积建造类型、沉积环境等进行了总结、探讨。建立了博格达地区石炭纪火山－沉积地层序列（表3.1.3）。

表3.1.3　博格达地区石炭纪火山－沉积地层序列

岩石地层单位	火山－沉积建造	自然岩石组合	化石	层序
奥尔吐组 C_2a	滨海相－三角洲相碎屑岩夹火山碎屑岩建造	细粒长石岩屑砂岩、粉砂岩、砂砾岩夹凝灰质砂岩、凝灰岩、沉凝灰岩	砂岩中含植物化石 *Calamites* sp.	
祁家沟组 C_2qj	浅海相碳酸盐岩－砂岩夹火山碎屑岩建造	下部以亮晶砂屑灰岩、含生屑泥晶灰岩、岩屑砂岩不均匀互层，局部夹岩屑凝灰岩；上部以灰色长石岩屑砂岩、岩屑砂岩夹钙质粉砂岩、凝灰岩	灰岩中含珊瑚、双壳类化石 *Multithecopora* sp.；*Brachythyrina* sp.	海退层序 丘状层理 平行层理
柳树沟组 C_2l	海相火山碎屑岩－火山熔岩夹火山碎屑沉积岩建造	凝灰岩、玄武岩、安山岩、英安岩、凝灰质粉砂岩、岩屑凝灰岩、火山角砾岩、凝灰质细砂岩	凝灰质砂岩中含双壳、螺、菊石等化石 *Huanghoceras* sp.	
七角井组 C_1q	海相火山碎屑沉积岩－正常碎屑沉积岩建造	凝灰质砂岩、粉砂岩、岩屑砂岩夹少量玄武岩、安山岩，含灰岩透镜体		海进层序

3.1.2　哈尔里克构造带火山－沉积序列

研究区隶属于准噶尔火山岩区，分布于准噶尔弧盆系，该地区以发育古生代海相火山岩为特征，比起前寒武纪以及新生代而言，古生代火山岩分布较为广泛，其中尤以晚古生代泥盆纪—石炭纪的火山岩居多，二叠纪以及中生代期间的陆相火山岩也有分布，岩石地球化学表明，火山岩大多为钙碱性系列岩石，从基性到酸性岩类均有分布，其中以中基性岩类居多。

对研究区古生代火山岩地质特征进行了调查研究，确定研究区存在五期火山岩组合，分别为：奥陶纪为玄武岩－安山岩组合、志留纪为玄武安山岩－安山岩－英安岩－流纹岩组合、泥盆纪为玄武岩－安山岩－英安岩－流纹岩组合、石炭纪为安山岩－英安岩－流纹岩组合、二叠纪为玄武岩－流纹岩组合，且均为亚碱性系列。

奥陶纪火山岩：早—中奥陶世恰干布拉克组火山岩可划分出爆发相、溢流相和沉积相（表3.1.4）。其中爆发相岩石组合主要为蚀变中基性火山角砾岩、蚀变安山质火山角砾岩、玻屑晶屑凝灰岩、含生物屑细凝灰岩、安山质玻屑熔结凝灰岩及沉凝灰岩；火山溢流相岩石组合为玄武岩、安山岩、英安岩，以安山岩为主，玄武次之，英安岩很少；沉积相火山碎屑沉积岩的岩石组合主要为凝灰质粗粉砂岩、凝灰质细粉砂岩、凝灰质砂岩、凝灰质含生物屑灰岩等，以凝灰质粗粉砂岩为主。该组具有形成铜矿的良好矿源层条件。综上所述，该组火山岩具有形成铜多金属矿产的成矿潜力，是寻找铜及多金属矿产的有利层位。

表3.1.4 早—中奥陶世恰干布拉克组火山岩层序

层号	岩石名称	层厚/m	火山岩相	韵律	韵律层厚/m
37	灰绿色蚀变安山质角砾熔岩	33.29	溢流相	Ⅷ	33.29
36	灰色厚层状中粒岩屑长石砂岩	27.91	沉积相	Ⅶ	55.42
35	灰绿色蚀变石英安山岩	27.51	溢流相		
34	灰色蚀变凝灰质粗粉砂岩	9.52	沉积相	Ⅵ	67.43
33	灰绿色蚀变凝灰质砂岩	16.97			
32	绿灰色含生物屑细凝灰岩	31.51	爆发相		
31	深灰色沉凝灰岩	9.43	喷发相－沉积相		
30	灰绿色中—细粒岩屑长石砂岩	71.69	沉积相	Ⅴ	358.52
29	灰色钙质中粒岩屑长石砂岩	12.24			
28	灰绿色凝灰质细砂岩	12.28			
27	深灰色粗面玄武岩	64.92	溢流相		
26	灰绿色蚀变玄武岩	39.71			
25	灰绿色蚀变石英安山岩	64.62			
24	深灰色凝灰质生物屑粉砂岩、细砂岩夹钙质粉砂岩	93.06	沉积相		
23	灰黑色蚀变安山质玻屑熔结凝灰岩	19.43	爆发相	Ⅳ	354.09
22	深灰色蚀变杏仁状安山岩	72.11	溢流相		
21	灰紫色蚀变安山质火山角砾岩	91.89	爆发相		
20	灰绿色蚀变中基性火山角砾岩	59.80			
19	褐灰色蚀变中基性火山角砾岩	20.11			
18	灰绿色蚀变杏仁状玄武岩	90.75	溢流相		

续表

<table>
<tr><th>层号</th><th>岩石名称</th><th>层厚/m</th><th>火山岩相</th><th>韵律</th><th>韵律层厚/m</th></tr>
<tr><td>17</td><td>灰黑色中—薄层状泥岩、粉砂岩、细砂岩不均匀互层</td><td>93.28</td><td rowspan="2">沉积相</td><td rowspan="5">Ⅲ</td><td rowspan="5">275.39</td></tr>
<tr><td>16</td><td>灰绿色中—薄层状泥岩、细砂质粉砂岩互层</td><td>56.29</td></tr>
<tr><td>15</td><td>深灰色中—厚层状玄武安山岩</td><td>91.31</td><td rowspan="3">溢流相</td></tr>
<tr><td>14</td><td>灰色厚层块状英安岩</td><td>10.19</td></tr>
<tr><td>13</td><td>灰绿色蚀变杏仁状安山岩</td><td>24.32</td></tr>
<tr><td>12</td><td>深灰色蚀变泥质细粉砂岩</td><td>34.09</td><td rowspan="2">沉积相</td><td rowspan="7">Ⅱ</td><td rowspan="7">461.82</td></tr>
<tr><td>11</td><td>灰色厚层块状砂质砾岩</td><td>50.89</td></tr>
<tr><td>10</td><td>深灰色蚀变安山岩</td><td>39.30</td><td>溢流相</td></tr>
<tr><td>9</td><td>浅灰色强绢云母化玻屑晶屑凝灰岩</td><td>30.57</td><td>爆发相</td></tr>
<tr><td>8</td><td>暗灰色蚀变安山岩</td><td>32.16</td><td rowspan="3">溢流相</td></tr>
<tr><td>7</td><td>灰绿色中—厚层状蚀变辉石安山岩</td><td>76.34</td></tr>
<tr><td>6</td><td>紫灰色块状碎裂岩化安山岩</td><td>198.47</td></tr>
<tr><td>5</td><td>灰紫色凝灰质粗粉砂岩</td><td>272.80</td><td>沉积相</td><td rowspan="5">Ⅰ</td><td rowspan="5">615.86</td></tr>
<tr><td>4</td><td>灰色黑云母化安山岩</td><td>129.22</td><td>溢流相</td></tr>
<tr><td>3</td><td>灰色碳酸盐化细粒长石岩屑砂岩</td><td>78.51</td><td rowspan="3">沉积相</td></tr>
<tr><td>2</td><td>灰色粉砂质板岩</td><td>113.26</td></tr>
<tr><td>1</td><td>黄褐色碎裂岩化长石岩屑砂岩</td><td>22.07</td></tr>
</table>

中—晚奥陶世塔水组爆发相火山碎屑岩及沉火山碎屑岩的岩石组合主要为糜棱岩化凝灰岩、安山质岩屑凝灰岩、中酸性含角砾凝灰岩，流纹质岩屑凝灰岩、沉凝灰岩、火山灰凝灰岩等，以安山质凝灰岩为主（表3.1.5）。溢流相火山熔岩的岩石组合为蚀变安山岩、粗面英安岩（已糜棱岩化为长英质糜棱岩），以安山岩为主。目前已在该组中发现琼祖尔开金矿点和琼祖尔开铜矿化点，矿体沿韧性剪切面理呈似层状分布于糜棱岩化安山质凝灰岩、糜棱岩化粉砂质千枚岩中，与凝灰岩有密切的成因联系；可能为火山岩携带的成矿物质，经后期韧性剪切变形、变质作用而迁移、富集成矿。综上所述，该组是寻找韧性剪切带型金矿和热液型铜矿很有希望的层位。

表 3.1.5 中—晚奥陶世塔水组火山岩层序

层号	岩石名称	层厚/m	火山岩相	韵律	韵律层厚/m
14	褐灰色黑云石英糜棱片岩	17.07	沉积相	第Ⅱ韵律	283.59
13	绿色蚀变安山质初糜棱岩夹片理化强蚀变安山岩	118.16	溢流相		
12	绿色强蚀变安山岩	139.48			
11	灰色硅化中酸性含角砾凝灰岩，岩石中具金属硫化物矿化，有低品位金矿化	8.88	爆发相		
10	浅灰绿色绢云母板岩，见褐铁矿化，含金	23.69	沉积相	第Ⅰ韵律	1107.58
9	灰绿色长英质板岩（含金大于 200×10^{-9}）	15.79			
8	灰色绢云母板岩	162.10			
7	灰色糜棱岩化蚀变流纹质岩屑凝灰岩	86.90	爆发相	第Ⅰ韵律	1107.58
6	灰色流纹质火山灰凝灰岩	102.83			
5	灰色眼球状长英质糜棱岩（原岩为凝灰岩）	224.51			
4	灰色长英质糜棱岩（原岩为粗面英安岩）	154.20	溢流相		
3	绿色糜棱岩化强蚀变凝灰岩	98.20	爆发相		
2	灰绿色糜棱岩化蚀变安山质岩屑凝灰岩	110.48			
1	褐灰色糜棱岩化沉凝灰岩	128.88	喷发相 - 沉积相		

3.1.2.1 岩石地球化学特征

区内部分火山岩化学成分特征见表 3.1.6。

将哈尔里克山古生代火山岩相关氧化物化学成分投入硅碱图中，根据火山岩硅碱图（图 3.1.2）可知，研究区内火山岩样品组合有：奥陶纪为玄武岩 - 安山岩组合，志留纪为玄武安山岩 - 安山岩 - 英安岩 - 流纹岩组合，泥盆纪为玄武岩 - 安山岩 - 英安岩 - 流纹岩组合，石炭纪为安山岩 - 英安岩 - 流纹岩组合，二叠纪为玄武岩 - 流纹岩组合，且均为亚碱性系列。根据样品里特曼指数（1.04 ~ 3.93）可知，样品属于钙碱性系列。在 AFM 三角图（图 3.1.3）中样品除石炭纪火山岩主要落于拉斑玄武岩系列中，其余时代样品均落在钙碱性系列和钙碱性系列与拉斑玄武岩系列分界线附近。

表 3.1.6　哈尔里克火山岩主量元素组成

单位:%

地质年代	编号	岩性	样品个数	SiO_2	TiO_2	Al_2O_3	Fe_2O_3	FeO	MnO	MgO	CaO	Na_2O	K_2O	P_2O_5	烧失量	总量	σ	K_2O/Na_2O	SI
奥陶纪	1	玄武岩	2	52.12	0.83	16.62	2.84	5.64	0.19	5.44	6.23	5.14	0.41	0.14	3.90	99.47	3.38	0.08	27.95
	2	安山岩	3	56.39	0.70	14.25	2.14	4.34	0.17	3.67	7.16	3.61	1.14	0.18	5.83	99.64	1.69	0.32	24.59
	3	粗面安山岩	2	54.69	1.17	16.22	6.14	3.48	0.09	3.29	5.72	5.73	0.43	0.31	2.58	99.82	3.24	0.08	17.24
	4	石英安山岩	1	49.46	1.87	15.51	3.48	6.50	0.16	5.72	7.57	4.40	0.64	0.70	3.55	99.56	3.93	0.15	27.58
志留纪	5	玄武安山岩	2	54.89	1.48	17.50	2.48	6.93	0.15	4.42	5.08	2.95	1.28	0.17	2.67	99.58	1.50	0.43	24.47
	6	安山岩	4	59.97	0.90	15.99	1.65	4.73	0.18	3.29	6.81	3.74	0.85	0.31	1.28	99.96	1.24	0.23	23.06
	7	英安岩	1	66.00	0.59	15.11	3.66	2.20	0.20	0.89	2.36	4.89	1.60	0.10	2.85	99.47	1.83	0.33	6.72
	8	流纹岩	1	75.92	0.14	12.66	0.07	1.20	0.04	0.28	1.74	1.62	5.13	0.03	1.50	100.33	1.38	3.17	3.37
泥盆纪	9	玄武岩	2	49.16	0.94	15.62	6.13	4.23	0.17	7.26	8.69	2.60	1.45	0.24	3.85	99.94	2.65	0.56	33.51
	10	玄武安山岩	4	53.72	1.38	15.45	3.36	5.24	0.14	3.88	6.53	4.45	0.70	0.29	4.19	99.82	2.47	0.16	22.01
	11	安山岩	1	56.44	1.00	15.72	3.61	4.45	0.19	2.75	6.45	3.43	1.93	0.56	2.88	99.90	2.14	0.56	17.01
	12	英安岩	1	65.25	0.84	12.55	3.26	3.95	0.19	1.97	3.14	4.05	0.76	0.11	1.26	99.68	1.04	0.19	14.08
	13	流纹岩	2	71.55	0.52	13.10	2.17	1.35	0.11	0.80	1.41	5.65	1.70	0.10	2.44	99.46	1.89	0.30	6.86
石炭纪	14	英安岩	4	65.42	0.51	14.55	8.32	0.00	0.66	0.84	1.85	4.19	2.68	0.16	1.24	99.81	2.11	0.64	5.24
	15	流纹岩	2	75.13	0.26	11.60	1.77	0.98	0.08	0.40	0.73	3.34	4.83	0.04	1.28	100.41	2.08	1.45	3.54
二叠纪	16	橄榄玄武岩	1	53.72	1.21	17.01	5.14	3.00	0.15	3.30	8.14	3.81	1.01	0.40	2.70	99.59	2.17	0.27	20.30
	17	玄武岩	2	51.48	1.51	17.06	3.47	5.53	0.14	4.76	8.67	3.22	0.91	0.41	2.18	99.46	2.00	0.28	26.63
	18	流纹岩	4	74.91	0.26	11.91	1.71	0.74	0.09	0.27	1.02	3.54	4.66	0.04	1.13	100.02	2.11	1.31	2.50

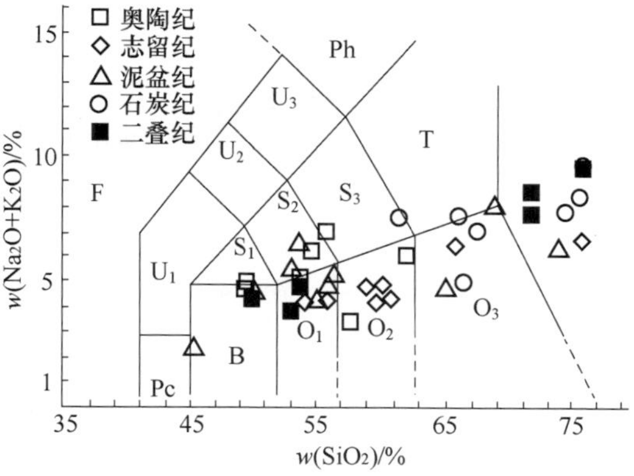

图 3.1.2　哈尔里克山火山岩硅碱图

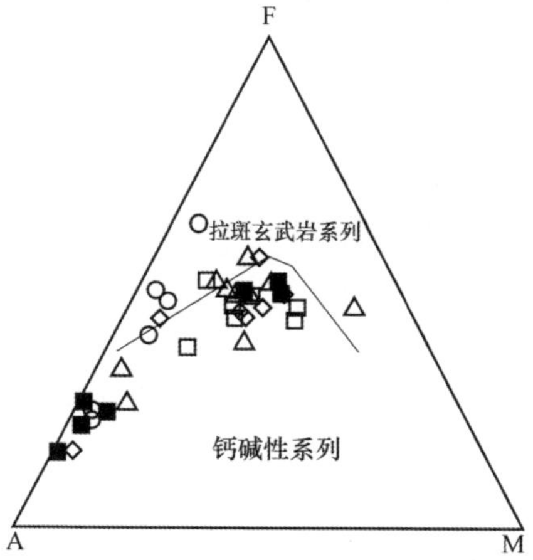

图 3.1.3　哈尔里克山火山岩 AFM 三角图

稀土元素数据见表 3.1.7，稀土元素球粒陨石标准化配分型式见图 3.1.4。总体特征：奥陶纪、志留纪、泥盆纪的∑REE 变化大，为 $96\times10^{-6}\sim146\times10^{-6}$，石炭纪、二叠纪的∑REE 比奥陶纪、志留纪、泥盆纪，有所增加，为 $146\times10^{-6}\sim317\times10^{-6}$。奥陶纪、志留纪、泥盆纪 ΣLREE/ΣHREE 分别为 1.52～1.83，1.98～2.11，1.42～2.51；石炭纪和志留纪 ΣLREE/ΣHREE 分别为 2.28～1.99，2.4～3.3。整体来说轻稀土与重稀土的比值在逐渐增大，表明区内火山岩的分异作用在逐渐增强。稀土分布曲线（图 3.1.4）配分型式右倾，分馏程度，轻稀土明显，重稀土平坦。奥陶纪、志留纪、泥盆纪样品 δEu 在 0.78～0.98 之间，虽有铕负异常但基本应属铕平坦型，说明岩浆的分离结晶程度中等或稍好；石炭纪样品 δEu 值均 <0.72，铕负异常更强，而二叠纪样品酸性岩 δEu 为 0.33 左右，铕负异常强烈。表明石炭纪—二叠纪岩浆的分离结晶程度逐渐增强，晚期岩浆源区为幔源。每个时代的火山岩稀土配分曲线极相似，说明每个时代火山岩形成环境相同，且具一定的同源性。

微量元素数据见表 3.1.8，作微量元素比值蛛网图（图 3.1.5）。从表 3.1.5 和图 3.1.5 中可以看出有以下特征：火山岩的微量元素曲线呈锯齿形，奥陶纪－泥盆纪 Nb、Ta、Ti 亏损，P、Rb、Ba 富集，泥盆纪—二叠纪 Nb、Ta、Sr、Ti 亏损，Rb、Ba 富集。$(Rb/Yb)_N>1$，表明古生代火山岩微量元素为强不相容元素富集型，富集地幔源或交代地幔源，熔融程度低，分离结晶程度强的残余熔体。微量元素富集亏损情况显示，古生代哈尔里克山火山岩为岛弧型火山岩的特征。根据 Condie（1989）判别，岩石的 w（La）/ w（Ta）=90.6～16.9（>15），w（Ti）/w（Y）=98.21～0.56（<350），w（Th）/ w（Yb）=10.15～0.18（>0.1），w（Th）/w（Nb）=1.54～0.13（>0.07），w（Hf）/ w（Th）=4.14～0.3（<8）表明区内火山岩为碰撞型弧区火山岩，w（Ti）/w（Zr）= 36.37～0.07（<85）表明区内火山岩为岛弧钙碱性玄武岩，区内火山岩属于碰撞的弧区火山岩。

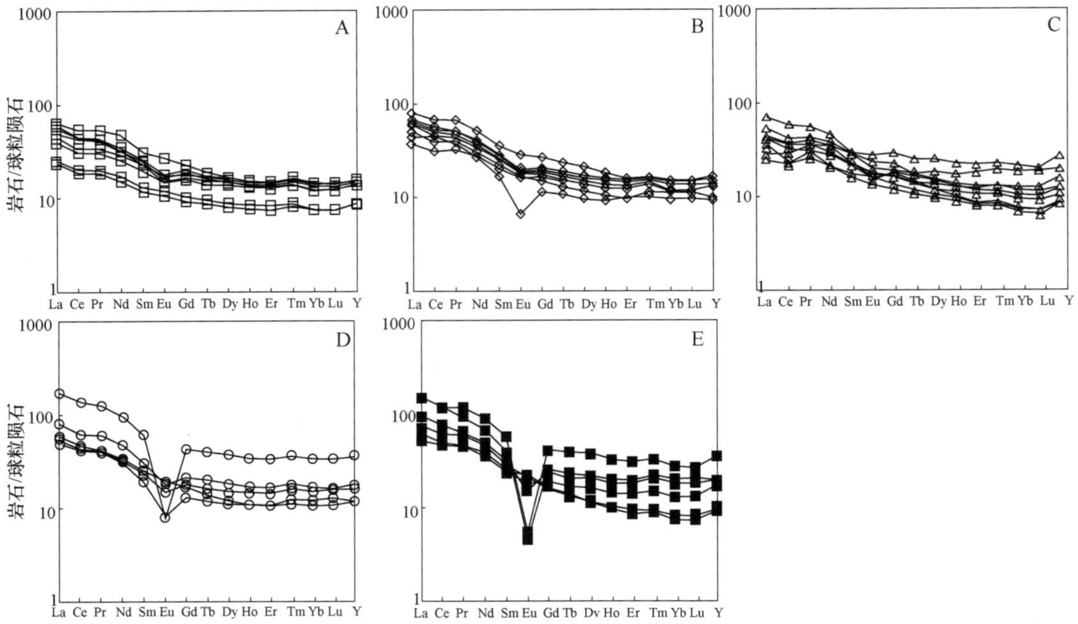

图 3.1.4　哈尔里克山稀土元素配分型式图

（球粒陨石数据依据 Talor et al.，1985）

（图例同图 3.1.2）

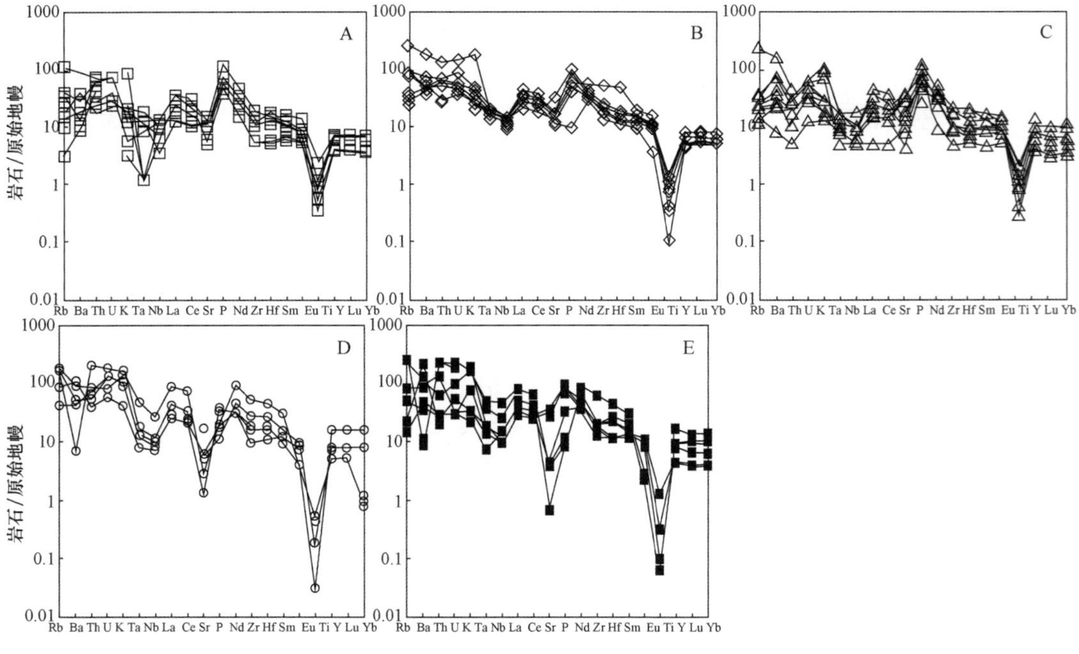

图 3.1.5　哈尔里克山微量元素蛛网图

（原始地幔数据依据 Sun & McDonough，1989）

（图例同图 3.1.2）

表 3.1.7　哈尔里克火山岩稀土元素组成

地质年代	编号	岩性	样品个数	La	Ce	Pr	Nd	Sm	Eu	Gd	Tb	Dy	Ho	Er	Tm	Yb	Lu	Y	∑REE	∑LREE/∑HREE	δEu	δCe	$(Ce/Yb)_N$
奥陶纪	1	玄武岩	2	11.59	23.98	3.31	14.57	3.59	1.11	3.83	0.66	4.13	0.87	2.49	0.40	2.53	0.40	23.02	96.47	1.52	0.91	0.90	2.46
	2	安山岩	3	17.30	34.93	4.83	19.89	4.57	1.22	4.60	0.80	5.03	1.05	2.99	0.48	2.94	0.45	26.93	128.01	1.83	0.81	0.89	3.08
	3	粗面安山岩	2	17.06	36.89	5.32	23.13	5.62	1.52	5.74	0.96	5.98	1.23	3.53	0.57	3.53	0.54	30.90	142.47	1.69	0.81	0.90	2.71
	4	石英安山岩	1	23.51	53.35	7.25	34.17	7.30	2.32	7.03	1.07	6.34	1.23	3.28	0.48	2.97	0.45	31.11	181.86	2.37	0.98	0.95	4.65
志留纪	5	玄武安山岩	2	15.24	36.99	5.39	22.56	5.39	1.66	5.49	0.95	5.62	1.11	2.87	0.45	2.60	0.40	24.48	131.18	1.98	0.92	0.96	3.69
	6	安山岩	4	22.32	49.30	6.64	26.96	6.02	1.59	5.84	1.01	5.94	1.23	3.53	0.55	3.47	0.54	31.34	166.27	2.11	0.81	0.94	3.68
	7	英安岩	1	21.87	45.55	5.36	19.26	3.98	0.57	3.51	0.64	3.75	0.79	2.42	0.41	2.82	0.45	21.41	132.79	2.67	0.46	0.96	4.19
	8	流纹岩	1	29.55	66.91	9.41	37.97	8.49	2.48	8.30	1.41	8.33	1.58	3.98	0.59	3.54	0.54	35.29	218.37	2.44	0.89	0.94	4.90
泥盆纪	9	玄武岩	2	15.80	34.92	4.79	20.16	4.38	1.22	4.29	0.67	3.97	0.79	2.05	0.32	1.87	0.29	18.14	113.62	2.51	0.85	0.94	4.85
	10	玄武安山岩	4	11.71	26.59	4.20	18.80	4.72	1.60	5.25	0.86	5.35	1.08	3.00	0.45	2.79	0.41	28.43	115.21	1.42	0.98	0.89	2.47
	11	安山岩	1	15.50	34.30	5.97	28.70	6.52	1.99	6.86	0.94	5.71	1.10	3.07	0.44	2.99	0.44	32.10	146.63	1.73	0.90	0.84	2.97
	12	英安岩	1	21.03	41.64	6.08	24.21	5.28	1.35	5.19	0.90	5.38	1.01	2.70	0.39	2.36	0.34	24.92	142.78	2.31	0.78	0.86	4.57
	13	流纹岩	2	15.12	28.20	4.81	20.73	5.06	1.40	5.11	0.88	5.54	1.15	3.40	0.52	3.33	0.50	30.82	126.53	1.47	0.83	0.77	2.20
石炭纪	14	英安岩	4	19.83	42.19	5.65	23.54	5.34	1.26	5.13	0.86	5.16	1.11	3.13	0.49	3.26	0.52	29.45	146.91	1.99	0.72	0.93	3.35
	15	流纹岩	2	47.15	97.76	12.87	51.06	10.71	1.13	9.88	1.77	10.75	2.23	6.34	0.99	6.25	0.95	57.57	317.38	2.28	0.33	0.92	4.05
二叠纪	16	橄榄玄武岩	1	23.48	49.30	6.55	26.71	5.67	1.76	5.23	0.79	4.57	0.90	2.35	0.35	2.09	0.31	21.88	151.94	2.95	0.97	0.92	6.11
	17	玄武岩	2	23.81	53.49	7.40	31.42	6.05	1.88	5.39	0.81	4.54	0.88	2.33	0.34	1.99	0.31	21.01	161.63	3.30	0.99	0.94	6.97
	18	流纹岩	4	43.09	89.91	11.52	45.00	9.26	0.98	8.71	1.51	9.38	1.89	5.39	0.84	5.10	0.79	49.57	282.91	2.40	0.33	0.93	4.57

注：稀土元素单位为10^{-6}。

表 3.1.8　哈尔里克火山岩微量元素组成

地质年代	编号	岩性	样品个数	Rb	Ba	Th	U	Ta	Nb	Sr	Zr	Hf	Ti	$(Rb/Yb)_N$	$w(Th)/w(Nb)$	$w(Hf)/w(Th)$	$w(Ti)/w(Zr)$
奥陶纪	1	玄武岩	2	11.65	126.00	3.85	1.11	0.53	6.25	253.00	90.00	2.55	4975.85	3.58	0.62	0.66	55.29
	2	安山岩	3	33.80	272.67	4.90	0.28	0.45	7.50	248.67	116.67	3.83	4216.48	8.93	0.65	0.78	36.14
	3	粗面安山岩	2	14.00	128.50	4.35	0.00	0.50	5.90	183.00	126.50	4.35	6984.18	3.08	0.74	1.00	55.21
	4	石英安山岩	1	11.00	264.00	1.50	0.48	0.73	7.10	246.00	212.00	4.60	11210.65	2.88	0.21	3.07	52.88
志留纪	5	玄武安山岩	2	35.00	389.50	3.30	1.04	0.54	6.95	455.00	213.00	4.35	8842.63	10.45	0.47	1.32	41.51
	6	安山岩	4	27.00	303.00	4.55	0.96	0.68	8.40	284.50	253.25	4.85	5365.53	6.04	0.54	1.07	21.19
	7	英安岩	1	52.00	507.00	5.80	1.82	0.84	9.60	216.00	552.00	13.80	3537.05	14.32	0.60	2.38	6.41
	8	流纹岩	1	156.00	1217.00	11.00	3.00	0.53	9.70	235.00	137.00	3.30	839.30	34.21	1.13	0.30	6.13
泥盆纪	9	玄武岩	2	10.25	113.50	0.90	0.58	0.32	3.40	211.50	77.00	1.80	5635.30	4.27	0.26	2.00	73.19
	10	玄武安山岩	4	43.30	455.50	1.83	0.53	0.42	6.55	472.00	129.25	2.95	8288.09	12.05	0.28	1.61	64.12
	11	安山岩	1	13.90	286.00	2.09	1.15	0.19	3.25	668.00	91.20	2.82	5995.00	3.61	0.64	1.35	65.73
	12	英安岩	1	13.00	233.00	1.40	0.58	0.49	5.90	156.00	190.00	5.80	5035.80	4.28	0.24	4.14	26.50
	13	流纹岩	2	14.25	336.00	1.89	1.10	0.53	6.69	426.70	202.00	4.67	3117.40	3.33	0.28	2.47	15.43
石炭纪	14	英安岩	4	55.25	451.71	5.13	2.45	0.50	6.62	174.82	187.72	5.16	3072.44	13.15	0.77	1.01	16.37
	15	流纹岩	2	119.00	353.50	12.85	2.85	1.39	14.30	88.50	470.50	11.46	1558.70	14.78	0.90	0.89	3.31
二叠纪	16	橄榄玄武岩	1	15.00	1546.00	1.80	1.18	0.80	7.30	854.00	209.00	3.90	7253.95	5.57	0.25	2.17	34.71
	17	玄武岩	2	21.85	294.00	2.58	0.68	0.45	8.99	645.50	167.00	3.60	9052.45	8.52	0.29	1.40	54.21
	18	流纹岩	4	135.25	394.55	14.49	2.89	1.26	17.47	72.25	345.25	9.25	1573.69	20.59	0.83	0.64	4.56

注：微量元素单位为 10^{-6}。

3.1.2.2 构造环境讨论

由上分析，哈尔里克山古生代奥陶纪、志留纪、泥盆纪、石炭纪火山岩主要为基性-中性-酸性岩组合，又以钙碱性安山质岩为主；二叠纪火山岩为基性岩与酸性岩组合。区内火山岩各元素含量显示 Na 基本高于 K，高 Al 低 Ti，Ti 基本都小于 1% 的特征，指示区内火山岩具岛弧火山岩性质。在 Hf/3-Th-Ta 图中（图 3.1.6），投点主要落于火山弧火山岩区，而在 $\lg\sigma-\lg\tau$ 关系图中（图 3.1.7），样品落于岛弧与活动大陆边缘。而且微量元素总体为 Rb、Ba 等正异常，Ti、Nb、Ta 等负异常，显示为岛弧型火山岩的特征。结合区域资料奥陶纪—早志留世哈尔里克山地区形成岛弧。早志留世以后，随着吐哈盆地南缘活动陆缘逐渐向南迁移，哈尔里克山地区不再是岛弧，而是位于弧后区。到早泥盆世再度沉降，形成早泥盆世复理石沉积，该沉积可能相当于弧间盆地或弧后边缘海的环境。石炭纪时期哈尔里克山发育滞后盆地，哈尔里克山南北坡的石炭纪沉积岩正是指示该区的环境。晚石炭世末，哈尔里克山该区进入碰撞后松弛期。区内由南向北大面积出露泥盆纪和石炭纪侵入岩。综上所述，哈尔里克山早古生代火山岩主要为火山岛弧构造环境，晚古生代火山岩为弧后区构造环境，且研究区南侧存在泥盆纪—石炭纪向北俯冲的洋盆。

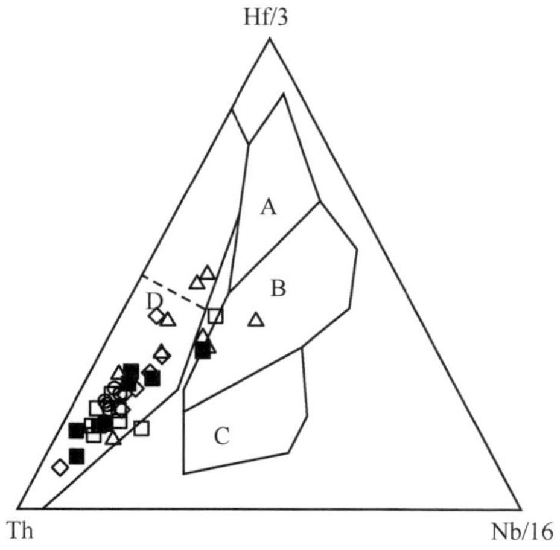

图 3.1.6 哈尔里克山火山岩 Hf/3-Th-Ta 图
（图例同图 3.1.2）

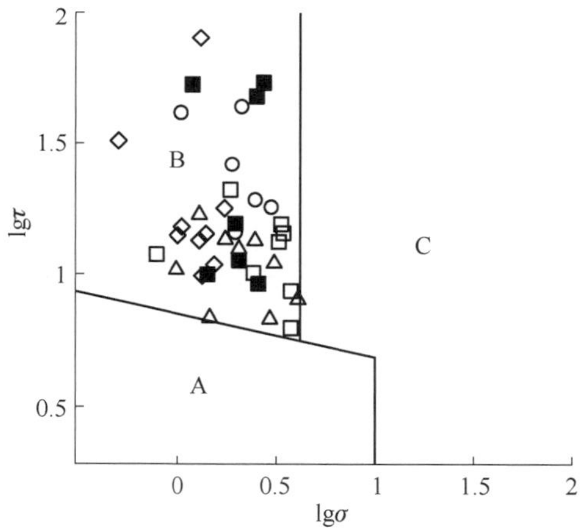

图 3.1.7 哈尔里克山火山岩 $\lg\sigma-\lg\tau$ 图
（图例同图 3.1.2）

3.1.3 石炭纪火山岩对比研究

研究区隶属博格达-哈尔里克构造带，物质组成以上古生界火山-沉积岩系为主，哈尔里克山发育大量古生代侵入岩基，博格达山则广泛发育石炭纪—二叠纪火山岩和基性岩墙。其中哈尔里克山阿尔通盖南侧分布有奥陶系绿灰色千枚岩、千枚岩化粉砂岩、凝灰质砂岩夹大理岩、玄武玢岩。下石炭统七角井组（C_1q）分布于博格达-哈尔里克构造带东段地区，其上部为灰绿色、紫红色、灰色安山玢岩、凝灰角砾岩、英安斑岩，下部为灰黑色、灰绿色凝灰质砂岩、碳质页岩、凝灰岩夹安山玢岩、砂砾岩。姜巴斯套组（C_1j）为一套黑灰色、灰色中厚层状火山碎屑沉积岩，杂色火山角砾岩、安山玢岩、安山质英安斑岩。上石炭统柳树沟组（C_2l）广泛分布于达坂城-柳树沟-沁城一带，达坂城地区主要岩性为深灰绿色凝灰岩、灰绿色晶屑凝灰岩、火山角砾熔岩、玄武岩、火山角砾凝灰岩、含火山角砾晶屑岩屑凝灰岩、杏仁状玄武岩、灰褐色安山岩、灰绿色英安岩、局部夹薄层凝灰质细砂岩、岩屑砂岩、粉砂岩；柳树沟地区主要岩性为灰绿色玄武玢岩、辉绿玢岩、霏细岩、凝灰角砾岩夹砂岩、灰岩透镜体；沁城东一带主要为一套原岩为火山－碎屑岩系的变质岩，主要岩性为二云母片岩、黑云母片岩、石英片岩、变质英安玢岩、辉绿岩夹凝灰角砾岩、千枚岩、凝灰质粉砂岩。祁家沟组（C_2qj）主要分布于博格达山地区平行不整合覆盖于柳树沟组之上，为一套岩性为紫红色岩屑砂岩、细砂岩、含砾粗砂岩、砾岩、灰白色生物碎屑灰岩夹少量灰绿色凝灰岩夹玄武岩。奇尔古斯套组为暗绿灰色、灰黑色泥质粉砂岩、粉砂质泥岩、碳质泥岩夹长石砂岩、霏细岩、硅质岩等，偶见凝灰质砂岩。研究区内石炭纪火山－沉积地层主要岩性对比特征见图3.1.8。

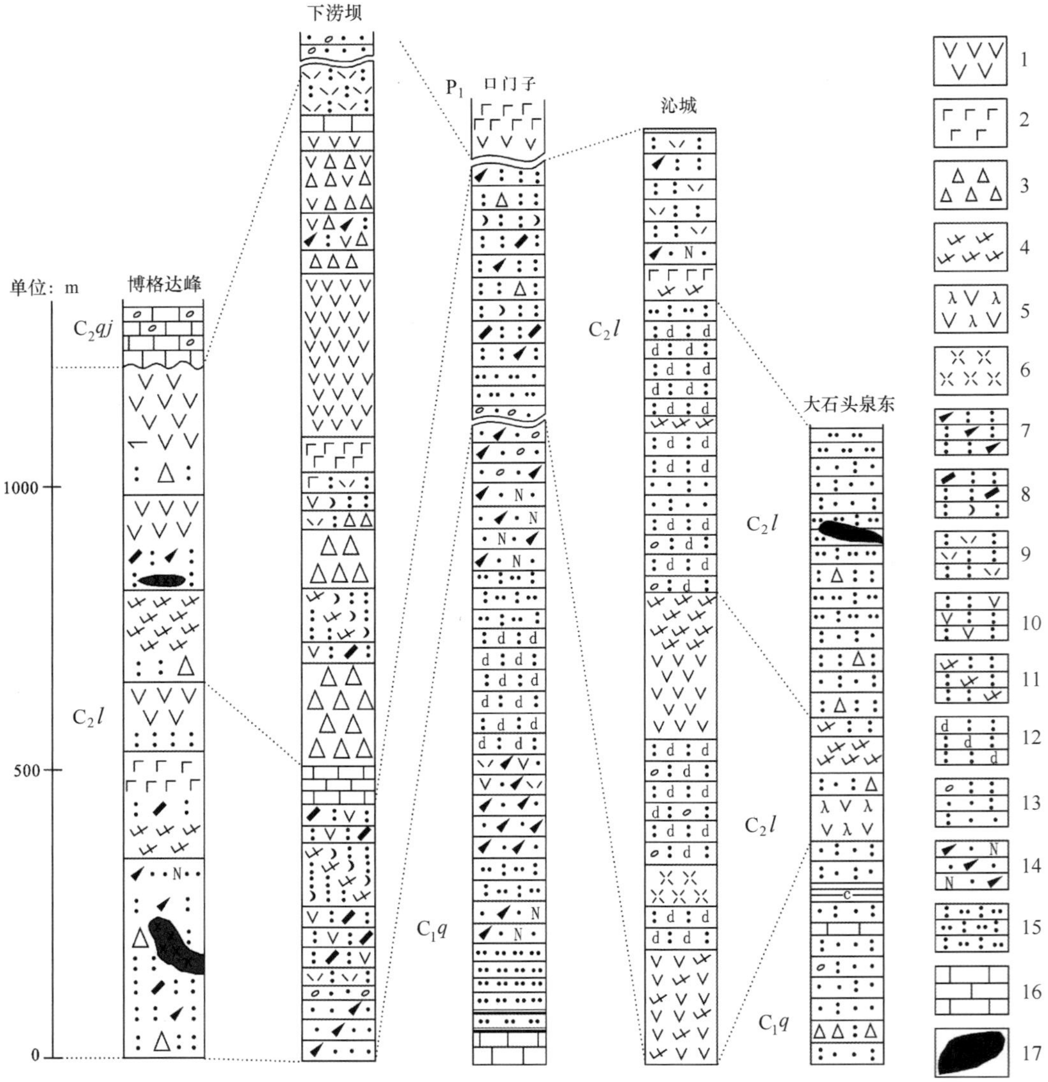

图3.1.8 新疆博格达－哈尔里克山地区石炭纪火山－沉积地层主要剖面综合柱状图

1—安山岩；2—玄武岩；3—角砾岩；4—英安岩；5—安山玢岩；6—流纹岩；7—岩屑凝灰岩；8—晶屑玻屑凝灰岩；9—流纹质凝灰岩；10—安山质凝灰岩；11—英安质凝灰岩；12—沉凝灰岩；13—凝灰质砂岩夹凝灰角砾岩；14—岩屑长石砂岩；15—凝灰质粉砂岩；16—灰岩；17—辉绿辉长岩

3.1.3.1 岩石学特征

基性火山岩主要是玄武岩（图3.1.9A，B），灰色至紫红色，呈斑状结构，块状构造，少数为气孔构造。斑晶约占30%～35%，粒径多为0.1～2.0mm，主要为斜长石和辉石，自形至半自形。基质粒度多小于0.1mm，由长条状斜长石、微粒石英及辉石、角闪石组成。副矿物有磷灰石、铁钛氧化物等。

中性火山岩主要是安山岩、玄武粗安岩和粗安岩。浅紫色至灰绿色，斑状结构（图3.1.9C），块状构造。斑晶约占岩石总量20%～30%，主要为斜长石，约占斑晶的70%，多为半自形。角闪石和辉石约占斑晶的30%，自形—半自形。基质主要为细粒斜长石和辉石。副矿物包括磷灰石、锆石、榍石和磁铁矿等。

酸性火山岩包括英安岩和流纹岩。英安岩呈灰色或灰白色，斑状结构，块状构造，斑晶主要为斜长石，自形—半自形，约占斑晶的60%，另有石英（20%）和角闪石。基质主要为微晶斜长石。流纹岩为灰白色，斑状结构，流纹构造。斑晶主要为石英，斜长石，占岩石总量的15%～20%，粒径0.2～1mm。其中，斜长石占斑晶总量30%～40%，半自形至它形，石英占40%～50%，一般为半自形。基质以隐晶长英质矿物为主，流动构造明显（图3.1.9D）。副矿物有磷灰石、锆石和磁铁矿等。

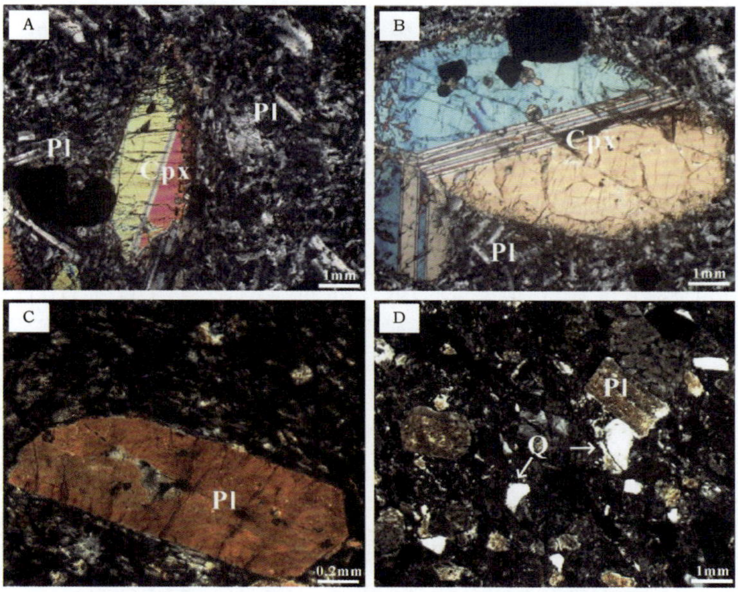

图3.1.9　研究区石炭纪火山岩显微照片

A、B—玄武岩；C—安山岩；D—流纹岩

矿物缩写：Pl—斜长石；Cpx—单斜辉石；Q—石英

3.1.3.2 岩石地球化学特征

（1）主量元素

研究区火山岩地球化学分析数据见表3.1.9。样品大多数落在玄武岩－玄武安山岩－安山岩－英安岩－流纹岩区内（图3.1.10），且主体位于Irvine分界线下方，属亚碱性岩石系列。达坂城地区火山岩里特曼指数介于1.61～3.71之间，其中14件样品属钙碱性岩石系列；下涝坝地区火山岩里特曼指数介于1.24～3.64之间，其中15件属于钙碱性岩石系列；沁城地区火山岩里特曼指数介于1.09～4.88之间，其中落入钙碱性系列内的有12件样品。区内火山岩$n(K_2O)+n(Na_2O)<n(Al_2O_3)<n(K_2O)+n(Na_2O)+n(CaO)$，A/CNK介于0.78～1.25之间，属偏铝质火山岩系列。研究区内火山岩，由达坂城→下涝坝→沁城，固结指数（*SI*）从22.48→20.03→16.65，表现为岩浆由西向东分离结晶程度愈高，分异愈好；分异指数（*DI*）从44.78→56.40→57.82，表现为岩浆自西向东分异程度愈高。在Harker图解中（图3.1.11），MgO、FeO^T、CaO、TiO_2、Al_2O_3与SiO_2显示出较好的负相关性，暗示玄武质岩浆经历了橄榄石、辉石等矿物的分离结晶过程。

表3.1.9 新疆博格达－哈尔里克山地区火山岩含量元素（10^{-2}）、微量元素（10^{-6}）、含量均值数据表

产地	达坂城			下涝坝				沁城			
岩石名称	玄武岩	玄武安山岩	英安岩	玄武岩	安山岩	英安岩	流纹岩	玄武岩	安山岩	英安岩	流纹岩
样品数	10	5	6	9	5	3	1	6	6	3	7
SiO_2	46.86	51.14	69.11	47.88	57.10	68.38	66.99	48.75	54.37	64.13	71.53
TiO_2	1.18	1.73	0.65	1.75	0.87	0.60	0.65	1.10	1.47	0.92	0.35
Al_2O_3	14.68	15.70	14.19	15.70	16.29	14.35	13.78	16.46	17.10	15.00	12.77
Fe_2O_3	10.60	11.62	3.35	3.92	2.69	1.90	1.46	4.62	2.61	1.25	4.58
FeO	6.94	7.05	1.76	5.92	3.79	1.68	2.65	5.58	6.32	4.07	0.98
MnO	0.16	0.19	0.06	0.20	0.13	0.11	0.13	0.20	0.17	0.14	0.28
MgO	11.91	4.91	1.34	5.55	2.86	1.37	1.45	6.42	3.21	3.41	0.56
CaO	8.44	7.07	2.15	8.70	4.14	2.28	1.34	9.73	6.03	3.35	1.17
Na_2O	2.49	3.83	5.93	3.68	5.80	5.48	5.11	3.48	4.44	3.88	3.68
K_2O	0.58	1.23	1.24	0.76	1.50	1.40	3.57	1.14	1.51	1.11	3.83
P_2O_5	0.21	0.39	0.13	0.33	0.28	0.13	0.10	0.25	0.57	0.20	0.09
烧失量	2.80	2.34	1.21	5.05	3.98	2.08	1.97	1.98	2.06	2.41	1.28
Cs	2.29	0.72	0.58								
Rb	10.68	34.88	23.47	14.94	24.64	29.90	49.40	34.08	47.67	45.00	84.00
Sr	317.30	423.80	224.50	298.11	439.80	250.00	99.20	218.00	220.83	118.33	146.16
Ba	104.12	275.20	161.33	208.01	628.00	421.33	513.00	333.33	497.67	265.67	405.45
Nb	3.89	5.71	14.61	6.37	6.23	10.60	19.20	6.53	8.00	8.80	11.04
Ta	0.30	0.41	1.17	0.43	0.61	0.70	1.32	0.47	0.64	0.73	1.00
Zr	95.06	142.60	401.17	143.97	148.80	252.67	579.00	117.17	185.50	240.33	348.03
Hf	2.68	3.98	12.35	3.88	3.78	7.67	16.40	2.20	3.78	6.77	8.83
Th	0.62	1.26	4.74	1.46	2.83	5.74	3.66	4.27	4.48	6.90	9.58
U	0.26	0.43	1.23	0.68	1.18	1.77	1.51	0.78	1.21	2.11	2.63
K	1477	4348	4619	6334	12430	11645	29623				19752
Ti	7001	9267	5925	10487	5220	4005	3900	5854	7256	4506	689

续表

岩石名称	玄武岩	玄武安山岩	英安岩	玄武岩	安山岩	英安岩	流纹岩	玄武岩	安山岩	英安岩	流纹岩
P	1102	1554	840	1613	1223	745	437	1144	1473	746	84
La	6.63	14.28	28.92	12.85	18.90	36.67	39.80	22.27	21.65	21.85	35.17
Ce	16.04	32.90	74.95	31.40	38.82	81.23	95.00	43.97	46.13	45.22	73.57
Pr	2.31	4.50	10.57	4.61	4.60	10.14	13.20	5.90	6.26	6.46	9.76
Nd	10.96	20.84	46.30	20.84	20.90	38.93	55.60	24.63	26.94	26.43	39.38
Sm	2.96	5.22	11.93	5.35	4.55	7.76	13.00	5.72	6.36	6.28	8.54
Eu	1.06	1.70	1.82	1.84	1.37	1.84	2.52	1.75	2.04	1.26	1.26
Gd	2.95	4.96	11.90	5.50	3.38	6.45	12.40	5.62	6.62	6.43	7.99
Tb	0.56	0.88	2.45	0.91	0.65	1.03	2.23	0.89	1.09	1.10	1.40
Dy	3.36	5.12	15.57	5.55	3.54	5.52	14.30	5.23	6.52	6.75	8.49
Ho	0.72	1.11	3.52	1.05	0.66	1.02	2.78	1.04	1.33	1.36	1.78
Er	1.95	3.04	10.35	3.08	1.96	3.08	8.82	2.85	3.63	3.73	5.03
Tm	0.31	0.47	1.73	0.47	0.31	0.50	1.41	0.44	0.57	0.56	0.78
Yb	2.00	3.14	11.45	2.98	1.73	3.21	9.68	2.61	3.48	3.37	5.01
Lu	0.32	0.47	1.73	0.43	0.49	0.47	1.40	0.41	0.53	0.50	0.77
Y	17.60	27.66	89.92	31.74	20.96	33.80	24.70	25.77	32.15	37.56	46.13

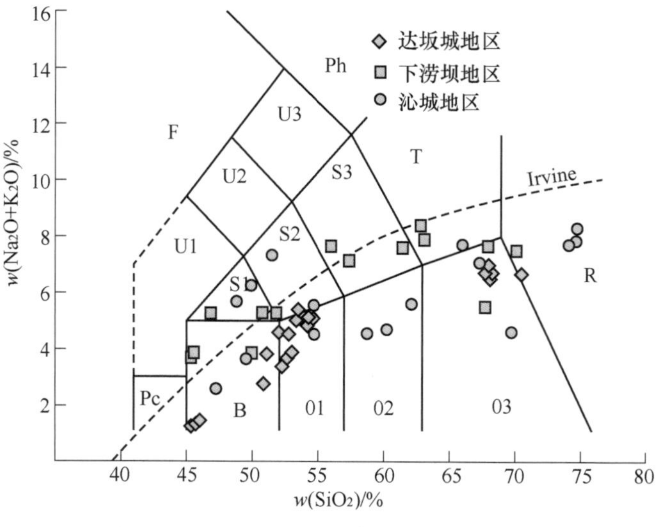

图 3.1.10 新疆博格达－哈尔里克山地区火山岩 TAS 图解

（据 Le Bas，1986）

F—副长石岩；Ph—响岩；U1—碱玄岩；U2—响质碱玄岩；U3—碱玄质响岩；Pc—苦橄玄武岩；S1—粗面玄武岩；S2—玄武粗面安山岩；S3—粗面安山岩；T—粗面岩，粗面英安岩；B—玄武岩；01—玄武安山岩；02—安山岩；03—英安岩；R—流纹岩

图中曲线为 Irvine 分界线；上方为碱性系列；下方为亚碱性系列

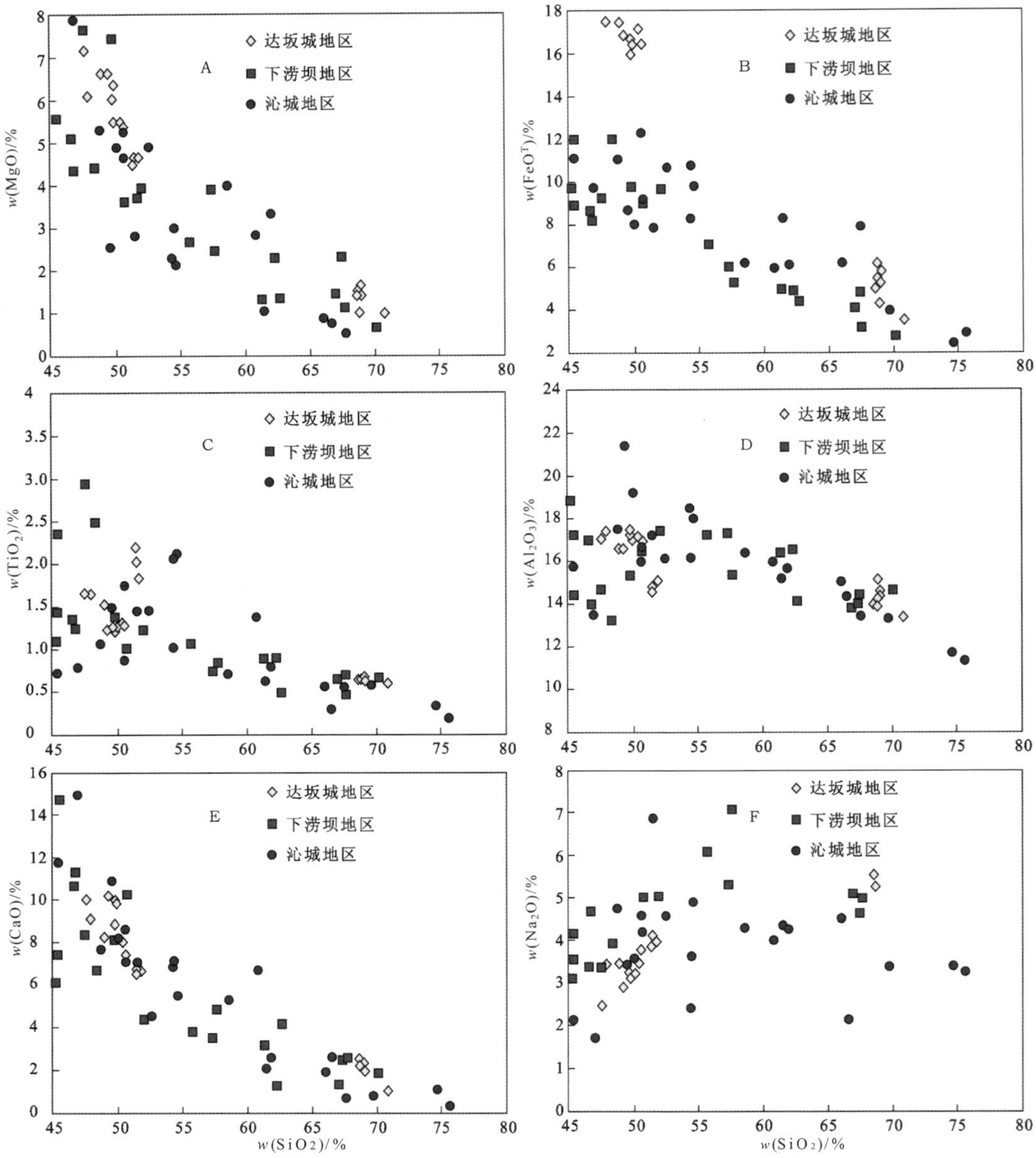

图 3.1.11　新疆博格达－哈尔里克山地区火山岩主量元素 Harker 图解

（据 Harker，1909）

玄武岩：SiO_2含量的变化范围介于46.86～48.75之间；铝含量较高，介于14.68～16.46之间，TiO_2含量介于1.10～1.75之间，可与典型的大洋玄武岩和弧后盆地玄武岩的平均值（1.5%）对比，与活动大陆边缘及岛弧区火山岩平均值（0.84%）相差较大。

安山岩：SiO_2含量的变化范围介于54.37～57.10之间；里特曼指数介于1.4～2.3之间，$n(Na_2O)/n(K_2O)$ 小于1，属低钾钙碱性系列。

流纹岩：主要分布于研究区中东部下涝坝至沁城一带，SiO_2含量的变化范围介于66.99～71.53之间；铝含量较高，介于12.77～13.78之间，MgO 含量低，为0.56～1.45

之间；相比玄武岩、安山岩，流纹岩的钾含量明显升高，反映出岩浆由基性向中酸性演化的正常序列。

（2）稀土元素

达坂城地区玄武岩稀土总量较小，介于 $67.39\times10^{-6}\sim92.77\times10^{-6}$ 之间，ΣLREE/ΣHREE 介于 1.40～1.55，分馏极不明显，$(La/Yb)_N$ 变化范围为 2.34～2.76，比值大于 1，玄武岩稀土元素球粒陨石标准化配分图（图 3.1.12）表现为轻度的轻稀土富集，未发育 Eu 异常，说明岩浆结晶分离过程中无明显斜长石的参与。

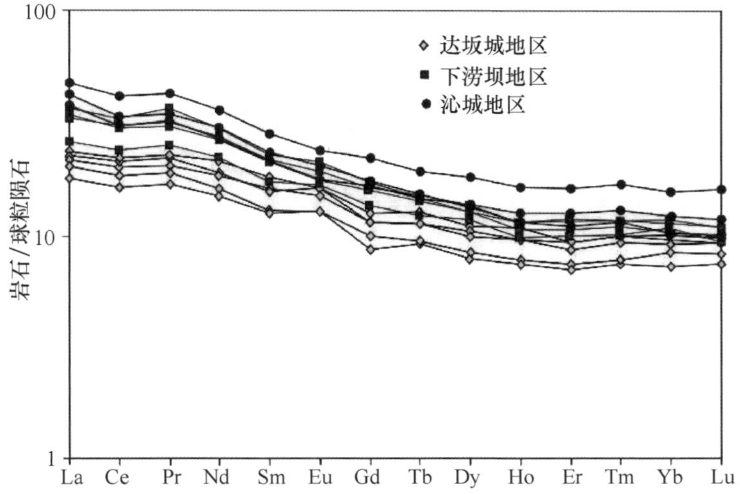

图 3.1.12　新疆博格达－哈尔里克山地区玄武岩稀土元素球粒陨石标准化配分型式图

（3）微量元素

研究区不同地区玄武岩类岩石微量元素含量见表 3.1.9。其原始地幔标准化蛛网图如图 3.1.13 所示，与典型的岛弧类玄武岩蛛网图可类比。整体特征为：大离子亲石元素（LILE）微弱富集，主要表现为 Sr、Rb、Ba 的正异常，Ta、Nb 的负异常。由达坂城→下涝坝→沁城地区，$(Rb/Yb)_N$ 值分别为 1.68～7.07，1.72～5.91，2.60～10.70，均大于 1，表现为高场强元素（HFS）丰度低，低场强元素（LFS）丰度高的特征，与典型的弧后盆地（Parece Vela 盆地）玄武岩类似，岩浆源区形成于富集型地幔（造山带）；Rb/Sr 值均小于 0.05，表现为岛弧拉斑玄武岩系列或深海拉斑玄武岩系列；Nb^* 值分别为 0.24～0.65，0.18～0.36，0.22～0.58，均小于 1，为铌元素亏损，说明岩浆结晶分离过程中，有大陆物质或花岗质岩石的参与。另外锶元素的富集，说明了岩石的形成可能与消减作用密切相关。综上，通过对岩石微量元素特征分析，认为研究区火山岩形成于俯冲消减带的火山弧（弧后盆地）环境。

3.1.3.3　Sr－Nd 同位素示踪

相对于较容易被改造的 Rb－Sr 同位素体系，Sm－Nd 体系更能反映真实的同位素组成，本书将侧重以获得的 Nd 同位素数据进行讨论。从博格达－哈尔里克火山岩 Rb－Sr 和 Sm－Nd 同位素分析成果来看，火山岩（以 315Ma 计算）的 $\varepsilon_{Nd}(t)$ 值介于 3.19～

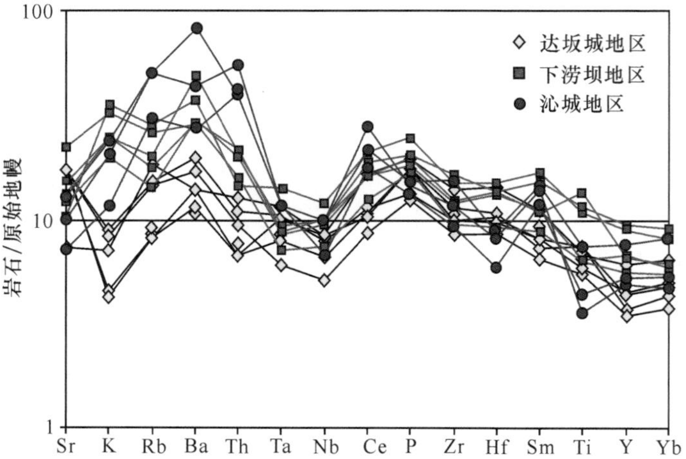

图 3.1.13 新疆博格达－哈尔里克山地区玄武岩微量元素原始地幔标准化蛛网图
（标准值据 Sun & McDonough，1989）

7.44 之间（图 3.1.14），指示源区亏损的同位素组成。因此，研究区所属的构造环境不应是古老的大陆块体（例如塔里木前寒武系块体），原因是即便是少量的古老物质的混染，都将极大改变岩浆的同位素组成向富集转变，而本区无论是玄武岩还是流纹岩均显示出亏损的特征，所以源区的组成是同位素亏损的年轻基底。这一认识也得到了区内火山岩和侵入岩中未发现前寒武古老继承锆石的印证。

对哈尔里克晚石炭世火山岩的 Sr－Nd 同位素分析可知，$\varepsilon_{Nd}(t)$ 和初始 Sr 值变化不大，具有高放射性 Nd($\varepsilon_{Nd}(t)$ 值都大于 0）和低（$^{87}Sr/^{86}Sr)_i$ 特征（图 3.1.15）。其中，玄武岩 ε_{Nd}（t）和（$^{87}Sr/^{86}Sr)_i$ 值分别为 +3.9 和 0.7043；中酸性火山岩为 +3.3 ~ +6.0 和 0.7032 ~ 0.7046。根据 Nd 同位素获得的模式年龄（T_{DM}）为 543 ~ 797Ma。在 $\varepsilon_{Nd}(t)$ －（$^{87}Sr/^{86}Sr)_i$ 图上，所有样品基本落在地幔演化序列范围附近，与 MORB 类似（图 3.1.15），指示岩浆起源于同位素组成适度亏损的源区。

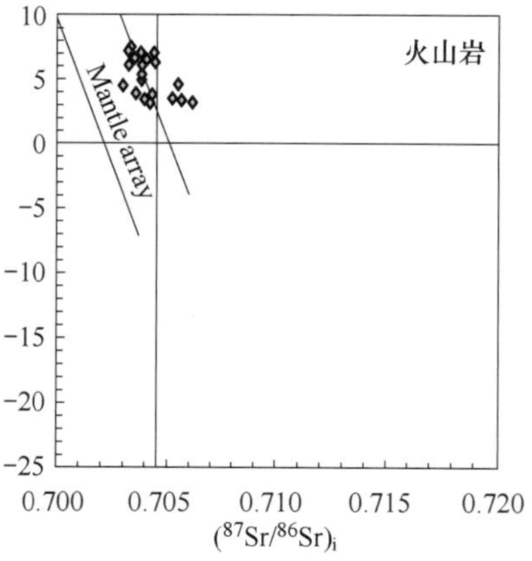

图 3.1.14 博格达－哈尔里克造山带
火山岩 Sr－Nd 同位素组成

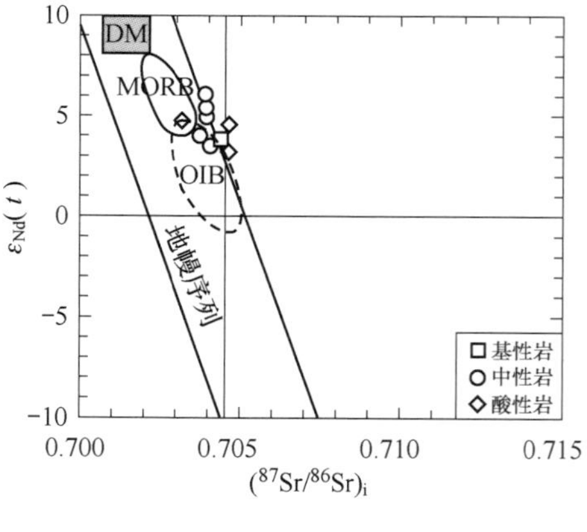

图 3.1.15 哈尔里克晚石炭世
火山岩 Sr－Nd 同位素图解

3.1.3.4 年代学研究

随着同位素测年技术的发展，获取了一大批可靠的同位素年龄值（293 ~ 342Ma）。如王银喜等在博格达山东段七角井附近获取玄武岩和流纹岩的 Rb - Sr 同位素等时线年龄分别为（342.0 ±3.2）Ma 和（340.3 ±3.4）Ma，在博格达大石头色皮口地区获取流纹岩的 Rb - Sr 同位素年龄为（307.1 ±1.3）Ma；王金荣等在博格达山东段北麓下涝坝一带获取上石炭统柳树沟组流纹岩的 Rb - Sr 同位素等时线年龄为（296 ±2）Ma；Chen Xijie 等（2011）在博格达山南侧白杨沟、红山口、七角井等地区获取火山岩中流纹岩的 LA - ICP - MS 锆石 U - Pb 年龄分别为（293.3 ±1.7）Ma、（294.6 ±2）Ma、（293.6 ±2.3）Ma，基性岩墙年龄分别为（295.8 ±2.8）Ma、（294.5 ±3.6）Ma。详见表 3.1.10。

表 3.1.10 新疆博格达造山带岩浆活动年龄

产地（地层位置）	岩性	年龄	测试方法	资料来源
大石头 - 色皮口（上石炭统）	流纹岩	（307.1 ±1.3）Ma	全岩 Rb - Sr	王银喜等，2005
七角井刺梅沟（下石炭统）	玄武岩	（342.0 ±3.2）Ma	全岩 Rb - Sr	王银喜等，2006
	流纹岩	（340.3 ±3.4）Ma		
大石头（上石炭统）	流纹岩	（306.7 ±2.3）Ma	全岩 Rb - Sr	王银喜等，2007
高泉子（上二叠统）	流纹岩	（278 ±2）Ma	全岩 Rb - Sr	王金荣等，2010
高泉子（下石炭统）	流纹岩	（296 ±2）Ma		
白杨沟（下二叠统）	玄武岩	（295.8 ±2.8）Ma	LA - ICP - MS 锆石 U - Pb	Chen Xijie，et al. 2011
	流纹岩	（293.3 ±1.7）Ma		
七角井（下二叠统）	流纹岩	（294.6 ±2.0）Ma		
车轱辘泉（下二叠统）	玄武岩	（294.5 ±3.6）Ma		
	流纹岩	（293.6 ±2.3）Ma		

以往对区内火山岩年代的确定主要采用 Rb - Sr 等时线方法，本书首次采用锆石 U - Pb 方法定年，对火山岩的喷发年龄进行了精确限定（图 3.1.16）。采自博格达哈萨坟沟剖面中的 1 件流纹岩样品给出的锆石 U - Pb 年龄为：（321.7 ±1.9）Ma（BGD -7）；七角井 1 件玄武质安山岩年龄为（318.8 ±1.3）Ma（BGD - 57），1 件流纹岩年龄为（310.1 ±1.4）Ma（BGD -54）。因此，该区火山岩主要喷发于晚石炭世（322 ~310Ma），而不是前人用 Rb - Sr 等时线方法获得的早石炭世年龄（342 ~340Ma）（顾连兴等，2000；王银喜等，2006）。

采自哈尔里克山晚石炭世酸性火山岩年龄样品，其锆石从阴极发光（CL）图像可以看出（图 3.1.17），所选样品（HK -9）锆石晶形较完整，一般呈长柱状或六方双锥状。锆石中 Th 和 U 的含量较高，分别为 $124 \times 10^{-6} \sim 1947 \times 10^{-6}$ 和 $366 \times 10^{-6} \sim 3325 \times 10^{-6}$，这使得锆石阴极发光偏暗，因为高 U（Th）会造成锆石在形成之后遭受强烈的放射性损坏，导致发生晶格破坏、蜕晶作用，透明程度变差。计算可知 Th/U 值主要介于 0.2 ~ 1.2，表明这些锆石为岩浆成因。普通 Pb 根据所测 ^{204}Pb 校正，$^{206}Pb/^{238}U - ^{207}Pb/^{235}U$ 谐和年龄见图3.1.18。

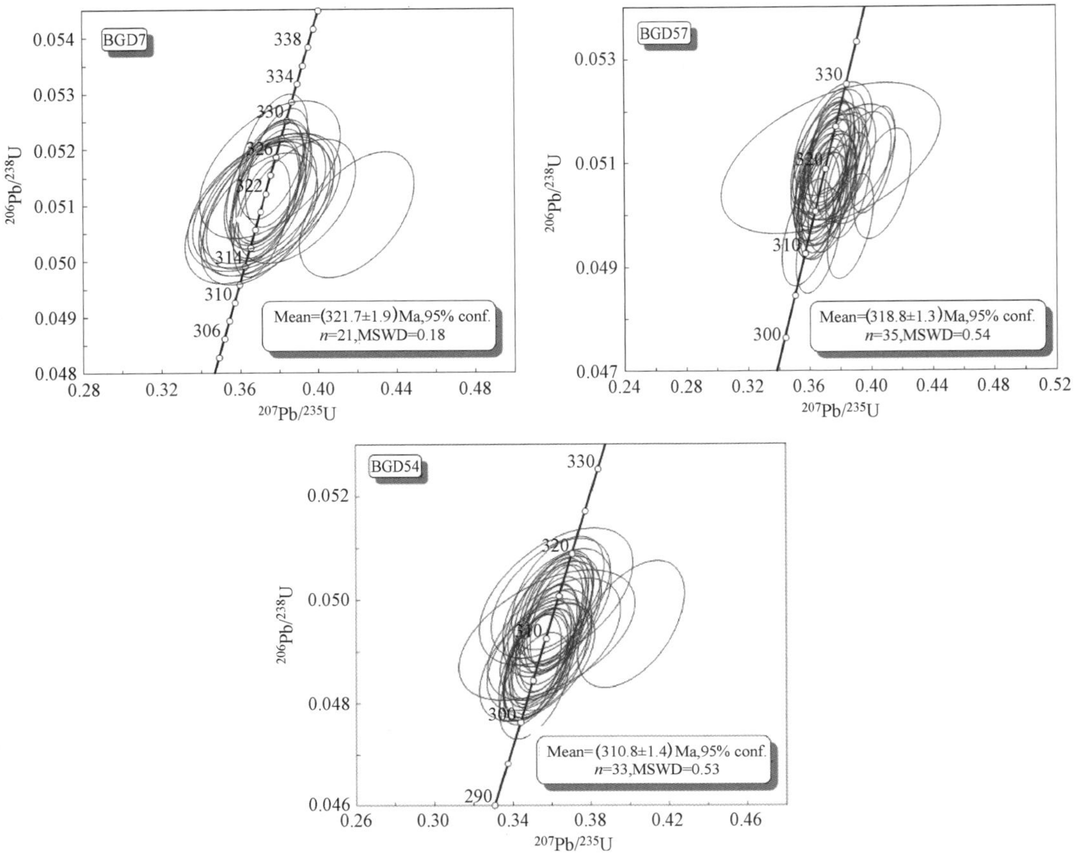

图3.1.16 哈萨坟-七角井火山岩剖面锆石U-Pb年龄

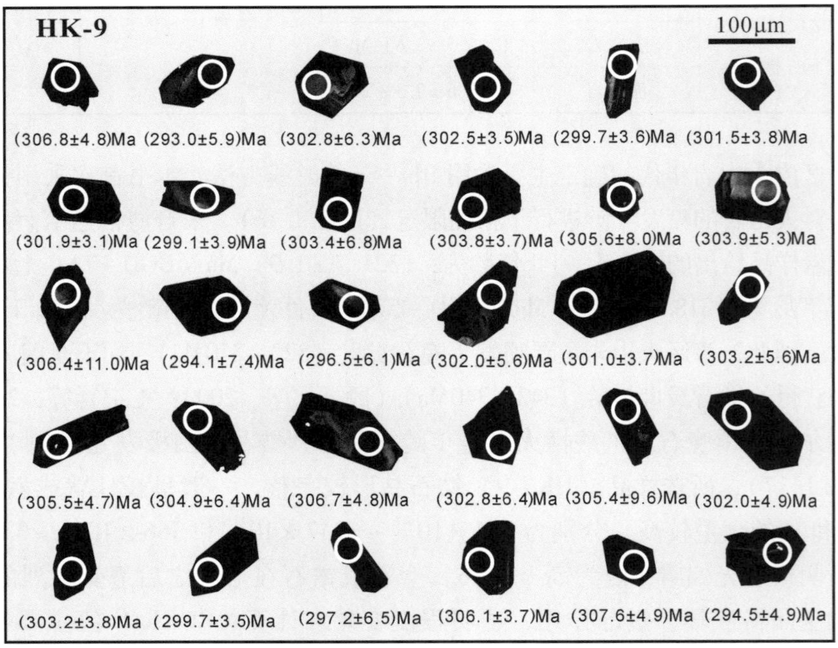

图3.1.17 哈尔里克晚石炭世火山岩锆石阴极发光（CL）图像

LA－ICP－MS 锆石 U－Pb 测试结果显示，31 个分析点都集中分布在谐和曲线附近（图 3.1.18），给出的 $^{206}Pb/^{238}U$ 谐和年龄为（302.7 ± 0.9）Ma，MSWD 为 0.9。$^{206}Pb/^{238}U$ 表面年龄介于 293.0Ma 和 307.6Ma 之间，计算所有分析点的加权平均年龄为（302.4 ± 1.6）Ma，MSWD 为 0.8。因此，302Ma 代表该火山岩的形成年龄，表明该套火山岩主要喷发于晚石炭世。

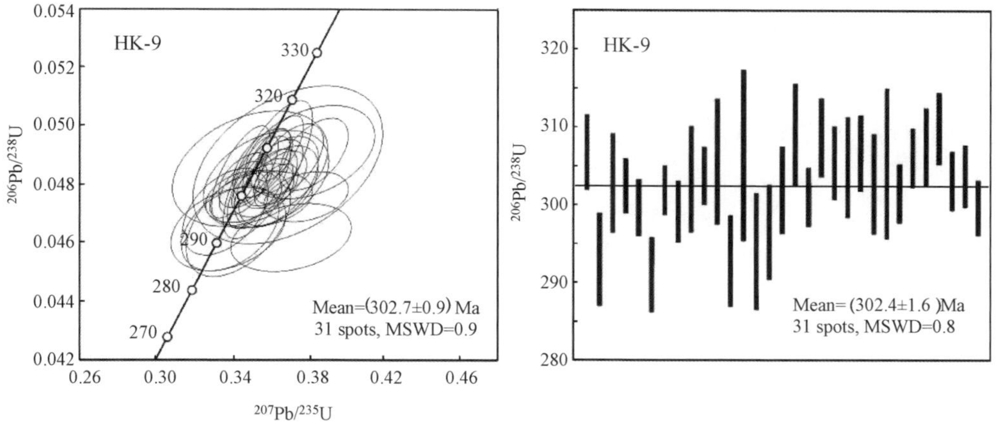

图 3.1.18　哈尔里克晚石炭世火山岩锆石 U－Pb 年龄谐和图

3.1.3.5　构造环境讨论

目前对于哈尔里克地区石炭纪火山岩的构造背景存在岛弧和陆内环境之争（马瑞士等，1993；楼法生等，1995；Xiao et al.，2004；孙桂华等，2007）。从本书微量元素原始地幔标准化配分型式来看，玄武岩不具有 Nb、Ta 负异常（图 3.1.13），与典型弧岩浆蛛网图上常显示的 Nb、Ta 元素亏损特征不同。结合区内火山岩的双峰式组合特征，以及前人对碰撞后高钾钙碱性花岗岩、A 型花岗岩的研究（Han et al.，1999；Chen and Jahn，2004），认为晚石炭世时古亚洲洋已经闭合，火山岩应该形成于后碰撞伸展转换的陆内环境。

众所周知，火成岩构造岩石组合可表征大地构造环境与板块或大陆块体边界的性质。研究区火山岩组合为玄武岩－玄武安山岩－安山岩－英安岩－流纹岩组合，不同于大陆裂谷环境或伸展环境有关的碱性双峰式火山岩构造组合。岩石地球化学特征显示，研究区火山岩大多数为钙碱性岩石系列，富铝高钛，微弱富集大离子亲石元素，Ta、Nb 的负异常，Rb/Sr 值均小于 0.05，表现为火山弧环境。另外，在火山岩 Hf/3 － Th － Ta 图解（图 3.1.19）中，样品大多数落入 D 区（岛弧玄武岩），少量落入 B 区（异常洋中脊拉斑玄武岩和板内拉斑玄武岩）；在 Ti/100 － Zr －3Y 图解（图 3.1.20）中，样品多数落入 C 和 D 过渡区，为岛弧钙碱性玄武岩区。

3.1.3.6　岩石成因讨论

（1）玄武岩与中酸性火山岩的成因关系

目前博格达－哈尔里克构造带内石炭纪火山岩的成因，特别是区内玄武岩与流纹岩之间的关系（是否为同源岩浆演化）还存在较大争议。王银喜等（2006，2007）认为早石炭世流纹岩（七角井组）是玄武岩分离结晶的产物，晚石炭世（大石头群）为底侵玄武岩部分熔融的结果。而夏林圻等（2002）和王金荣等（2010）则认为双峰式火山岩中的玄武岩来自亏损软流圈地幔，而流纹岩源于基性下地壳物质的部分熔融。前一种观点认为流纹岩是玄武岩分离结晶后的产物主要依据是两者拥有相近的 Nd－Sr－Pb 同位素组成。然而，这种模式可能忽略了对基底性质的考虑，因为假如基底岩石本身就具有较亏损的同位素组成（比如年轻岛弧或残余洋壳，这在中亚造山带十分普遍）（Chen and Jahn，2004；Chen and Arakawa，2005；Ma et al.，2013），那么其熔融形成的岩浆也将显示与玄武岩类似的亏损特征。另外，基性岩浆分离结晶作用会形成一系列中间成分的岩石类型，这与区内双峰式的岩性组合不相符。

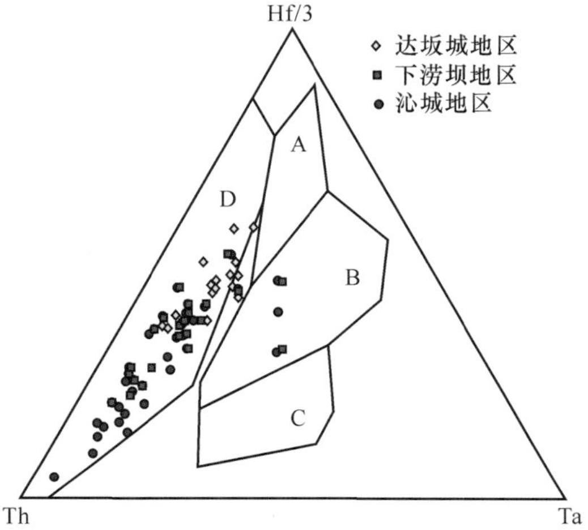

图 3.1.19　火山岩 Hf/3－Th－Ta 图解

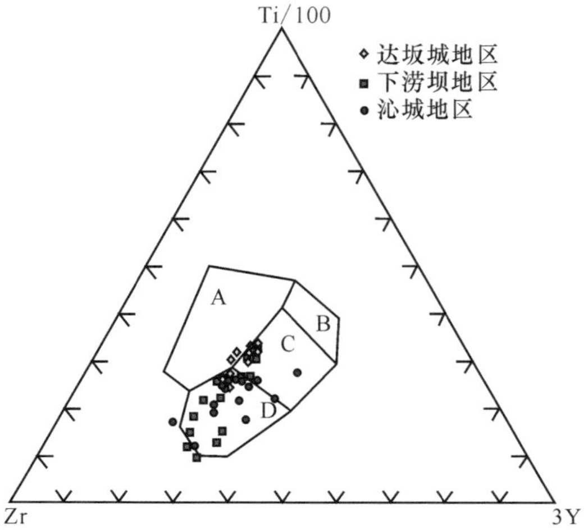

图 3.1.20　火山岩 Ti/100－Zr－3Y 图解

结合本书和已发表的数据，可以发现玄武岩表现出与安山岩、流纹岩截然不同的地球化学特征。从 Harker 图解上可以看出，玄武岩与中酸性火山岩的元素变化趋势不一致，具有不同的演化轨迹。此外，安山岩和流纹岩具有 Nb、Ta、Eu、Ba 和 P 等的负异常，富集 Rb、Ba、Th、U 等元素，而玄武岩则不显示 Nb、Ta、Eu 的亏损，也不存在 Rb、Ba 等元素的富集。另外，同位素分析结果显示玄武岩 $\varepsilon_{Nd}(t)$ 为 +3.9，而中酸性火山岩的 $\varepsilon_{Nd}(t)$ 范围为 +3.3～+6.0，这也难以用地壳混染或 ACF 过程来解释。因此，我们认为玄武岩与中酸性火山岩不是同源岩浆分异演化关系，两者应该来自不同的源区。

（2）玄武质岩浆是否存在地壳混染

判断玄武质岩浆在上升过程中是否受到地壳物质的混染十分重要，否则使用混染的样品讨论玄武岩的形成环境或源区特征时可能会给出失真的信息。一般认为，如果有地壳物质加入，玄武质岩浆的 Nb/Th 和 Ta/U 值会显著降低，而 La/Sm 值升高，达到 5 以上，如图 3.1.21A 所示。本区玄武岩的这三个值分别为 0.81～1.15、0.77～0.98、1.81～1.95，表明玄武岩并没有受到地壳物质的明显混染。

此外，在微量元素蛛网图上可以看到，玄武岩的 Th、U 相对于 LREE 并不富集，大部分样品的 Th/La 值均小于 1（图 3.1.21B），也排除了中、上地壳物质参与的可能

（Taylor et al.，1985），这与顾连兴等（2000）对博格达同期玄武岩的研究一致，认为玄武岩受到地壳物质的混染十分轻微。综上可知，本区玄武岩受地壳物质混染的影响可以忽略，其元素特征能够指示构造背景、源区性质等信息。本书没有采用 Nd - Sr 同位素组成变化来讨论围岩混染，是因为区内地壳物质并不具有非常富集的同位素组成，所以即便存在混染也不会引起玄武岩同位素组成的明显变化。

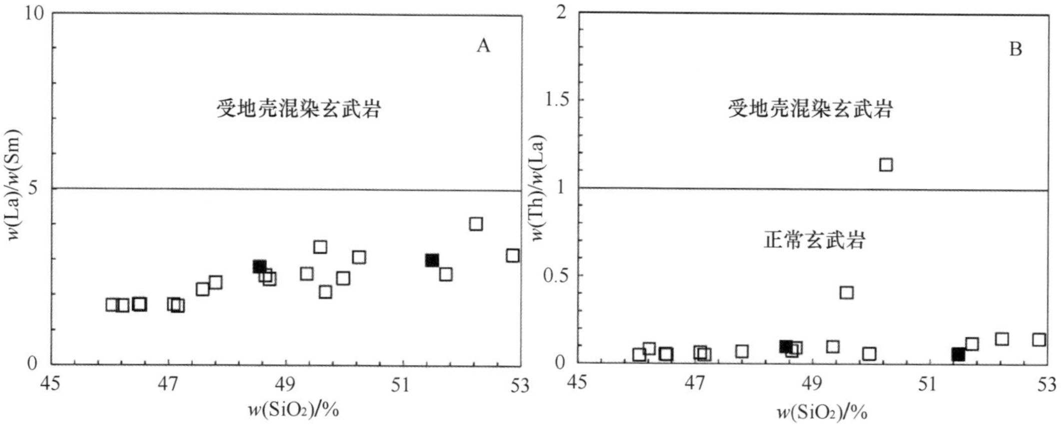

图 3.1.21　w（SiO_2）$-w$（La）$/w$（Sm）和 w（Th）$/w$（La）图解

3.1.3.7　岩浆源区讨论

（1）玄武岩的源区性质

对玄武岩来说，其高正 $\varepsilon_{Nd}(t)$ 值（+3.9）和低初始（$^{87}Sr/^{86}Sr$）$_i$ 值（0.7043），显示适度亏损的性质，表明玄武质岩浆来自亏损的地幔储库。然而目前人们对玄武岩是来源于软流圈地幔还是岩石圈地幔尚持不同观点。顾连兴等（2000）根据玄武岩富钠贫钾，ε_{Nd}为正值等特征，认为玄武岩主要来自软流圈地幔的部分熔融。而本书认为玄武岩可能来自被交代不久的岩石圈地幔，主要基于以下三个方面的考虑：①稀土配分型式显示，玄武岩具有 LREE 相对富集特征，并富集一些 LILE（Pb、U），表明存在过俯冲流体或熔体的交代，根据 Hf 相对于 Sm 元素亏损的特点，可以推断这种交代介质应该是俯冲流体；②根据 Ti、Y 含量可以将火山岩分成高 Ti/Y 型（>500）和低 Ti/Y 型（<500）两种岩浆类型，一般认为高 Ti/Y 型火山岩母岩浆为上地幔石榴二辉橄榄岩稳定区部分熔融的产物，低 Ti/Y 型火山岩的母岩浆为上地幔尖晶石二辉橄榄岩与石榴二辉橄榄岩过渡带高程度部分熔融的产物（夏林圻等，2008）。此外，岩浆的 Ce/Y 值也是指示源区深度的重要参数。本文哈尔里克晚石炭世玄武岩 Ti/Y 值为 343 ~406，属于低 Ti/Y 型玄武岩，其 Ce/Y 介于 1.5 ~1.7 之间，暗示玄武岩的源区深度相对较浅，应该在石榴二辉橄榄岩层之上，为软流圈之上的岩石圈上地幔位置；③玄武岩高放射性成因 Nd 和低放射性成因 Sr 组成特征显示岩浆源区为亏损性质，与 MORB 性质类似，表明流体交代到源区发生熔融的时间间隔较短，推测交代在古亚洲洋洋壳俯冲的早古生代期间完成。综上可知，区内玄武岩源区很可能是被俯冲流体交代不久的岩石圈上地幔，后来在陆内环境下发生再次熔融形成玄武质岩浆。

(2) 中酸性火山岩的源区性质

与玄武岩不同的是，中酸性火山岩亏损 Nb、Ta、Ti 等高场强元素以及显著富集 Ba、Rb、Th、LREE 等大离子亲石元素，这与典型的弧岩浆元素的地球化学性质十分类似（Rogers et al.，1989；Rollinson，1993）。此外，中酸性火山岩 $\varepsilon_{Nd}(t)$ 和 $(^{87}Sr/^{86}Sr)_i$ 值分别为 +3.3 ~ +6.0 和 0.7032 ~ 0.7046，根据 Nd 同位素获得的模式年龄（T_{DM}）为 543 ~ 797Ma，表明中酸性火山岩的源区比较年轻。过去哈尔里克地区的地壳存在前寒武纪古老陆壳（Wu et al.，1987）和年轻陆壳（Carroll et al.，1990；Chen and Jahn，2004；Chen and Arakawa，2005）两种截然不同的认识。由此来看，哈尔里克地区可能以年轻地壳为主。结合同期后碰撞侵入岩的地球化学性质，判断源区很可能是古生代岛弧时期形成的大洋岛弧物质（Chen and Jahn，2004；Ma et al.，2013），这也与孙桂华等（2007b）对哈尔里克地区石炭纪砂岩中的碎屑锆石的年龄统计结果一致，其年龄主要集中在 418Ma ~ 482Ma 之间，指示锆石原岩的时代不老于奥陶纪。所以，我们认为哈尔里克中酸性火山岩之所以显示出弧岩浆信号，与中酸性岩浆起源于早古生代时期形成的岛弧型基底有关。

综上可知，哈尔里克地区在晚古生代经历了古亚洲洋洋盆的消减、闭合向陆陆碰撞造山的转变，在晚石炭世时区内已经进入到陆内环境。在晚石炭世，由于区域应力转为以伸展构造体制为主，岩石圈地幔发生重新调整，增厚的陆下地幔根可能发生了拆离和下沉，导致深部软流圈物质热扰动和上涌，从而诱发上覆岩石圈地幔及地壳物质发生不同程度熔融。这一过程导致了大规模后碰撞高钾钙碱性及碱性侵入岩（韩宝福等，2006；Chen and Jahn，2004；Chen and Arakawa，2005）、板内玄武岩及同期中酸性火山岩的形成（顾连兴等，2000；夏林圻等，2004）。此外，在区域更大范围内出现的晚石炭世—二叠纪双峰式岩脉组合（Yin et al.，2010；Chen et al.，2011）以及大规模成矿作用（秦克章等，2002；王京彬等，2006；肖文交等，2008）也标志着区域已进入到后造山阶段。

3.2 侵入岩成矿作用研究

3.2.1 博格达地区侵入岩浆序列

博格达一带广泛分布辉绿岩岩墙（脉）及少量闪长岩—花岗闪长岩和钾长花岗岩岩株，大多侵位于上石炭统。辉绿岩主要顺岩层呈岩脉状侵位产出，广泛分布于博格达山脉，岩石具典型辉绿结构、嵌晶辉长结构。中酸性侵入体分布较少，主要以闪长岩、花岗闪长岩、二长花岗岩和钾长花岗岩为主，产出形式以小岩株、岩枝状产出为主。

根据近年来获得的高精度定年数据以及各侵入岩与围岩地层的接触关系，博格达地区侵入岩大致可分为晚石炭世—早二叠世侵入序列和早二叠世—早三叠世侵入序列两个岩浆侵入序列。

3.2.1.1 晚石炭世—早二叠世侵入序列

该序列的侵入岩主要有辉绿岩、辉石石英二长闪长岩、辉石石英闪长岩、角闪二长岩、石英二长闪长岩、钾长花岗岩、花岗岩等。在博格达地区的侵入岩主要为基性的辉绿岩和石英辉绿岩，多呈长条状的岩床产出，岩体厚数米至数百米，延长几百米到数千米；少数岩体成切割围岩的岩株和岩墙，围岩受到不同程度的角岩化。岩体主要侵入石炭系的海相火山－沉积岩中，部分侵入博格达山南北两麓二叠系沉积岩中。从宏观上来看侵入岩主要呈零星状分布于整个博格达地区，其岩石类型由基性到中酸性至弱碱性的演化趋势，即辉绿岩－闪长岩（辉石石英二长闪长岩，辉石石英闪长岩，角闪二长岩，石英二长闪长岩）－花岗岩－钾长花岗岩。

（1）岩石化学特征

侵入岩主要为辉长岩、二长辉长岩、辉长闪长岩、二长闪长岩、闪长岩、二长岩、石英闪长岩、花岗岩为主（图3.2.1），Si_2O 含量介于51.2%～73%之间，里特曼指数（σ）介于 2.052 ～ 3.456 之间，基本上在 1.80 ～ 3.3 之间，属于钙碱性岩。通过仿 M. A. Peacock 的钙碱指数（*CA*）求法图得出钙碱指数为56～61之间，属于钙碱性岩系。岩石的碱度率（*AR*）由辉绿岩→角闪二长闪长岩→辉石石英二长闪长岩→辉石石英闪长岩→石英二长闪长岩→花岗岩→钾长花岗岩，逐渐升高的趋势表明岩系的碱性逐渐增强，随着岩浆的演化，壳源物质逐渐增多，受地壳物质的混染越来越明显。固结指数（*SI*）由辉绿岩到钾长花岗岩逐渐减小，反映岩浆的结晶分异作用不但增强，基性程度逐渐降低。长英指数（*FL*）和镁铁指数（*MF*）由基性到酸性呈逐渐升高的趋势，表明岩浆的分离结晶程度越来越高。岩石铝饱和指数（A/CNK）均大于或等于1，属准铝质岩石。（K_2O+Na_2O）含量较高，且 K_2O 和 Na_2O 增加较快，具有明显的裂谷火山岩特征，表明其形成于裂谷环境。

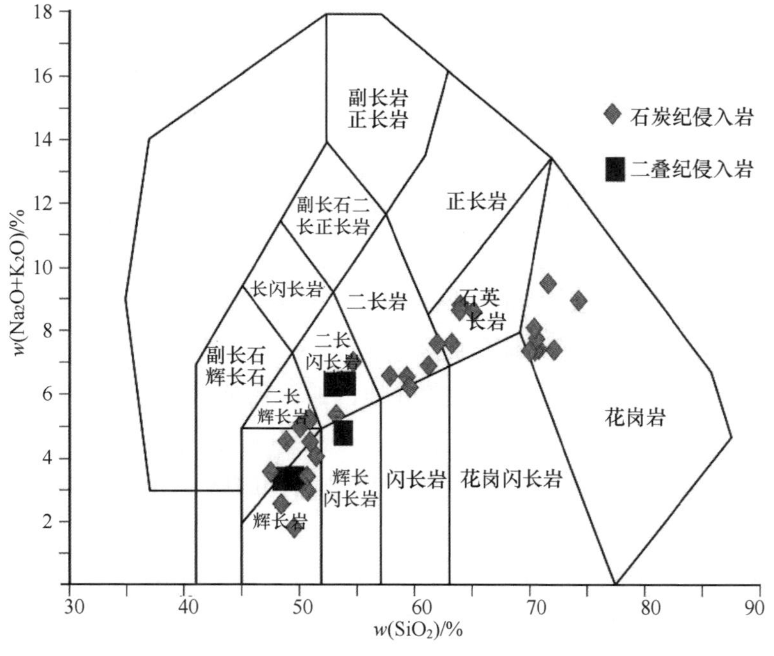

图3.2.1 侵入岩TAS分类图

（2）稀土元素特征

稀土元素特征基本相似，稀土总量介于 $43.6\times10^{-6}\sim145\times10^{-6}$ 之间，平均值为 112.8×10^{-6}，总体含量较低，稀土的总量明显具有从早到晚，从基性到中酸性升高的趋势（图3.2.2A）。辉石石英二长闪长岩→石英二长闪长岩→花岗岩→斜长花岗岩，$(Ce/Yb)_N$ 逐渐增高，反映岩浆分离结晶程度逐渐增强。$(La/Yb)_N$ 平均值为4.3，表明轻稀土富集，分配曲线右倾。在稀土元素球粒陨石标准化配分型式图上，其各种岩性的配分型式基本相同，表现为统一的、近平行的缓右倾的曲线簇（图3.2.2B）表明岩浆来源于同一源区。Eu值除钾长花岗岩为0.32，斜长花岗岩为1.67外，其余平均值为0.87，表现为轻度铕负异常。

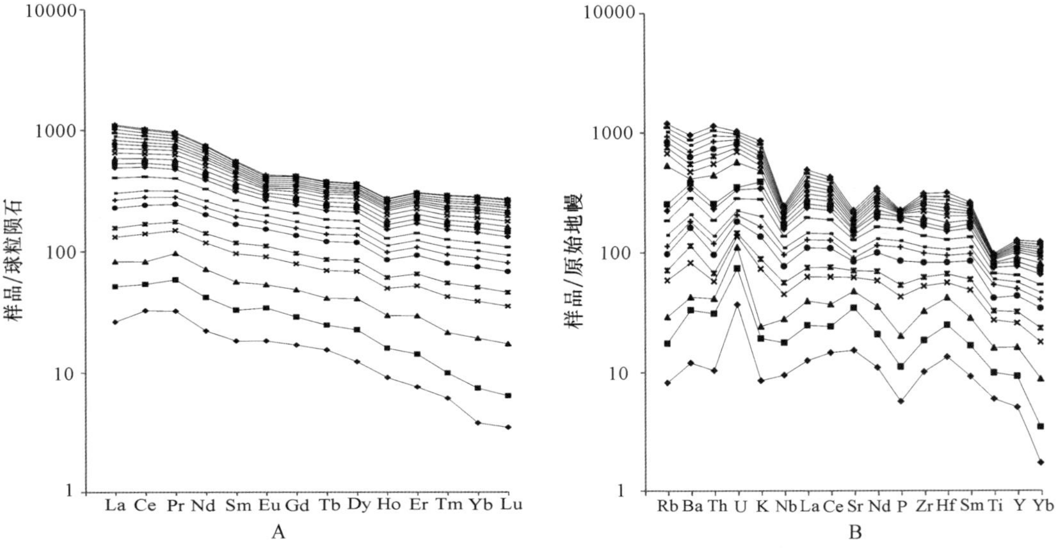

图3.2.2　博格达侵入岩稀土配分型式图和微量元素蛛网图

（3）年代学研究

博格达造山带内，哈萨坟沟1件辉长岩（BGD－14）的年龄为（324.6±1.9）Ma，与前文获得的流纹岩年龄一致。下涝坝东2件闪长岩的年龄分别为（320.2±2.1）Ma（HK－101）和（303.6±1.8）Ma（HK－100）（图3.2.3）。该序列的岩体在整个博格达造山带都有零星点分布，出露总面积为725km^2。近期的下涝坝1∶5万区调报告，依据锆石SHRIMP U－Pb测年数据，七角井地区的深色辉绿岩为（301±10）Ma，依据博格达－哈尔里克成矿带铜－金成矿条件研究及靶区评价哈萨坟沟的辉长岩（BGD－14）（324±1.9）Ma，下涝坝东部的两件闪长岩为（HK－101）（320.2±2.1）Ma，（HK－100）（303.6±1.8）Ma；顾连兴，胡受奚等人测得白杨沟辉绿岩（289±10）Ma，顾连兴等人测得上大河沿体中酸性侵入岩Rb－Sr年龄为（298.4±0.76）Ma。由同位素年龄数据大体可知，年龄数据分布于289～324Ma区间，是晚石炭世—早二叠世的产物，说明岩浆作用发生于晚石炭世—早二叠世。从区域成矿特征看，该期岩浆活动为博格达地区的成矿提供了热源及物质来源。

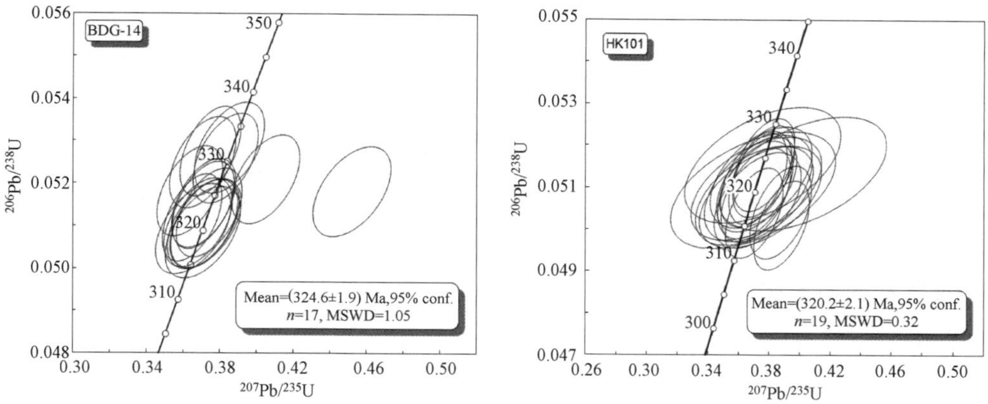

图 3.2.3 博格达造山带侵入岩锆石 U－Pb 年龄

3.2.1.2 早二叠世—早三叠世侵入序列

该序列的侵入岩较少仅在阿特卓勒萨依东部有小面积呈岩株产出，面积约有 0.39km^2，在北部下涝坝乡西北部、夏尔巴特萨依以南有近东南方向呈带状展布的小岩株，面积约有 1.87km^2。岩体与地层侵入界线比较清楚，出露的岩性比较单一为一套灰—灰绿色辉长岩，局部见轻微蚀变。

二叠纪辉长岩侵入最新地层为上石炭统柳树沟组。在二叠纪辉长岩中取同位素年龄样（090TW1－Ⅷ－4）进行 SHRIMP 锆石 U－Pb 年龄测定，获得年龄（298 ±7）Ma，依据博格达－哈尔里克成矿带铜－金成矿条件研究及靶区评价七角井地区晚期酸性岩脉为（242.7 ± 1.7）Ma。根据现有资料以及同位素年龄数据大体可知，年龄数据分布于 242.7～298Ma 区间，其时代应为早二叠世到晚二叠世。

（1）主量元素特征

侵入岩主要为中基性岩为辉长岩、辉长闪长岩、二长闪长岩（图 3.2.1）。里特曼指数（σ）介于 1.9～3.1 之间，基本上在 1.80～3.3 之间，属于钙碱性岩。岩石的碱度率（*AR*）由辉长岩→中基性岩逐渐升高。固结指数（*SI*）由辉长岩→中基性岩降低。K_2O 和 Na_2O 含量较高，且增加较快。$K_2O/(K_2O+Na_2O)$ 含量为 0.12～0.20，即 $K_2O<Na_2O$。该序列岩石铝饱和指数（A/CNK）均大于或近似等于 1，表明属于准铝质岩石（表 3.2.1）。

（2）稀土、微量元素

稀土元素基本特征相同，稀土总量介于 132×10^{-6}～170×10^{-6}之间，平均含量 151×10^{-6}，稀土（REE）平均含量及总量明显较石炭纪含量增高。$(La/Yb)_N$ 依次为 2.76、1.76；δEu 依次为 1.045、0.495，即铕负异常愈来愈加深。在稀土元素球粒陨石标准化配分型式图上，表现为轻稀土富集型（图 3.2.4），分配曲线略右倾。与石炭纪相比，早二叠世—早三叠世稀土总量略高，轻重稀土分异基本相同，具有明显的同源性。在反映源岩稀土基本特征的基础上，显示出有岩浆分异的特点（表 3.2.2）。

从样品分析结果看，两个序列中基性岩 $(Rb/Yb)_N$ 均远小于 1，表明岩浆来源于亏损地幔，部分熔融程度较高，分离结晶较低的残余体；而酸性岩 $(Rb/Yb)_N$ 均大于 1 其可能是中基性岩浆分离结晶较低的残余体进一步分离结晶程度较高的产物。Nb^* 值均小于 1

（介于0.18～0.83之间），表明岩浆在上升的过程中遭到大陆壳物质或花岗质岩石的混染作用。Sr*值（除石英二长闪长岩外）均小于1，表明该岩石与消减作用或岛弧环境无关，在岩浆结晶分离时发生了斜长石的结晶分离。P*值（辉绿岩为1.029，辉长岩为1）均小于1，表明岩浆来源于亏损的地幔，遭到地壳物质或花岗质岩石不同程度混染，在岩浆结晶分离时发生了磷灰石的结晶分离。由微量元素原始地幔标准化蛛网图（图3.2.2B，图3.2.4B）可知，早二叠纪－早三叠纪侵入序列侵入岩微量元素配分模式与晚石炭纪－二叠纪侵入序列极为相似，Ba元素较富集，Nb和Ti相对亏损，与Holm法判别不同构造背景下的大陆初始裂谷环境极为相似（表3.2.3）。

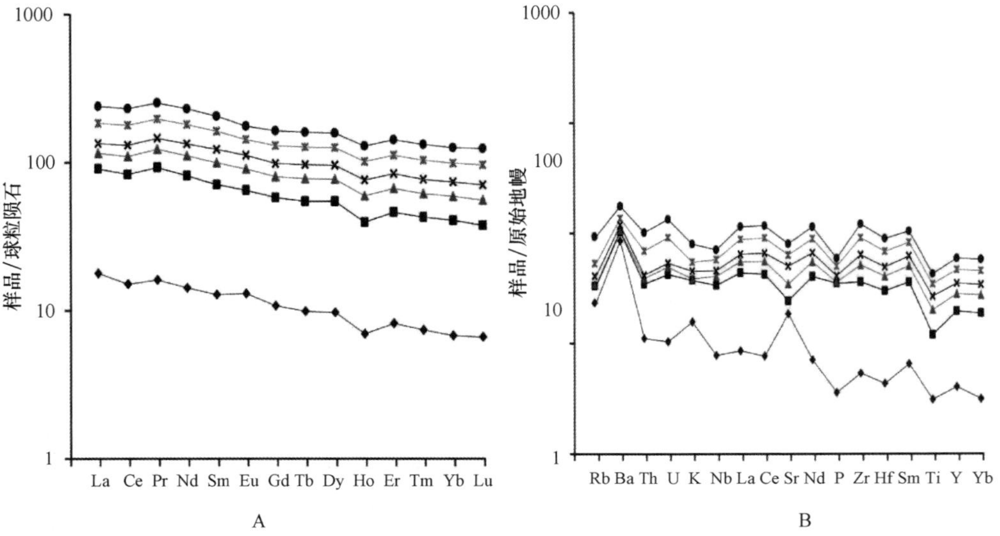

图3.2.4 博格达侵入岩稀土元素配分型式图和微量元素蛛网图

A—稀土元素配分型式图；B—微量元素蛛网图

（3）年代学研究

七角井地区晚期酸性岩脉的年龄为（242.7±1.7）Ma（BGD－47）。博格达造山带内的侵入岩与火山岩的喷发时间一致，并一直延续到304Ma，最晚期的岩脉活动[（242.7±1.7）Ma]代表另一期岩浆事件（图3.25）。该期岩浆活动对博格达地区成矿具有改造作用，主要表现为后期岩浆携带大量成矿物质来源对前期成矿的再次富集改造作用。

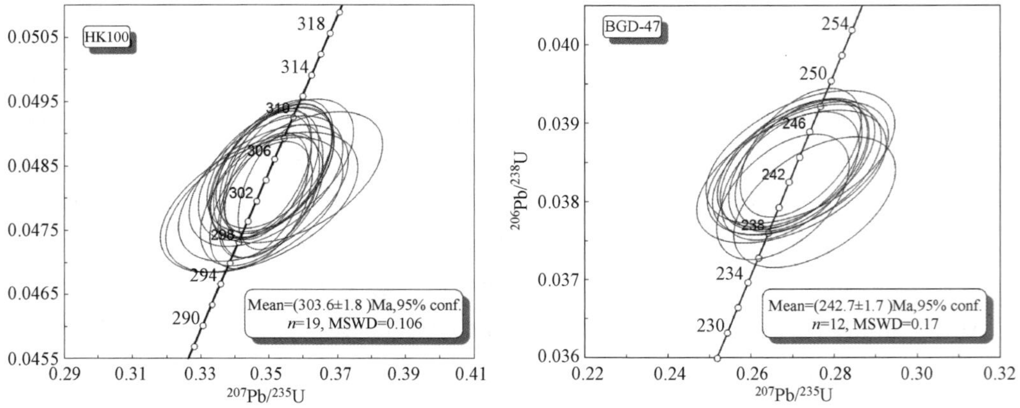

图3.2.5 博格达造山带侵入岩锆石U－Pb年龄

表 3.2.1　博格达侵入岩主量元素特征值

单位：10^{-6}

时代	岩石	样品数	$w(SiO_2)$ /%	$w(K_2O+Na_2O)$ /%	$w(K_2O)/w(K_2O+Na_2O)$	里特曼指数（σ）	碱度率（*AR*）	固结指数（*SI*）	A/CNK	A/MF	C/MF	长英指数 *FL*	铁镁指数 *MF*
石炭纪	辉绿岩	13	51.2	4.3507363	0.2517	2.314	1.41045	30.35	1.2	1	0.57	32	62
	辉石石英二长闪长岩	3	61.3	7.00241	0.5165	2.684	2.108	13.94	1.23	1.5	0.49	59	77
	辉石石英闪长岩	1	65.1	8.60368	0.0165	3.356	2.486	13.62	1.08	3.2	1.14	62	61
	角闪二长闪长岩	1	59.6	6.2734	0.3968	2.365	1.777	17.61	1.26	1.7	0.66	49	71
	石英二长闪长岩	4	63.6	8.4393	0.4535	3.456	2.696	10.19	1.23	1.9	0.46	70	79
	钾长花岗岩	2	73	9.23864	0.6247	2.847	5.134	3.458	1.29	4	0.24	92	87
	花岗岩	6	70.8	7.55859	0.4348	2.052	2.795	8.094	1.53	2.9	0.36	81	80
二叠纪	辉长岩	2	51.7	4.05723	0.2072	1.902	1.372	30.44	1.15	1	0.62	29	62
	中基性岩	4	51.4	5.13381	0.1282	3.135	1.593	22.79	1.14	0.8	0.42	40	—

表 3.2.2 博格达侵入岩稀土元素丰度

单位：10^{-6}

时代	岩石	样品数	$\sum REE$	$\sum LREE/\sum HREE$	$(La/Yb)_N$	δEu	$(Ce/Yb)_N$	δCe	Eu/Sm	$(La/Lu)_N$
石炭纪	辉绿岩	11	145	4.27455	3.4395	0.98	3.464	1.0258	0.32	4.4458286
	辉石石英二长闪长岩	1	121	4.42	3.4849	0.62	3.144	0.879	0.21	3.47
	石英二长闪长岩	1	133	4.49	3.8789	0.69	3.196	0.889	0.23	4.17
	钾长花岗岩	1	128	4.58	3.0406	0.32	2.922	1.0081	0.11	3.44
	花岗岩	6	106	6.91835	5.4927	0.81	4.472	0.9601	0.26	5.5951438
	斜长花岗岩	1	43.6	6.92	6.4087	1.67	5.305	0.9498	0.55	6.91
二叠纪	辉长岩	2	170	3.3	2.2563	1.045	2.323	1.0219	0.34	2.5449863
	中基性岩	4	132	0.42501	1.7585	0.495	1.971	1.0796	0.31	1.6552989

表 3.2.3 博格达侵入岩微量元素特征值

单位：10^{-6}

时代	岩石	样品数	Nb*	Th*	Sr*	P*	Zr*	Ti*	Th/U	$(Rb/Yb)_N$	Zr/Hf
石炭纪	辉绿岩	12	0.53	0.83098	0.7005	1.029	0.973	0.582	2.54	0.752	34.22
	钾长花岗岩	1	0.27	1.02095	0.1179	0.062	2.722	0.089	3.05	6.224	36.333
	辉石石英二长闪长岩	1	0.36	1.08814	0.554	0.427	1.862	0.37	3.06	3.125	30.714
	辉石石英闪长岩	1	0.44	12.7002	0.4492	0.355	6.947	0.897	1.93	0.207	33.723
	石英二长闪长岩	1	0.42	0.47734	1.5549	0.475	5.618	1.495	1.56	—	34.07
	花岗岩	6	0.18	1.40139	0.6341	0.199	2.364	0.288	6.29	3.3645	24.624
二叠纪	辉长岩	2	0.83	27.9014	0.5877	1	1.016	0.386	82.9	0.3628	38.029
	中基性岩	4	0.66	1.30763	0.7482	0.362	1.833	0.52	2.61	0.3145	45.007

3.2.2　哈尔里克地区侵入岩浆序列

哈尔里克地区侵入岩极其发育，出露面积约占整个基岩出露区的60%～70%，侵位时间跨度较大，从奥陶纪到二叠纪均有发育。主要出露岩石类型有奥长花岗岩、英云闪长岩、石英闪长岩、闪长岩、花岗闪长岩、二长花岗岩、正长花岗岩、碱性花岗岩、辉绿岩脉等。根据研究区侵入岩岩性岩相、同位素年代学特征，确定区内存在奥陶纪—志留纪（460～425Ma）、泥盆纪（415～360Ma）、石炭纪—二叠纪（335～270Ma）三期侵入岩浆事件。

3.2.2.1　奥陶纪—志留纪侵入序列

该序列侵入岩主要岩石类型有闪长岩、石英闪长岩、花岗闪长岩、二长花岗岩及正长花岗岩等，呈北西－南东向分布。最大的岩体出露面积约4.8km^2。岩体侵入于奥陶纪火山岩、火山碎屑岩中，接触界面不平整，大多表现为外倾接触面，岩体中常见大小不等的地层残留体。岩体呈小岩株状、不规则状、脉状产出。从宏观特征及部分接触关系的研究分析，奥陶纪侵入岩由老至新，其岩石类型由基性向中酸性至碱性的演化，即闪长岩（石英闪长岩）－花岗闪长岩－二长花岗岩－正长花岗岩，它们间大多呈脉动式接触，局部为涌动式接触，后期被石炭纪二长花岗岩侵入，为超动式接触关系。

该序列岩体主要分布于小铺北东塔水河一带，出露面积60km^2左右。以石英闪长岩和花岗闪长岩为主，1∶20万区调将其厘定为华力西中期侵入岩。近期1∶5万区调，依据锆石SHRIMP U－Pb测年数据（461.6±8.7）Ma（二长花岗岩）、（447±11）Ma（花岗闪长岩）、（448±7.0）Ma（石英闪长岩），将其划分为奥陶纪—志留纪侵入岩。由高精度锆石同位素年龄数据分布可知，年龄数据分布于425～460Ma区间，为奥陶纪—志留纪产物，峰值435～450Ma，说明岩浆作用峰期在晚奥陶世—早志留世。

（1）岩石地球化学特征

哈尔里克山地区侵入序列的岩石化学主要特征见表3.2.4。其主要特征是：岩石类型以花岗岩、二长花岗岩、花岗闪长岩、闪长岩、石英闪长岩、辉长闪长岩、辉长岩为主（图3.2.6），SiO_2含量介于58.06%～73.74%之间，酸性岩与勒梅特世界同名花岗岩类平均成分比较，SiO_2含量较高，而碱总量略低。里德曼指数（σ）介于0.17～1.68之间，小于1.80，为拉斑玄武岩序列。岩石碱度率（*AR*）由闪长岩→石英闪长岩→花岗闪长岩→二长花岗岩，逐渐升高，表明随着岩浆的演化，壳源物质逐渐增多。由闪长岩→石英闪长岩→花岗闪长岩→二长花岗岩，岩石的分异指数（*DI*）逐渐增高，而固结指数（*SI*）表现为逐渐下降，反映岩浆的结晶分异作用不断增强、基性程度逐渐降低。

表 3.2.4　哈尔里克地区花岗岩类岩石化学主要特征表

序号	序列	岩石	分析个数	$w(SiO_2)$/%	$w(K_2O+Na_2O)$/%	$w(K_2O)/w(K_2O+Na_2O)$	里特曼指数(σ)	碱度率(AR)	固结指数(SI)	分异指数(DI)	A/CNK	A/MF	C/MF
1	石炭纪—二叠纪侵入序列	花岗岩	9	71.66	7.42	0.46	1.93	2.72	6.86	82.33	0.99	2.57	0.68
2		花岗闪长岩	16	67.39	8.38	0.36	2.16	2.06	12.19	72.41	0.85	1.93	0.67
3		闪长岩	17	59.58	4.86	0.34	1.67	2.25	25.34	49.24	0.78	1.13	0.52
4		石英闪长岩	9	61.47	4.72	0.27	1.44	1.58	18.65	54.66	0.82	0.94	0.63
5		英云闪长岩	5	65.41	6.34	0.38	1.84	2.03	12.88	68.47	0.93	1.33	0.61
6	泥盆纪侵入序列	正长花岗岩	5	72.91	8.71	0.43	2.58	4.08	4.60	89.98	0.95	2.72	0.42
7		二长花岗岩	5	72.16	7.69	0.50	2.03	2.91	6.70	84.25	0.92	2.51	0.81
8		奥长花岗岩	3	70.41	8.32	0.32	2.58	3.07	4.93	86.06	0.93	2.25	0.53
9		英云闪长岩	3	70.20	5.92	0.23	1.31	1.87	8.74	75.29	0.99	3.24	1.42
10	奥陶志留纪侵入序列	二长花岗岩	4	73.74	2.41	0.60	0.19	1.89	12.22	54.31	0.15	0.05	0.29
11		花岗闪长岩	8	71.67	4.16	0.40	0.60	1.84	10.78	70.29	0.67	1.82	0.78
12		石英闪长岩	3	58.06	5.02	0.30	1.68	1.73	17.92	59.81	0.84	1.07	0.70
13		闪长岩	9	63.03	1.86	0.39	0.17	1.24	11.96	49.79	0.31	0.08	0.26

注：$A/MF=n(Al_2O_3)/n(TFeO+MgO)$；$C/MF=n(CaO)/n(TFeO+MgO)$。

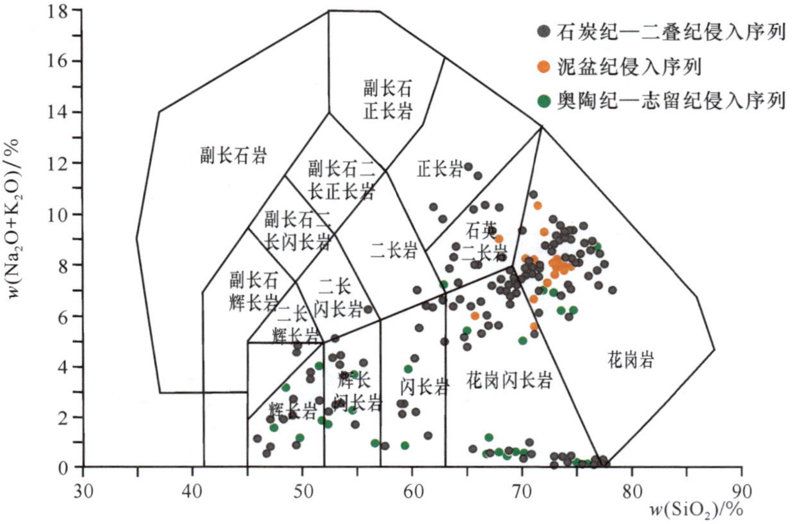

图 3.2.6　侵入岩 TAS 分类图

（据 Middlemost，1994）

该序列岩石铝饱和指数（A/CNK）均小于1，表明岩石具铝不饱和特征。在O'Connor分类图解（An－Ab－Or）上，多数落在G_1（花岗闪长岩）区内，同时有少量落入G_2（花岗岩）和T_1（英云闪长岩）区内（图3.2.7），该期侵入岩石序列总体上表现为G_1－G_2岩石组合，即花岗闪长岩－花岗岩组合。在Martin分类图解（K－Na－Ca）上，反映出哈尔里克地区各期次花岗岩类单一的演化趋势，可能表现为岛弧环境。

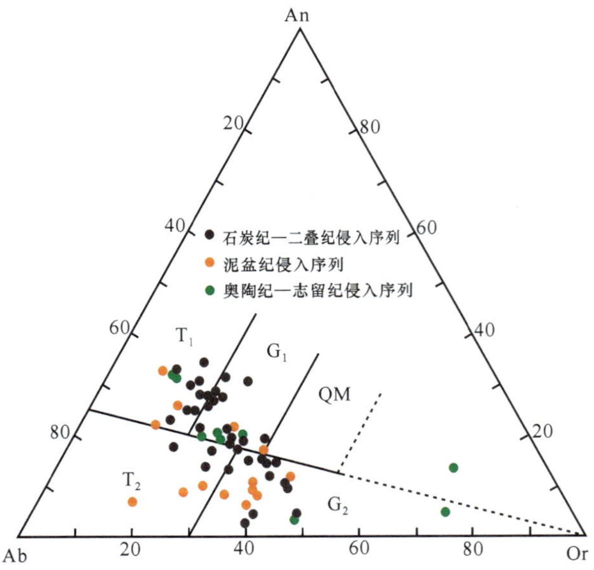

图3.2.7 An－Ab－Or分类图解

（2）稀土元素特征

各岩性稀土元素特征基本相同，稀土总量介于$351.95\sim498.70\times10^{-6}$之间，平均值为$424.88\times10^{-6}$，总体含量较高。由石英闪长岩→闪长岩→花岗闪长岩，$(Ce/Yb)_N$逐渐增高，反映岩浆分离结晶程度逐渐增强。据$\delta Eu-\sum REE$图解（Balashov，1976），样品多数落入2区（花岗岩）区；$(La/Yb)_N$平均值为5.76。在稀土元素球粒陨石标准化配分型式图上，其各种岩性的配分型式基本相同，表现为统一的、近平行的缓右倾的曲线簇（图3.2.8E）。轻稀土富集型，分配曲线略右倾。δEu值除二长花岗岩为0.30外，其余平均值为0.87，表现为轻度铕负异常（表3.2.5）。

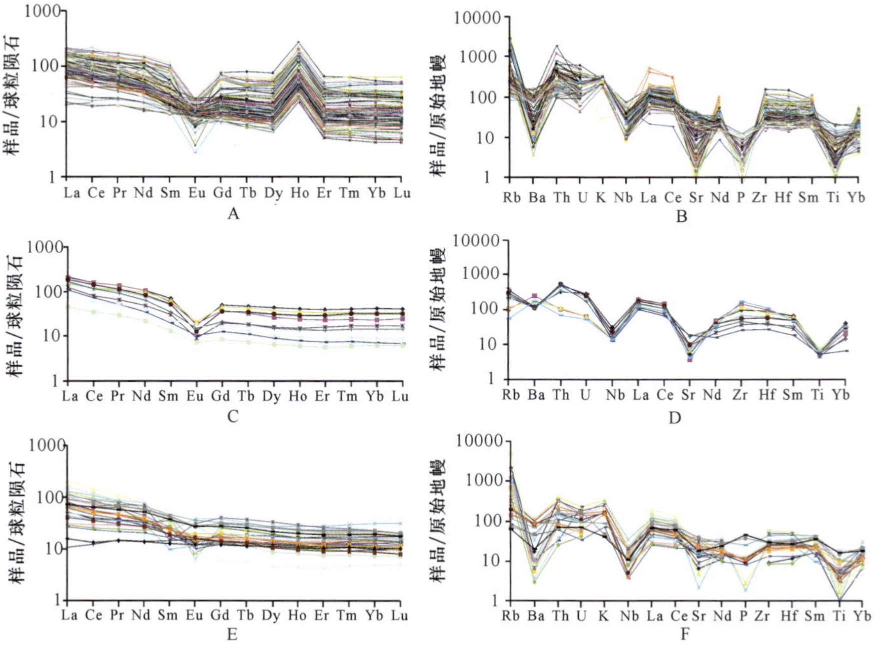

图3.2.8 哈尔里克山花岗岩类稀土配分型式图（图A，C，E据Boynton，1984，有修改）和微量元素蛛网图（图B，D，F据Thompson，1982，有修改）

A，B—石炭纪—二叠纪侵入序列；C，D—泥盆纪侵入序列；E，F—奥陶纪—志留纪侵入序列

该阶段前期早—中奥陶世海相火山岩可能携带了大量铜、金、铁等成矿物质，是主要矿源层；在该阶段中期侵入岩浆活动影响下，活化了前期具有高成矿背景地层中的成矿元素而最终富集成矿。因为，该阶段岩浆活动为成矿提供了良好的矿源层，具备良好的成矿条件。

表 3.2.5　哈尔里克地区花岗岩类地球化学主要特征表

序号	序列	岩石	分析个数	$\sum REE$	$\sum LREE/\sum HREE$	$(La/Yb)_N$	δEu	$(Ce/Yb)_N$	Nb^*	K^*	Sr^*	$(Rb/Yb)_N$
1	石炭纪—二叠纪侵入序列	碱性花岗岩	22	1465.91	1.73	7.00	0.28	5.92	0.32	2.26	0.03	11.49
2		正长花岗岩	4	753.89	1.68	5.10	0.35	4.32	0.19	3.19	0.14	13.83
3		二长花岗岩	44	506.71	2.42	9.58	0.61	7.04	0.32	3.31	0.37	99.04
4		花岗闪长岩	15	491.16	2.16	7.78	0.69	5.94	0.37	3.27	0.45	58.81
5		闪长岩	11	644.94	2.72	3.73	1.66	3.11	0.83	5.18	1.41	51.42
6		石英闪长岩	9	443.46	1.65	5.59	0.77	4.62	0.39	3.25	0.90	20.65
7		英云闪长岩	2	517.31	1.33	4.46	0.57	3.58	0.29	—	0.38	12.78
8		辉长辉绿岩	12	273.77	1.32	4.08	1.04	3.41	1.09	2.64	4.11	21.30
9	泥盆纪侵入序列	正长花岗岩	3	936.17	2.35	6.06	0.36	4.62	0.23	—	0.06	4.65
10		二长花岗岩	3	708.33	2.32	6.05	0.32	4.28	0.29	—	0.14	13.30
11		奥长花岗岩	3	576.75	3.33	10.11	0.66	6.98	0.22	—	0.25	24.11
12		英云闪长岩	2	279.99	3.00	7.87	0.78	6.00	0.48	—	1.32	44.52
13	奥陶纪—志留纪侵入序列	二长花岗岩	4	493.79	2.75	7.26	0.30	5.35	0.15	2.96	0.21	86.04
14		花岗闪长岩	8	385.92	3.21	9.43	0.82	6.73	0.21	4.76	0.52	233.30
15		石英闪长岩	3	498.70	1.77	3.86	0.85	3.37	0.48	—	0.78	50.02
16		闪长岩	9	394.02	2.03	4.90	0.86	3.86	0.28	3.20	0.91	35.24
17		辉长辉绿岩	6	351.95	1.61	3.34	0.93	2.93	0.25	1.40	1.39	3.44

3.2.2.2　泥盆纪侵入序列

该序列主要岩石类型有闪长岩、石英闪长岩、英云闪长岩、花岗闪长岩、二长花岗岩及正长花岗岩。岩体呈岩枝、岩株产出，出露面积约 $50km^2$。它侵入于南华系贝义西组和前寒武纪的斜长角闪岩、闪长质至花岗质片麻岩及片岩中，并被石炭纪侵入岩侵入。由于岩体的接触交代作用强，致使岩石混染作用较强，反映岩体剥蚀程度较浅。另外在沁城西南角二宫村北侧一带，石炭纪花岗闪长岩与泥盆纪二长花岗岩、正长花岗岩接触界面两侧可见平行界面的定向构造。说明泥盆纪侵入岩与石炭纪侵入岩的接触关系为超动式接触。

由高精度锆石同位素年龄数据分布可知，年龄数据分布于 360 ~ 415Ma 区间，为泥盆纪产物，峰值 360 ~ 380Ma（图 3.2.9），说明岩浆作用峰期在晚泥盆世。

(1) 主量元素特征

岩石类型以英云闪长岩、奥长花岗岩、二长花岗岩、正长花岗岩为主，SiO_2含量与勒梅特世界同名花岗岩类平均成分比较，含量较高；碱总量亦略高，$w(K_2O)/w(K_2O+Na_2O)$平均0.37，即$w(K_2O)<w(Na_2O)$。该序列里特曼指数除英云闪长岩为1.31外，其余均大于1.8，为钙碱性系列，而唯独英云闪长岩表现为拉斑玄武岩系列。碱度率1.87~4.08，属于赖特的亚碱性系列。由英云闪长岩→奥长花岗岩→二长花岗岩→正长花岗岩，固结指数依次降低，分异指数依次升高。该序列岩石铝饱和指数（A/CNK）均小于1，表明岩石具铝不饱和特征。在O'Connor分类图解（An-Ab-Or）上，多数落在G2（狭义花岗岩）区内，同时有少量落入T1（英云闪长岩）和T2（奥长花岗岩）区内（图3.2.7），该期侵入岩石序列总体上表现为T1-T2-G2岩石组合，即英云闪长岩-奥长花岗岩-花岗岩组合，表明该序列侵入序列形成于活动大陆边缘环境，与消减带或弧后扩张带有关。

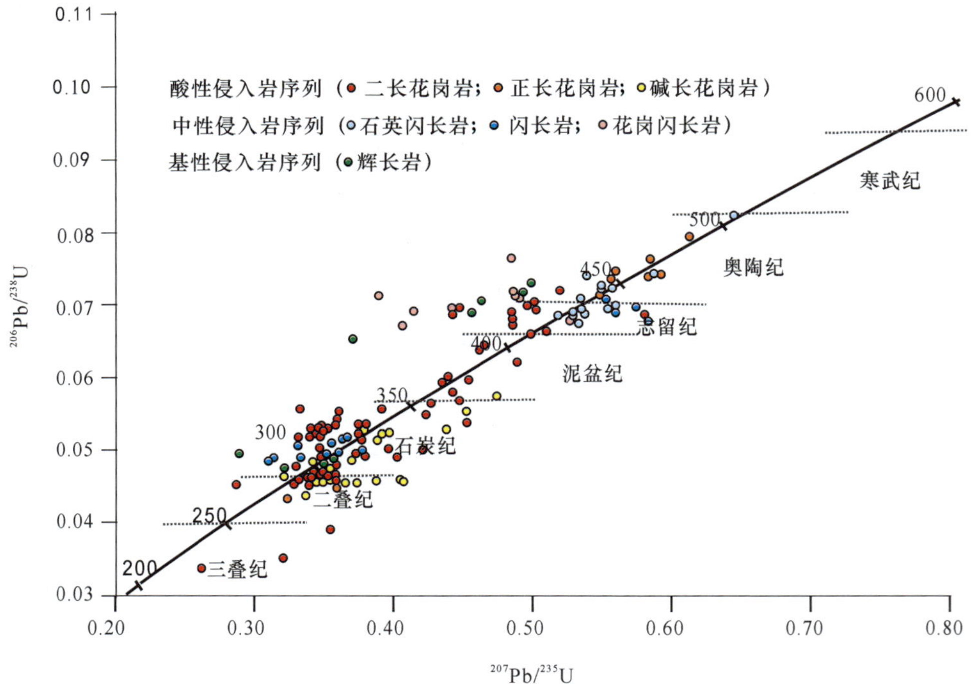

图3.2.9 研究区花岗岩类锆石SHRIMP、LA-ICP-MS数据图

(2) 稀土元素特征

各岩性稀土元素特征相似，稀土元素总量（∑REE）由英云闪长岩→奥长花岗岩→二长花岗岩→正长花岗岩，平均值依次为279.99×10^{-6}、576.75×10^{-6}、708.33×10^{-6}、936.17×10^{-6}，表现为逐渐增高；$(La/Yb)_N$依次为7.87、10.11、6.05、6.06；δEu依次为0.78、0.66、0.32、0.36，即铕负异常愈来愈加深。在稀土元素球粒陨石标准化配分型式图上，表现为轻稀土富集型（图3.2.8C），分配曲线略右倾。与奥陶纪—志留纪侵入序列比较，稀土总量略高，轻重稀土分异基本相同，而铕负异常加大。在反映源岩稀土基本特征的基础上，显示出有岩浆分异的特点。

由高精度锆石同位素年龄数据分布可知，年龄数据分布于360～415Ma区间，为泥盆纪产物，峰值360～380Ma（图3.2.9），说明岩浆作用峰期在晚泥盆世。从最新的区域地质调查成果来看，该阶段岩浆活动可能对成矿作用起到了叠加改造，并未在区域上形成大规模矿产。

3.2.2.3 石炭纪—二叠纪侵入序列

区内石炭纪—二叠纪浆活动强烈，侵入岩分布十分广泛，主要岩体有达坂沟岩体、苏那岩体、大黑沟岩体、哈尔里克岩体、八大石岩体、小铺岩体、白石头泉岩体、奥莫尔塔格岩体、巴里坤塔格岩体等。岩体呈岩基、岩株状产出，主要岩石类型有英云闪长岩、石英闪长岩、闪长岩、花岗闪长岩、二长花岗岩、正长花岗岩、碱性花岗岩、花岗斑岩等。其中主要岩体特征如下：

巴里坤塔格岩体，岩性以细—中粒闪长岩为主，含少量辉长辉绿岩、橄榄角闪苏长辉长岩，该岩体侵入到石炭系凝灰岩、凝灰角砾岩、酸—基性熔岩中，被后期酸性岩体穿插，岩体外接触带有宽约1km左右的黑云母斜长片麻岩、混合岩带；苏那岩体，侵位于石炭系中基性熔岩、凝灰砂岩、粉砂岩中，围岩见数百米的混合岩化带和角岩化带，岩体分相不明显，主要岩性为二长花岗岩、花岗闪长岩。大黑沟岩体，主要岩性为淡红灰色中粒黑云母花岗岩，局部相变为肉红色中粒黑云母角闪花岗岩和细粒黑云母角闪花岗岩；哈尔里克岩体，侵入上古生界凝灰砂岩、粉砂岩、凝灰岩等中，外接触带岩石角岩化普遍，局部发育绿泥石化、混合岩化、硅化等，主要岩性为二长花岗岩。八大石岩体，主要岩性为英云闪长岩、二云母斜长花岗岩、二长花岗岩、花岗闪长岩，在岩体中见较多围岩顶盖残留，脉岩发育。小铺岩体，主要岩性为二长花岗岩、花岗闪长岩等，岩体外接触带具有广泛的混合岩化、角岩化、硅化及褪色等接触变质现象，剥蚀较深，边缘相零星分布，未见围岩顶盖，未见流动构造，脉岩稀少。白石头泉岩体，沿构造线方向展布，主要岩性为二长花岗岩、花岗闪长岩等。奥莫尔塔格岩体，主要岩性为肉红色钾质花岗岩，接触面陡，多外倾，围岩蚀变不显著，局部硅化。

由高精度锆石同位素年龄数据分布可知，年龄数据分布于270～335Ma区间，为石炭纪—二叠纪产物，峰值285～310Ma（图3.2.9），说明岩浆作用峰期在晚石炭世—早二叠世。

（1）主量元素特征

岩石类型以英云闪长岩、石英闪长岩、闪长岩、花岗闪长岩、二长花岗岩、正长花岗岩、碱性花岗岩为主，SiO_2含量介于59.58%～71.66%之间，其与勒梅特世界同名花岗岩类平均成分比较，含量较高；碱总量（K_2O+Na_2O）除英云闪长岩、花岗闪长岩比世界平均含量高外，其余略低。$w(K_2O)/w(K_2O+Na_2O)$含量为0.27～0.46，即$w(K_2O)<w(Na_2O)$。该序列里特曼指数介于1.44至2.46之间，表现为拉斑玄武岩系列与钙碱性系列过渡性质；由英云闪长岩→石英闪长岩→闪长岩→花岗闪长岩→花岗岩，固结指数依次降低，分异指数依次升高。该序列岩石铝饱和指数（A/CNK）均小于1，表明岩石具铝不饱和特征。在花岗岩类硅碱图解（$SiO_2-K_2O+Na_2O$）上，有相当一部分点落入石英二长岩、正长岩、辉长岩区内（图3.2.6），结合高精度锆石同位素年龄数据可知，在石炭纪—二叠纪侵入序列末期，区内侵位大量正长花岗岩、碱性花岗岩及少量辉绿辉长岩脉，标志着该区从碰撞造山期（挤压环境）进入后碰撞期（松弛环境）。

（2）稀土元素特征

由基性岩类→中性岩类→酸性岩类→碱性岩类，其稀土总量表现为逐渐增高，从 273.77×10^{-6} 升至 1465.91×10^{-6}，轻重稀土比值由 1.32 升至 2.72，$(La/Yb)_N$ 介于 3.73～7.00 之间，δEu 值从 1.04 逐渐降低至 0.28，$(Ce/Yb)_N$ 值由 3.41 逐渐增高至 5.92，表明岩浆分离结晶程度逐渐增强的演化过程。在稀土元素球粒陨石标准化配分型式图上，表现为轻稀土富集型（图 3.2.9A），分配曲线略右倾。与前两期侵入序列相比，稀土总量略高，铕负异常程度增大；钬元素（Ho）富集，在配分曲线上表现为强烈的峰值。

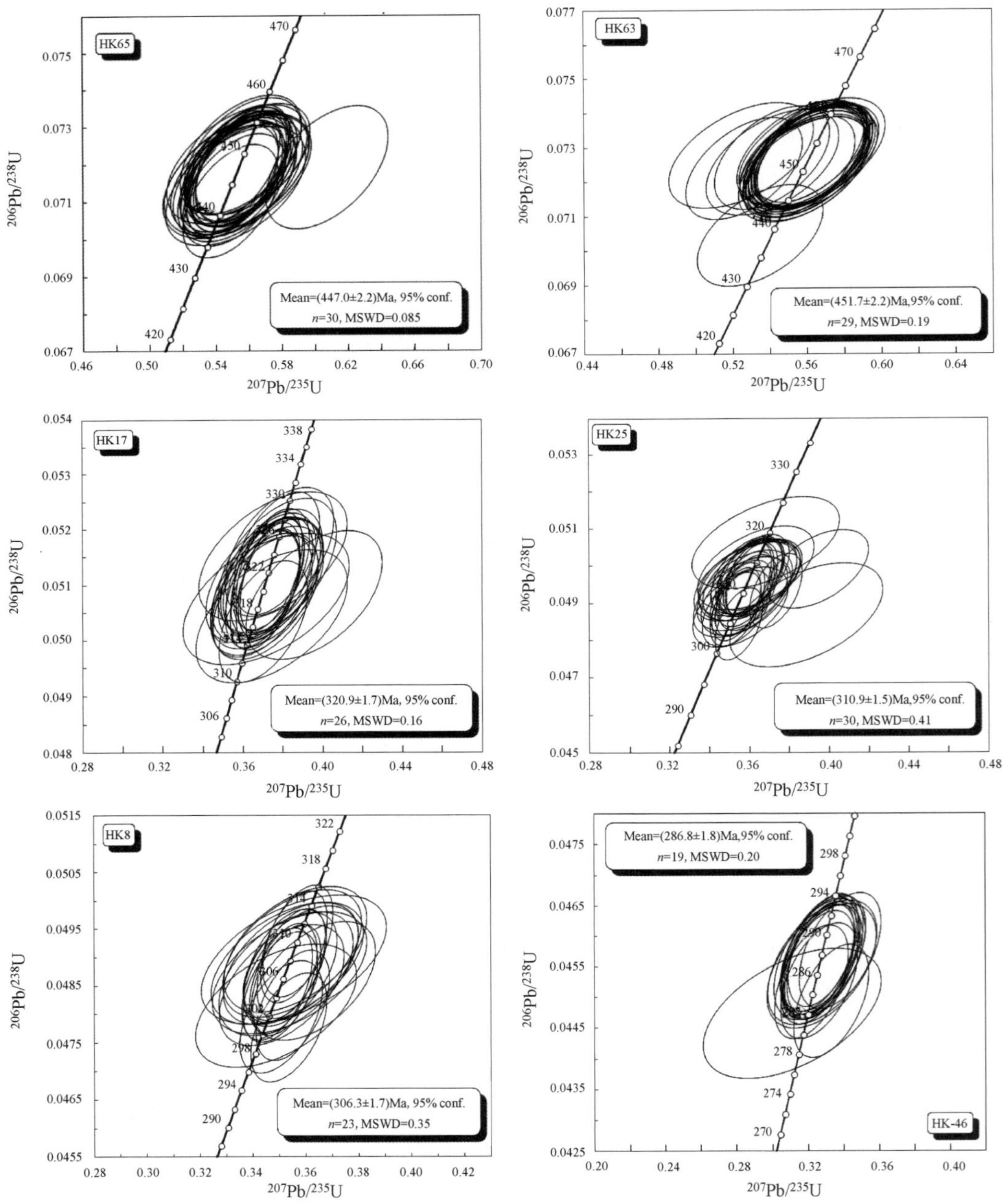

图 3.2.10　哈尔里克造山带侵入岩锆石 U－Pb 年龄

哈尔里克造山带内，侵入岩的年龄分布跨度较大（图3.2.10）。在奥尔达乌台克，出露含包体的早古生代花岗岩、闪长岩和辉长岩。对1件花岗岩进行锆石U－Pb定年，获得的年龄为（447.0±2.2）Ma（HK－65），内部的基性包体年龄为（451.7±2.2）Ma（HK－63），指示早古生代岩浆活动。出露在怪坡的4件中酸性侵入岩年龄分别为（320.9±1.7）Ma（HK－17，花岗岩）、（310.9±1.5）Ma（HK－25，花岗岩）、（306.3±1.7）Ma（HK－8，闪长岩）和（286.8±1.8）Ma（HK－46，闪长岩）。三塘湖地区1件闪长岩的年龄为（301.6±1.9）Ma（HK－83）。

根据Pearce的Rb－Y＋Nb图解（图3.2.11），研究区各侵入序列岩性样品大部分落入VAG（火山弧）区，而少部分落于Syn－Coll（同碰撞）区和WPG（板内）区；因为岩浆中混染了部分大陆壳物质和花岗质岩石，所以Nb含量相对较小，故在Rb－Y图解中，样品则大多数落入WPG（板内）区，少量落入VAG＋Syn－Coll（火山弧＋同碰撞）区。总体反映研究区各期侵入岩浆序列源岩来源于火山弧环境。

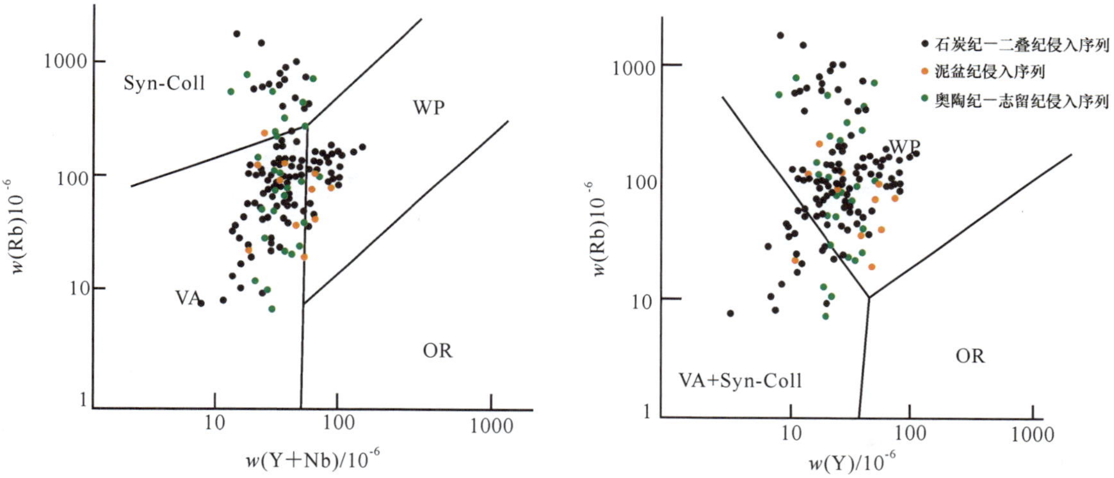

图3.2.11　研究区花岗岩类构造环境判别图

（据Pearce，1984，有修改）

由高精度锆石同位素年龄数据分布可知，年龄数据分布于270～335Ma区间，为石炭纪—二叠纪产物，峰值285～310Ma（图3.2.9），说明岩浆作用峰期在晚石炭世－早二叠世。

从已发现的矿床、矿（化）点资料来看，该阶段为主要的成矿阶段。但认真分析观察发现，该阶段成矿作用与区域上形成于二叠纪的塔水—板房沟韧性剪切变形带密切相关。该阶段的火山喷发作用及侵入岩浆活动并未大规模成矿，尤其是大面积发育的斑岩中并未发现与其有关的斑岩型矿产，还需进一步加强勘查评价工作。

3.2.3　哈尔里克地区奥陶纪岛弧岩浆作用的确立

过去对于哈尔里克（图3.2.12）的地质构造背景仍存在较大分歧：一些学者认为哈尔里克是形成于晚古生代的构造岩浆活动带，主体为泥盆纪岛弧（马瑞士等，1993；楼法生等，1995；王赐银等，1996；李文明等，2002）；另一些学者则认为泥盆纪时期该区为弧后盆地（李锦轶，2004），或者已进入后碰撞环境（孙桂华等，2005，2007）。另外，随着新的1∶25万和1∶5万地质填图工作的进行，区内原有的大面积泥盆系被详细分解为奥陶系、志留系和泥盆系（新疆地质调查院第一地质调查所，2002）；同时，侵位于这些地层之中的中酸性岩体（过去一度被认为形成于泥盆纪和石炭纪）（新疆地矿局区域地质测量大队，1996），部分也被初步确定为早古生代的产物（曹福根等，2006；郭华春等，2006）。因此，哈尔里克活动带的形成是开始于早古生代还是晚古生代，以及其构造属性（岛弧/弧后盆地/其他）等问题仍需要重新厘定，这对认识中亚造山带早期的构造演化过程具有重要意义。

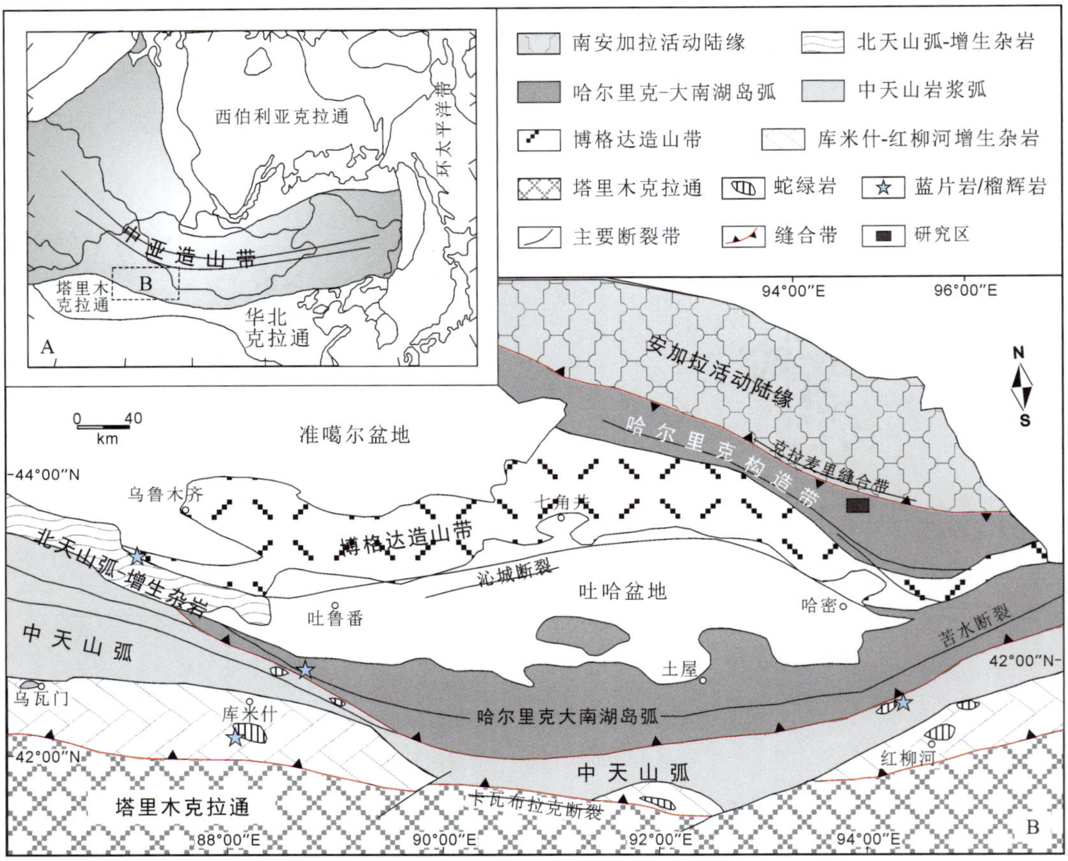

图 3.2.12　中亚造山带及邻区地质简图(A)

哈尔里克造山带及邻区构造地质简图（B）

（据 Jahn et al.，2000，Xiao et al.，2004，修编）

哈尔里克山脉相对于其邻区（例如博格达地区）地壳抬升强烈（王宗秀等，2003），剥蚀程度较高，造成带内的深成岩基出露广泛（图 3.2.13），这些侵入体成为揭示区内地质演化的理想研究对象。然而，目前对这些岩体的研究较少，已有文献大多仅报道了岩体年龄（曹福根等，2006；郭华春等，2006）。本书选择新疆哈密市至巴里坤县 S303 公路穿切的奥尔达乌台克侵入体，开展了系统的锆石 U－Pb 年代学、岩石学、地球化学和 Sr－Nd同位素方面的研究，试图阐明奥尔达乌台克岩体的成因及其构造背景，为理解哈尔里克活动带的地质演化过程提供科学依据。

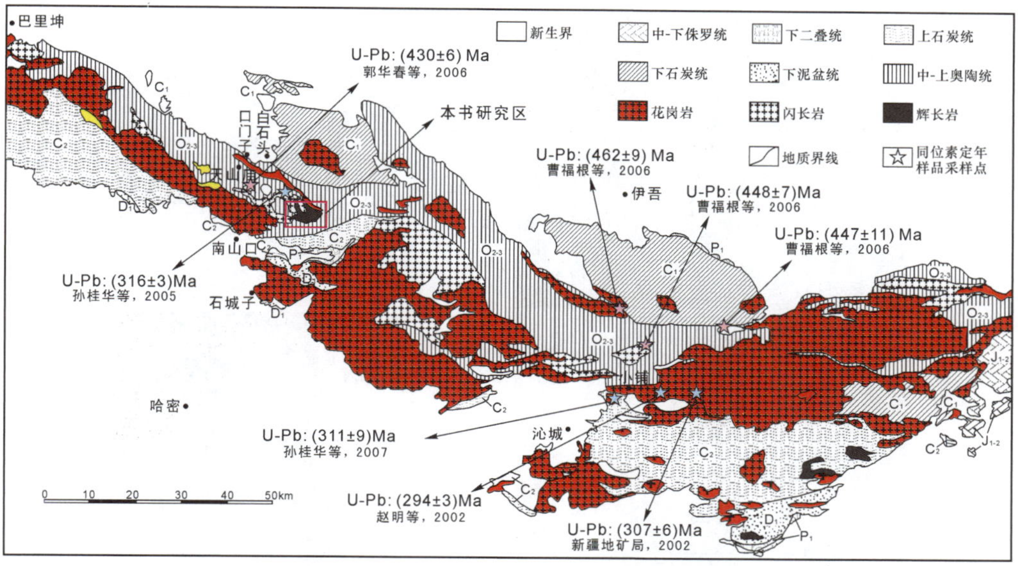

图 3.2.13 哈尔里克造山带地质图

（据孙桂华等，2007，修编）

3.2.3.1 岩石学特征

奥尔达乌台克岩体位于哈尔里克构造带的西段（图 3.2.13），出露的岩体由一套成分连续的岩石组合构成，侵位于中奥陶统火山碎屑岩夹凝灰质砂岩地层中。主要岩石类型从基性到酸性包括辉长岩、辉长闪长岩、闪长岩和花岗闪长岩（图 3.2.14），以偏基性和中性的岩石类型为主，各岩石单元间不存在截然的接触关系，空间上密切共生，总体呈灰绿—灰白色（图 3.2.14A，B，C），存在不同程度的变形特征。岩体中普遍发育镁铁质暗色包体（MME），包体大小通常在几厘米到几十厘米之间，与寄主岩石的界限复杂多样，或截然分明或模糊过渡。此外，研究区内可见辉绿岩墙穿切其他各类岩基（图 3.2.14D），是区内较晚岩浆活动的表现。

辉长岩呈灰绿色，块状构造（图 3.2.14A），具有中粒堆晶结构（图 3.2.15A），主要造岩矿物包括斜长石（40% ~85%）、单斜辉石（15% ~30%）、普通角闪石（5% ~10%）和少量橄榄石（<5%）；副矿物有磁铁矿（3% ~8%）、磷灰石、榍石和锆石等。辉长闪长岩与辉长岩呈渐变关系，中粒结构，局部也可见堆晶结构，矿物组合与辉长岩类似。辉长闪长岩与辉长岩中的角闪石和斜长石存在不同程度的绿泥石化和高岭土化（图 3.2.15A）。

闪长岩为中粒结构（图 3.2.15B），主要造岩矿物包括斜长石（30% ~65%）、角闪石（25% ~40%）、石英（5% ~10%）和黑云母（0 ~5%），其中角闪石、黑云母存在不同程度的绿泥石化蚀变；副矿物主要是榍石、锆石、磷灰石和磁铁矿（图 3.2.15B）。发育在其中的暗色包体呈椭圆或水滴状（图 3.2.14B），细粒结构（图 3.2.15C），主要为辉长或闪长质成分，矿物组成包括斜长石（35% ~60%）、角闪石（10% ~30%）、石英（5% ~10%）、黑云母（5% ~10%）和少量辉石（0 ~5%），副矿物为磁铁矿、榍石以及针状或短柱状结构的磷灰石（图 3.2.18C）。

图 3.2.14 奥尔达乌台克岩体野外地质照片

A—辉长岩；B—镁铁质岩浆包体（MME）及寄主闪长岩；

C—花岗闪长岩；D—辉绿岩岩墙

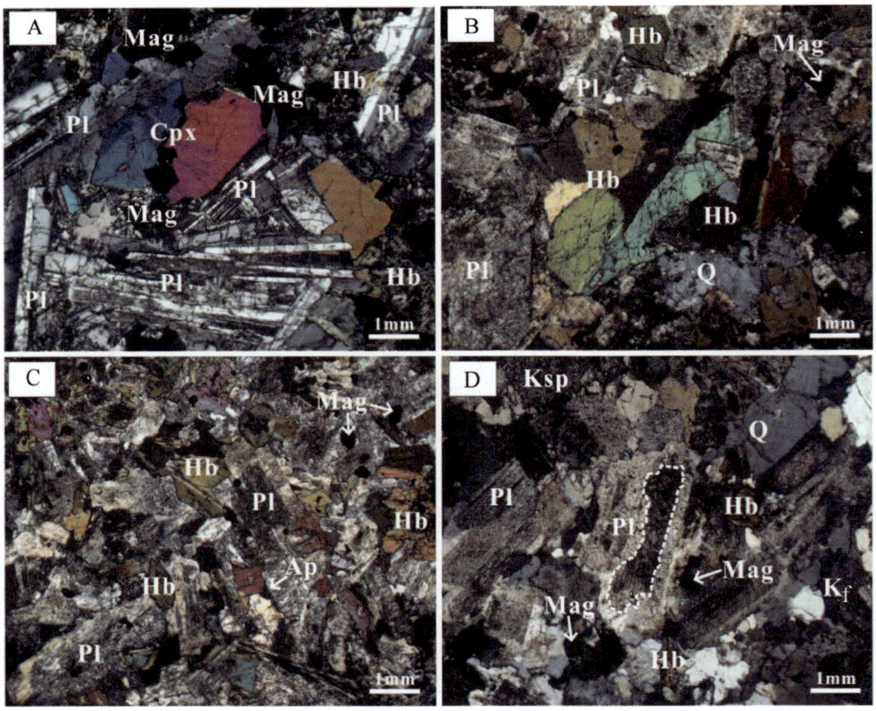

图 3.2.15 奥尔达乌台克岩体显微照片

A—辉长岩；B—闪长岩；C—镁铁质暗色包体；D—花岗闪长岩

矿物缩写：Cpx—单斜辉石；Hb—角闪石；Pl—斜长石；Kf—钾长石；Q—石英；Ap—磷灰石；Mag—磁铁矿

花岗闪长岩为中粒结构（图3.2.15D），显示出一定的变形特征，绿泥石和高岭石化蚀变较为明显，主要矿物包括斜长石（30%～40%）、钾长石（15%～20%）、石英（15%～25%）、角闪石（5%～15%）和黑云母（3%～5%），斜长石存在不平衡环带结构（图3.2.15D）；副矿物有锆石、榍石、磷灰石和磁铁矿等（图3.2.15D）。

3.2.3.2 U－Pb年代学

阴极发光（CL）图像显示两件样品（HK－65、HK－63）锆石结晶呈长柱状或六方双锥状，条纹环带清晰，晶形完整（图3.2.16），Th/U值分别为0.55～0.97和0.63～1.17，为典型的岩浆锆石。普通Pb根据所测^{204}Pb校正，$^{206}Pb/^{238}U$－$^{207}Pb/^{235}U$谐和年龄图示于图3.2.16。

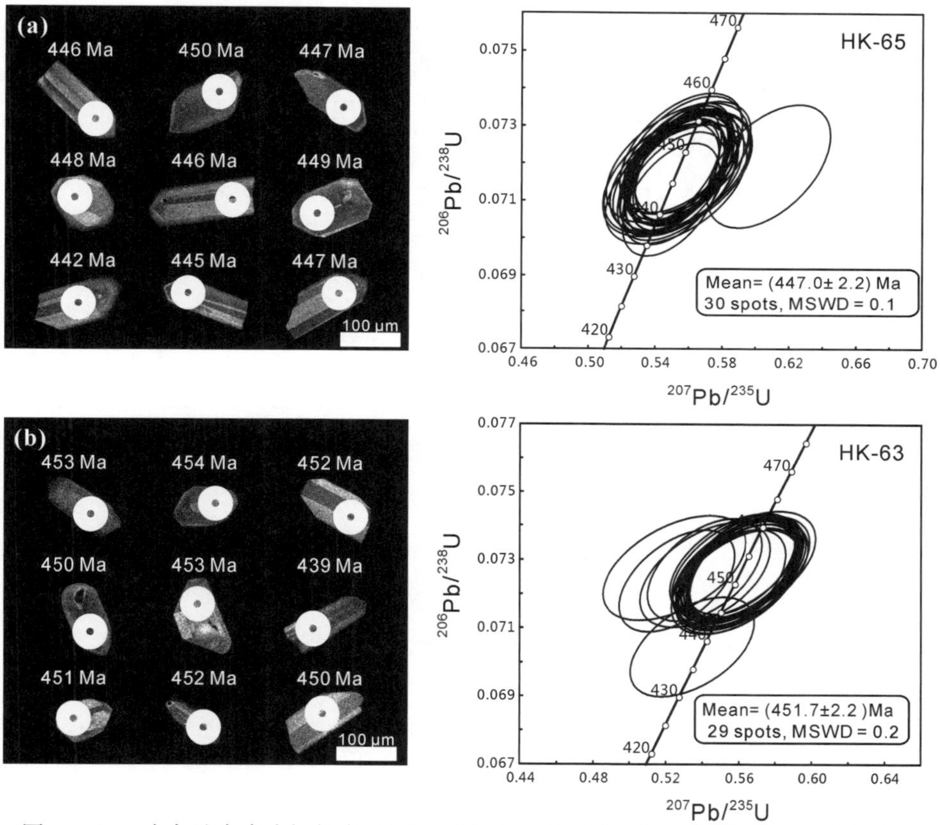

图3.2.16 奥尔达乌台克闪长岩（HK－65）（A）和镁铁质暗色包体（HK－63）（B）锆石阴极发光（CL）图像和U－Pb年龄谐和图

样品HK－65取自奥尔达乌台克岩体中的闪长岩，LA－ICP－MS锆石U－Pb测试结果显示，29个分析点都集中分布在谐和曲线上，其中1颗锆石（分析点5）落在谐和曲线附近（图3.2.16A），可能由Pb丢失所致。所有分析点给出的$^{206}Pb/^{238}U$加权平均年龄为（447±2）Ma，MSWD为0.1，代表闪长岩的形成年龄。样品HK－63取自闪长岩中的暗色包体（图3.2.14B），29个锆石分析点也都很好地分布在谐和线上或其附近（图3.2.16B），获得的$^{206}Pb/^{238}U$加权平均年龄为（452±2）Ma，MSWD为0.2，代表包体的结晶年龄。由锆石U－Pb年代学分析结果可知，闪长岩和其内部包体的年龄在误差范围内一致，表明两者基本同时形成，均为晚奥陶世。

3.2.3.3 岩石地球化学特征

(1) 主、微量元素特征

奥尔达乌台克岩体的全岩主、微量数据整体来看，由于岩性复杂多样，从辉长岩（HK－67、HK－68)、辉长闪长岩（HK－66、HK－69)、闪长岩（HK－62、HK－65）到花岗闪长岩（HK－61)，成分组成变化较大，SiO_2含量从42.5%变化到70.3%，MgO为1.1%～6.0%，$Fe_2O_3^T$为3.7%～17.7%，CaO为3.3%～9.8%，全碱$Na_2O + K_2O = 3.2 \sim 6.7$，$w(Na_2O) > w(K_2O)$（$w(Na_2O)/w(K_2O) = 1.8 \sim 13.3$），大部分样品属于中钾—高钾钙碱性岩浆系列。其中3件暗色包体（HK－60、HK－63、HK－64）均为闪长质成分，SiO_2含量为54.6%～57.3%，MgO含量为4.0%～5.2%，$Fe_2O_3^T$含量为8.5%～9.5%，CaO含量为6.3%～6.9%，也主要属于中钾钙碱性岩浆系列（图3.2.17)。

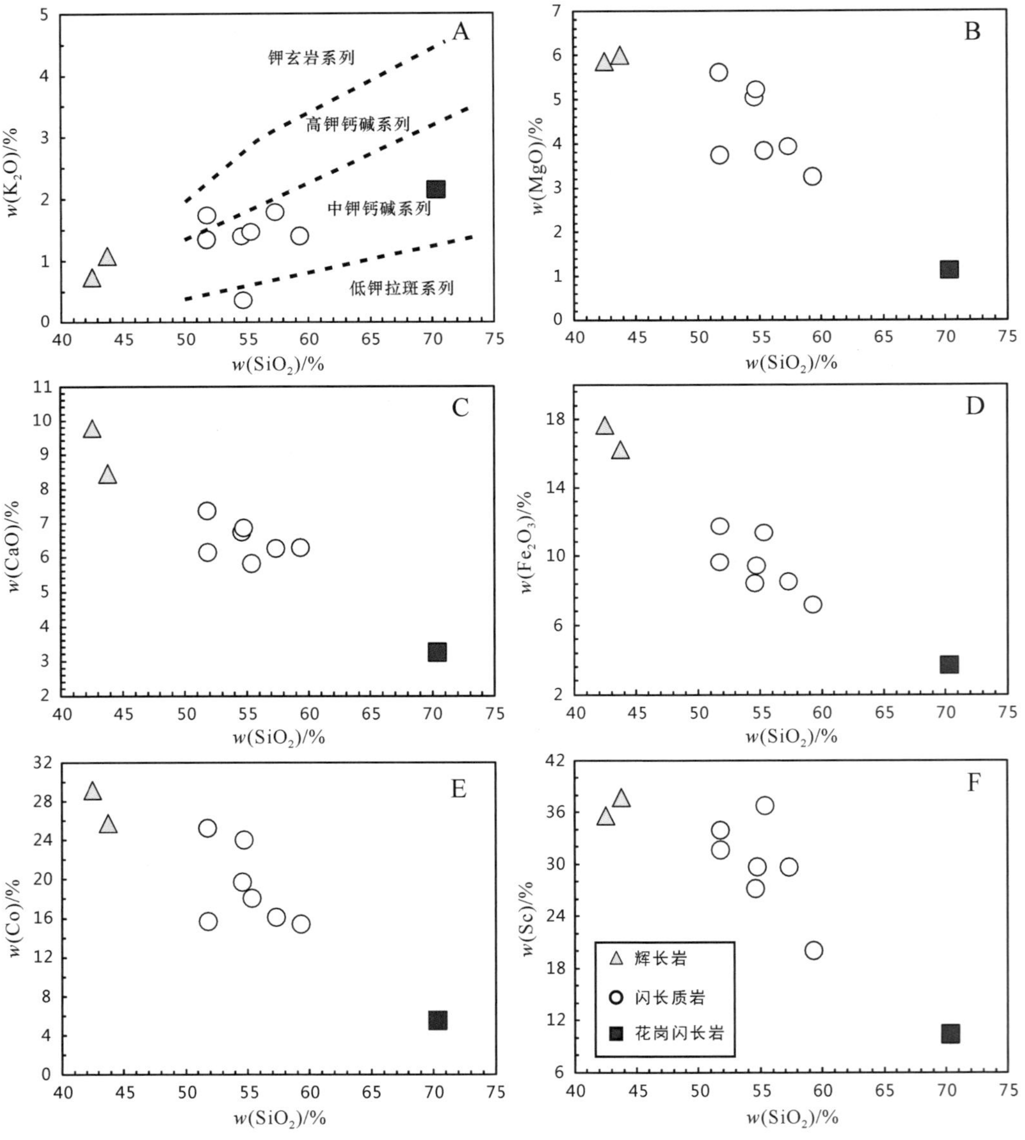

图3.2.17 哈尔里克造山带奥尔达乌台克岩体Harker图解

辉长岩和辉长闪长岩稀土含量相对较高，富集轻稀土（LREE）和大离子亲石元素（Ba、K、Rb、Pb）（图 3.2.18A，B），略亏损 Nb 和 Ta，同时存在明显的 Eu 正异常，可能与该套岩石形成过程中发生斜长石堆晶作用有关，这与镜下观察的斜长石和辉石构成堆晶结构一致。闪长岩也具有轻稀土富集的右倾式稀土配分型式（图 2.3.18A）以及富集 K、Sr、Rb、Ba 等元素的特征（图 3.2.18B），但 Eu 异常不明显（δEu = 0.93 ~ 1.14），可能指示岩浆具有较高的氧逸度（f_{O_2}）（Rollinson，1993）或者岩浆演化过程中斜长石没有发生显著的分离结晶或堆晶作用。花岗闪长岩稀土配分模式具有明显 Eu 负异常（δEu = 0.67）（图 3.2.18A）。

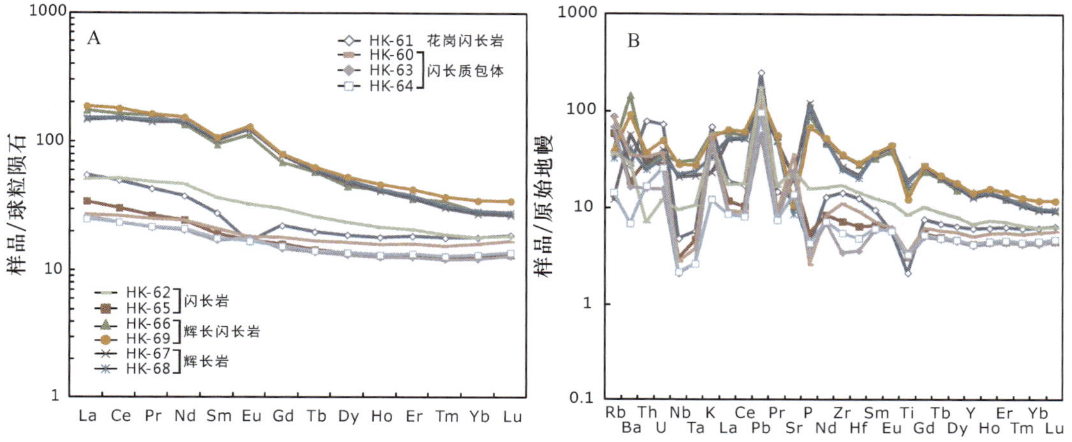

图 3.2.18 哈尔里克造山带奥尔达乌台克岩体稀土和微量元素图解

以及存在 Sr、Ti、P 的亏损（图 3.2.18B），反映斜长石、榍石、磷灰石等矿物的分离结晶。包体与寄主岩石闪长岩的微量元素特征类似，相对更亏损 Nb、Ta、P 和 Ti（图 3.2.18B）。值得注意的是，原始地幔标准化蛛网图中微量元素分布模式（图 3.2.18）一致指示奥尔达乌台克岩体（包括暗色包体）均具有亏损 Nb、Ta、Ti 等高场强元素以及富集 Ba、Rb、Th、LREE 等大离子亲石元素特征，这与典型弧岩浆的元素地球化学性质十分类似（Rogers et al.，1989；Rollinson，1993）。

（2）Sr - Nd 同位素特征

尽管岩石类型不同，奥尔达乌台克岩体从基性辉长岩到偏酸性花岗闪长岩的 Sr - Nd 同位素组成变化不大，共同的特征是均具有高放射性 Nd（ε_{Nd}（t）值都大于 0）和低（$^{87}Sr/^{86}Sr$）$_i$ 比值（图 3.2.19）。除 1 个闪长岩样品具有最高的 ε_{Nd}（t）值（+8.2）和最低的（$^{87}Sr/^{86}Sr$）$_i$ 值（0.7031）外，其余样品的 ε_{Nd}（t）值介于 +4.4 至 +5.9 之间，（$^{87}Sr/^{86}Sr$）$_i$ 值为 0.7032 ~ 0.7044。根据 Nd 同位素获得的模式年龄（T_{DM}）为 517 ~ 829Ma。在 $\varepsilon_{Nd}(t)$ - （$^{87}Sr/^{86}Sr$）$_i$ 图上数

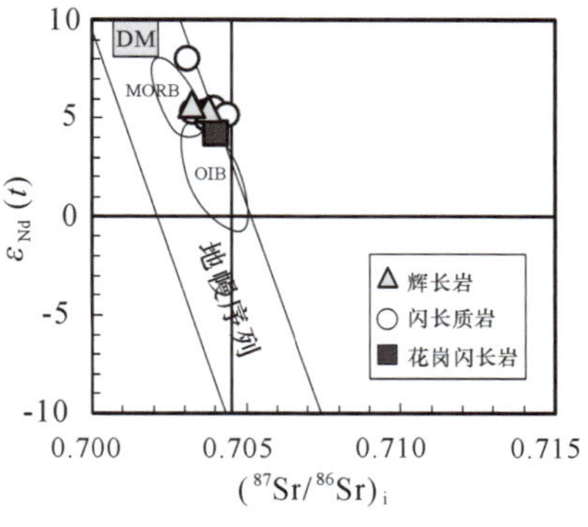

图 3.2.19 哈尔里克造山带奥尔达乌台克侵入岩 Sr - Nd 同位素图解

据点基本落在地幔 Sr－Nd 同位素演化序列范围内（图 3.2.19），暗示岩浆很可能起源于同位素组成亏损的年轻地幔源区。

3.2.3.4　岩石成因和基底性质

（1）壳幔岩浆混合作用

如前所述，奥尔达乌台克岩体中发育镁铁质暗色包体，呈塑性拉长的水滴状或椭圆状，具有典型的岩浆结晶结构。这些特征表明包体为岩浆成因，曾经与寄主岩石以岩浆形式共存，后来与寄主岩浆同时固结，两者的锆石 U－Pb 年龄在误差范围内近一致。包体中偏基性的成分，很可能代表来自地幔、高温、演化的岩浆，包体具有细粒结构以及发育针状或短柱状磷灰石反映包体岩浆注入相对低温的寄主岩浆时因温度突然降低而发生过淬冷作用（Holden et al.，1987；Chen et al.，2008；Feeley et al.，2008），而同源岩浆堆晶体模式（Noyes et al.，1983）或难熔的残留体模式（White et al.，1999）都不能解释包体的这些特征。

暗色包体岩浆注入寄主岩浆后，与寄主岩浆发生了晶体和化学交换，主要证据包括：①包体中发育长石捕掳晶，主要来自寄主岩浆较早结晶的矿物，此时的寄主岩浆因晶体与熔体共存而往往具有“晶粥”状，包体注入时很容易捕获寄主岩浆中已经结晶的矿物（陈斌等，2006；贺敬博等，2011）；②同时，未固结的寄主岩浆也会混入来自包体中早期结晶的矿物，寄主岩石中常见斜长石不平衡结构，大量的研究表明这种不平衡结构是成分不同的两种岩浆发生混合的结果（Kemp，2004；Chen et al.，2008；Ma et al.，2013）；③与玄武岩（基性下地壳）实验熔体相比（$Mg^{\#}<40$；Rapp and Watson，1995），闪长岩及花岗闪长岩具有更高的 $Mg^{\#}$ 值（42～58）（图 3.2.20），指示它们不可能是单一的壳源花岗质熔体，$Mg^{\#}$ 值的偏高与幔源基性岩浆的加入有关（Chen et al.，2008）；④在 $\varepsilon_{Nd}(t)$ 与 SiO_2、MgO、V、Sc 协变关系图上（图 3.2.21），除一个闪长岩样品（HK－62）外（后文讨论），其余样品的 $\varepsilon_{Nd}(t)$ 值随 SiO_2 含量的升高和 MgO、V、Sc 含量的降低而减小，构成很好的线性演化趋势（图 3.2.21），是元素和同位素组成均不相同的两种岩浆相互混合的表现。因此，这些证据都表明无论是包体还是寄主岩石都经历了晶体和化学物质交换，均是由两种岩浆混合而成，很可能分别是来自地幔和地壳部分熔融形成的基性和酸性岩浆。

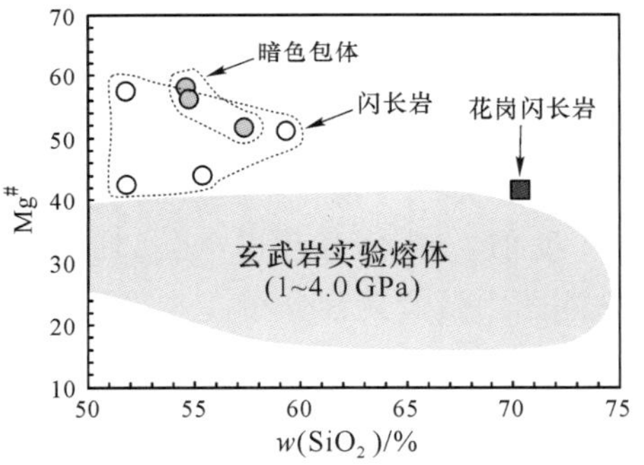

图 3.2.20　奥尔达乌台克岩体 SiO_2－$Mg^{\#}$ 图解
（玄武岩实验熔体数据引自 Rapp & Watson，1995）

（2）地幔和地壳端元组成

奥尔达乌台克岩体岩石类型丰富多样，从辉长岩、辉长闪长岩、闪长岩到花岗闪长岩，构成成分连续的岩石组合序列，偏基性的辉长岩和偏酸性的花岗闪长岩很可能最接近两个岩浆端元（虽然存在一定的混合或混染），基本可以用来反演岩浆源区的组成和性质。

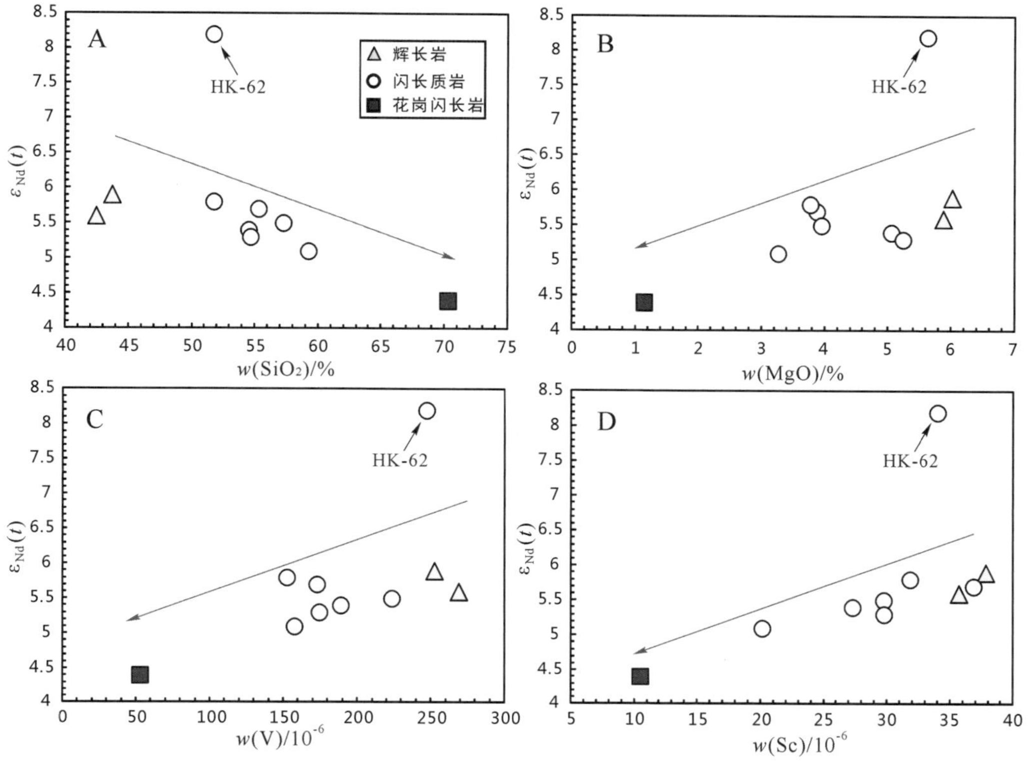

图 3.2.21　奥尔达乌台克岩体 $\varepsilon_{Nd}(t)$ 与 SiO_2、MgO、V、Sc 图解

辉长岩以及其他偏基性的岩石（暗色包体）应该代表来自地幔、演化的岩浆。这些岩石中的角闪石普遍呈自形，指示富 H_2O 条件下较早结晶，副矿物常见榍石和磁铁矿，反映岩浆为高 f_{O_2} 的湿岩浆体系（Anderson，1980；Baldwin and Pearce，1982）。此外，这些岩石都具有轻稀土和大离子亲石元素富集的特征，说明地幔源区应该是微量元素富集的岩石圈地幔，很可能与俯冲流体的交代作用有关。高放射成因 Nd 及低（$^{87}Sr/^{86}Sr$）$_i$ 值的 Sr – Nd 同位素组成特征表明这种地幔源区的同位素组成类似于亏损地幔，因此这种地幔很可能是被交代不久或正被改造（同俯冲）的年轻地幔（Dupuy et al.，1982；Sajona et al.，1996；Winter，2001）。考虑到岩体显示出典型岛弧岩浆岩的地球化学特征，例如不但富集 Ba、Rb、Sr、LREE 等大离子亲石元素，还明显亏损 Nb、Ta、Ti 等高场强元素，以及低 La/Yb 值，并且根据 La/Yb vs. Sc/Ni、Ti/100 – Zr – 3Y、Hf/3 – Th – Ta 和 2Nb – Zr/4 – Y 构造环境判别图（图 3.2.22）所指示的岩浆属于大洋岛弧和钙碱性火山岩（Rollinson，1993），因此奥尔达乌台克偏基性岩石应该主要来自正在被俯冲流体交代的岩石圈地幔。

幔源岩浆的底侵所带来的高热促使下地壳岩石发生部分熔融，形成花岗质岩浆，并与玄武质岩浆混合而形成混浆，随后经历镁铁质矿物和富钙斜长石的分离结晶而形成奥尔达乌台克岩体的不同岩石类型。区内的花岗闪长岩很可能代表了偏酸性端元，应该主要来自下地壳源区的部分熔融，但有少量的幔源物质加入。花岗闪长岩同样含有较自形的角闪石、原生磁铁矿和榍石副矿物，也反映了岩浆富 H_2O、高 fO_2 的特征。相比而言，区内常见的钾长花岗岩和碱长花岗岩，则很可能代表了单一的下地壳熔体，

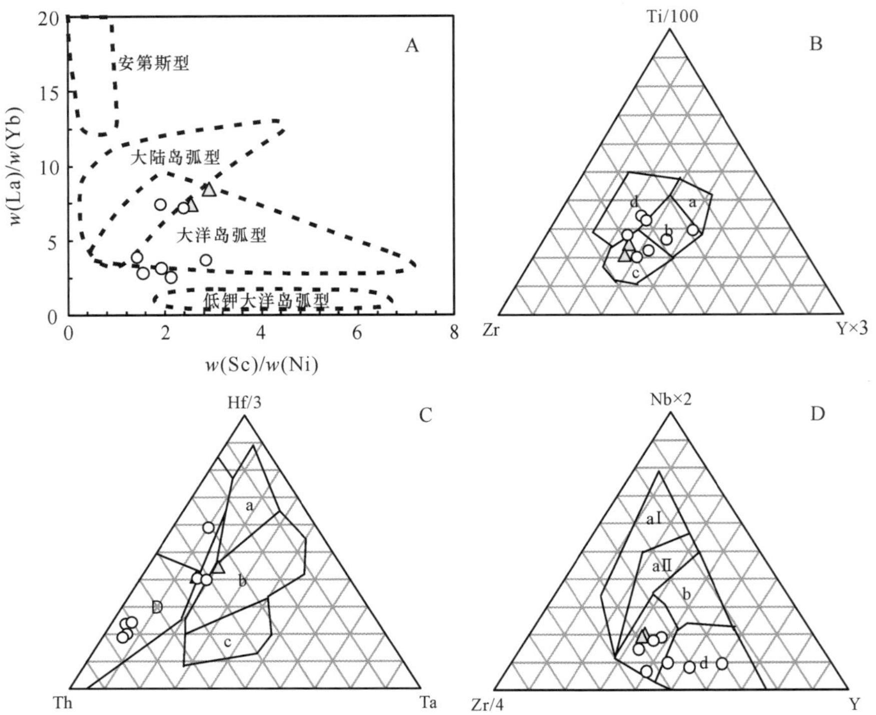

图 3.2.22　哈尔里克造山带奥尔达乌台克岩体构造环境判别图解（图例同图 10）

A—图据 Bailey（1981）；B— 图据 Pearce and Cann（1973），其中 a 区为岛弧拉斑玄武岩，b 区是 MORB、岛弧拉斑玄武岩和钙碱性玄武岩，c 区是钙碱性玄武岩；d 区是板内玄武岩；C—图据 Wood（1979），其中 a 区是 N – MORB，b 区是 E – MORB 和板内拉斑玄武岩，c 区是板内碱性玄武岩；d 区是火山弧玄武岩；D—图据 Meschede（1986），其中 aⅠ区为板内碱性玄武岩，aⅡ区为板内碱性和拉斑玄武岩，b 区是 E – MORB，c 区是火山弧玄武岩和板内拉斑玄武岩；d 区是火山弧玄武岩和 N – MORB

由麻粒岩相的源区物质熔融生成，因此岩浆是相对贫水的（Chen and Arakawa，2005）。所以，奥尔达乌台克花岗闪长岩正是由于壳源贫水的岩浆混入了来自深部地幔含水的基性岩浆，才使得岩浆向富 H_2O、fO_2转变，这与世界其他地区典型岛弧岩浆岩的形成过程是类似的，例如澳大利亚 Lachlan 岛弧（Blevin and Chappell，1995）、日本岛弧（Hunter and Blake，1995）。

（3）基底性质

目前，对于包括哈尔里克在内的东天山地区的地壳存在前寒武纪古老陆壳和年轻陆壳（古生代大洋岛弧杂岩和洋壳等）（Carroll et al.，1990；Chen and Jahn，2004；Chen and Arakawa，2005）两种截然不同的认识。为了查明这一问题，作者对可能存在的古老陆壳进行了二端元混合模拟计算，选择区内古生代蛇绿岩的同位素组成（Miao et al.，2008）代表亏损地幔端元的成分，以天山的 TTG 岩石代表下地壳成分，以现代俯冲沉积物代表上地壳成分（Plank and Lanmuir，2008）。模拟结果显示（图 3.2.23），奥尔达乌台克岩体的所有样品基本都分布在亏损地幔分别与俯冲沉积物和 TTG 模拟曲线之间，比较靠近亏损地幔端元，表明混入的古老地壳物质很少（$<1.5\%$），因此哈尔里克地区不存在古老的陆壳，而是以古生代以来的年轻陆壳为主。这与孙桂华等（2007）对哈尔里克地区石

炭纪砂岩中的碎屑锆石的年龄统计结果一致，其年龄主要集中在418～482Ma之间，指示锆石原岩的时代应该不老于早奥陶纪，这也与区域上仅出露奥陶系和志留系地层而不见更老地层相吻合（新疆地质调查院，2002）。

综上可知，奥尔达乌台克岩体应该是形成于早古生代古亚洲洋岛弧俯冲作用，由富集岩石圈地幔和年轻下地壳起源的两种岩浆发生不同程度混合并后来经历一定演化（堆晶或分离结晶）的结果。如前文所示，岩浆混合导致奥尔达乌台克岩体的 $\varepsilon_{Nd}(t)$ 值与主微量元素显示很好的相关性。值得注意的是，1个闪长岩样品（HK－62）具有明显高的 $\varepsilon_{Nd}(t)$ 值（+8.2），作者认为该闪长岩很可能代表了地幔玄武质岩浆直接分离结晶的产物，其受到地壳物质混染的程度较弱，同位素组成基本能够代表当时地幔源区的同位素组成。因此，从地壳生长的角度来看，壳幔岩浆混合作用和幔源岩浆的直接供给均是导致中亚造山带地壳增生的重要方式。

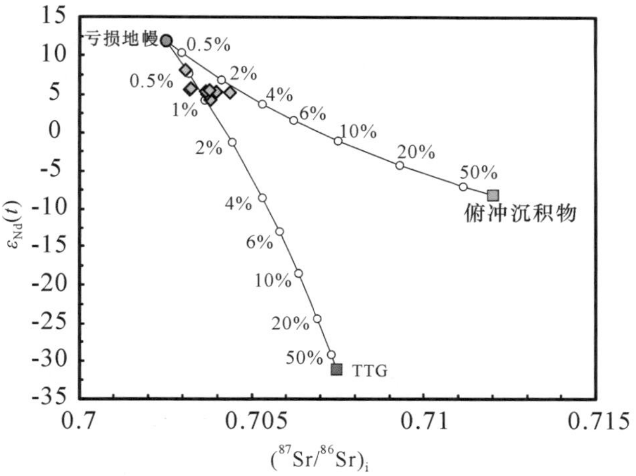

图3.2.23　奥尔达乌台克岩体的Sr－Nd同位素模拟

亏损地幔：$w(Sr)=20\times10^{-6}$，$I_{Sr}(t)=0.7025$；$w(Nd)=1.2\times10^{-6}$，$\varepsilon_{Sr}(t)=+12$；

俯冲沉积物：$w(Sr)=200\times10^{-6}$，$I_{Sr}(t)=0.7120$；$w(Nd)=20\times10^{-6}$，$\varepsilon_{Sr}(t)=-8$；

天山TTG：$w(Sr)=620\times10^{-6}$，$I_{Sr}(t)=0.70746$；$w(Nd)=26\times10^{-6}$，$\varepsilon_{Sr}(t)=-31$

第4章　典型矿床研究

4.1　铜沟铜矿床

铜沟铜矿位于达坂城地区白杨沟，隶属于研究区西段博格达矿带。研究程度较低，主要体现在矿床地质特征方面，缺乏成矿流体、成矿时代等方面的系统研究，其矿床成因目前尚存在争议，主要有热液充填交代成因（张锐，1997；莫江平等，2003）和沉积－热液叠加改造型层控成因（马学玉，1994）之争。本次在研究矿床地质特征的基础上，结合流体包裹体、同位素示踪，探讨其成矿流体特征以及成矿物质来源，为探讨该地区矿床成因奠定基础。

矿区主要出露地层为上石炭统奥尔吐组（图4.1.1），分布于庙儿沟背斜核部和铜沟向斜南翼，岩性为灰色细砂岩和灰黑色条带状粉砂岩夹岩屑砂岩，岩石碎屑成分复杂，除长石和石英外，常见中酸性和酸性火山岩岩屑，与上覆地层呈整合接触。区域上侵入岩较发育，岩石类型较单一，主要为二叠纪基性岩脉。矿床受主断裂南侧北北东向二级断裂控制。

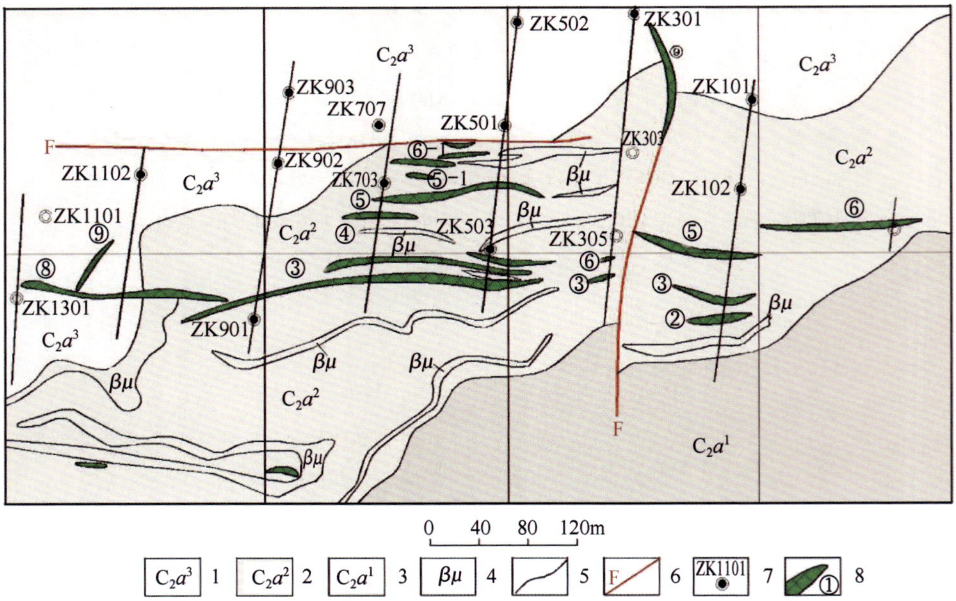

图4.1.1　铜沟铜矿床地质简图

（据新疆冶金701队资料，有修改）

1—上石炭统奥尔吐组第三段粉砂岩夹细砂岩；2—上石炭统奥尔吐组第二段砾岩、含砾砂岩夹粉砂岩；3—上石炭统奥尔吐组第一段粉砂岩和泥岩；4—辉绿岩；5—地质界线；6—断裂；7—钻孔及编号；8—铜矿体及编号

4.1.1 矿床地质特征

矿体分布于上石炭统奥尔吐组凝灰质细砂岩、粉砂岩中，主要呈似层状、层状、透镜状，与地层产状基本一致，走向近东西向，倾向近正北，部分为受构造裂隙和岩脉控制的脉状矿体。矿石矿物为以黄铜矿、黄铁矿为主，次为蓝铜矿、斑铜矿等（图4.1.2A），伴生有少量闪锌矿、方铅矿等，脉石矿物为石英、方解石。矿石构造主要见有浸染状、角砾状、细脉状、网脉状、块状等（图4.1.2B，C，D）。根据野外观察和显微镜下的矿物相互穿插、包裹关系（图4.1.2E，F），将成矿过程分为三个阶段：①黄铁矿阶段，该阶段黄铁矿大多呈自形—半自形粒状结构，晶形多为立方体、五角十二面体，显示出了高温成因，黄铁矿大多被后期形成的黄铜矿包裹；②黄铜矿阶段，该阶段为铜矿的主成矿阶段，以形成大量黄铜矿、黄铁矿为特征，大多为半自形—他形粒状结构，黄铁矿呈半自形等粒结构，黄铜矿包裹早期形成的黄铁矿；③碳酸盐岩阶段，该阶段除了形成细粒星点状黄铁矿外，主要形成碳酸盐岩脉，充填于早期形成的黄铁矿、黄铜矿的空隙中。主要的围岩蚀变有硅化、孔雀石化、黄铁矿化等（图4.1.2A）。

图4.1.2 铜沟铜矿野外地质特征及显微镜下组构特征

A—孔雀石化凝灰质粉砂岩；B—构造角砾岩；C—网脉状构造黄铁矿；

D—晚期方解石充填于早期黄铁矿、黄铜矿裂隙；E—后期黄铜矿包裹早期黄铁矿，晚期方解石充填于细脉

Cc—方解石；Cp—黄铜矿；Py—黄铁矿

4.1.2 成矿流体特征

达坂城铜沟铜矿床方解石中捕获的原生流体包裹体类型比较单一，主要发育水溶液包裹体，缺乏含CO_2包裹体及含子矿物包裹体，根据流体包裹体室温下的相态以及气液相的比例，将包裹体分为以下三类：

气液两相富液相包裹体（I型）：室温下有气相（V）和液相（L）两相，气液相比在5%～40%，以10%左右居多。包裹体个体较小，长轴大多小于5μm，少数长轴达10μm左右，常温下比较稳定。多呈负晶形（图4.1.3A，C，E）、椭圆状（图4.2.3D）、规则状

（图4.1.3F）等独立或成群分布。

气液两相富气相包裹体（Ⅱ型）：室温下有液相水溶液（L）和气相（V）两相，但气液比大于50%。包裹体长轴约10μm，主要为规则状、负晶形独立或成群分布（图4.1.3B）。

纯液相单相包裹体（Ⅲ型）：室温下为液相水溶液单一相，降温过程中不出现气相。该类型包裹体分布广泛。长轴变化于3～10μm，呈椭圆状、负晶形、不规则状等独立或成群分布（图4.1.3C）。

本书对气液两相水溶液包裹体进行测温分析结果列于表4.1.1，通过测温得出：在冷冻—回升过程中，测得的冰点温度为－6.8～－0.1℃（图4.1.4A）；对应的盐度 w（$NaCl_{eq}$）为0.18%～10.24，平均值为1.82%；冰点峰值为－2.8～－0.1℃，对应的盐度 w（$NaCl_{eq}$）为0.18%～4.65（图4.1.4B）；计算获得流体密度为0.59～0.97g/cm^3（图4.1.4D），平均值为0.89g/cm^3；完全均一温度93～340℃，峰值集中在130～170℃（图4.1.4C），平均值为174℃。由此可见成矿流体显示了低盐度和低密度流体的特征，铜沟铜矿床总体显示出了中低温热液矿床的信息。

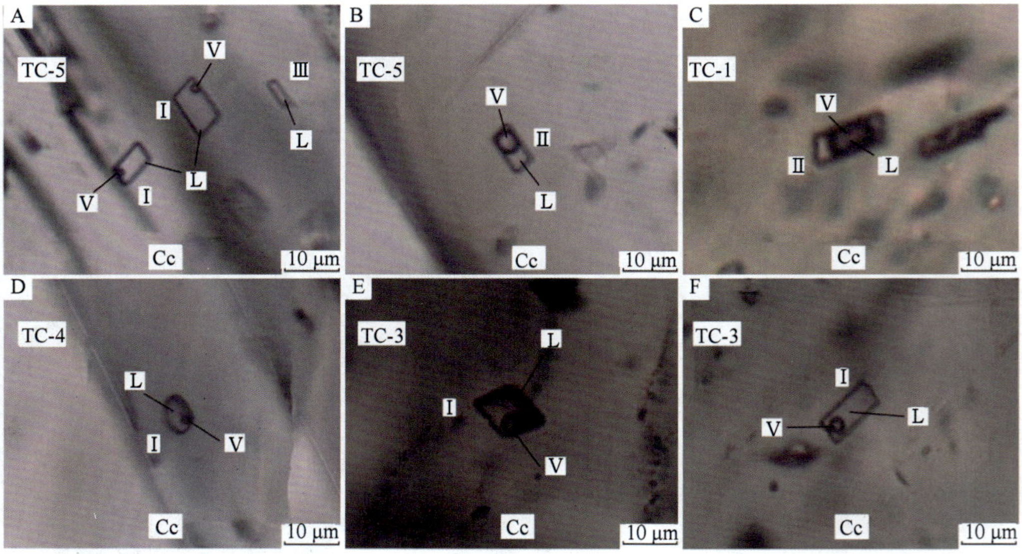

图4.1.3　铜沟铜矿方解石流体包裹体显微照片

Ⅰ—气液两相富液相包裹体；Ⅱ—气液两相富气相包裹体；Ⅲ—纯液相包裹体；Cc—方解石；L—液相；V—气相

表4.1.1　气液两相水溶液包裹体显微测温数据

样品编号	气相比例 %	完全均一温度 ℃	冰点温度 ℃	流体盐度 w（$NaCl_{eq}$）/%	流体密度 g·cm^{-3}
TC－1	10～40（Ⅰ）	120.2～276.5（17）	－0.1～－1.6（7）	0.18～2.74	0.778～0.936
	>50（Ⅱ）	264.7～295.5（3）	－0.5～－3.3（3）	0.88～5.41	0.772～0.792
TC－2	5～30（Ⅰ）	128～197.7（10）	－0.2～－2.8（8）	0.35～4.65	0.886～0.961
	>50（Ⅱ）	228.7～340.4（6）	－0.1～－6.8（6）	0.18～10.24	0.589～0.847
TC－3	10～35（Ⅰ）	118.5～195.6（19）	－0.1～－4.2（12）	0.18～6.74	0.912～0.949
	>50（Ⅱ）	135.7～317.5（5）	－0.1～－2.7（5）	0.18～4.49	0.805～0.936

续表

样品编号	气相比例 %	完全均一温度 ℃	冰点温度 ℃	流体盐度 $w(\text{NaCl}_{eq})$/%	流体密度 $g \cdot cm^{-3}$
TC－4	10～45（Ⅰ）	93～282.5（16）	－0.1～－2.6（10）	0.18～4.34	0.763～0.959
	>50（Ⅱ）	163.7～213.4（2）	－0.2～－0.6（2）	0.35～1.06	0.850～0.915
TC－5	10～35（Ⅰ）	129.6～165.4（10）	－0.1～－1.2（5）	0.18～2.07	0.915～0.952
	>50（Ⅱ）	153.2～275.4（10）	－0.1～－1.5（7）	0.18～2.57	0.848～0.933
TC－6	10～40（Ⅰ）	102.9～179.6（9）	－0.6～－2.8（6）	1.06～4.65	0.935～0.966
	>50（Ⅱ）	268.1～271.1（2）	－1.1～－1.2（2）	1.91～2.07	0.776～0.779

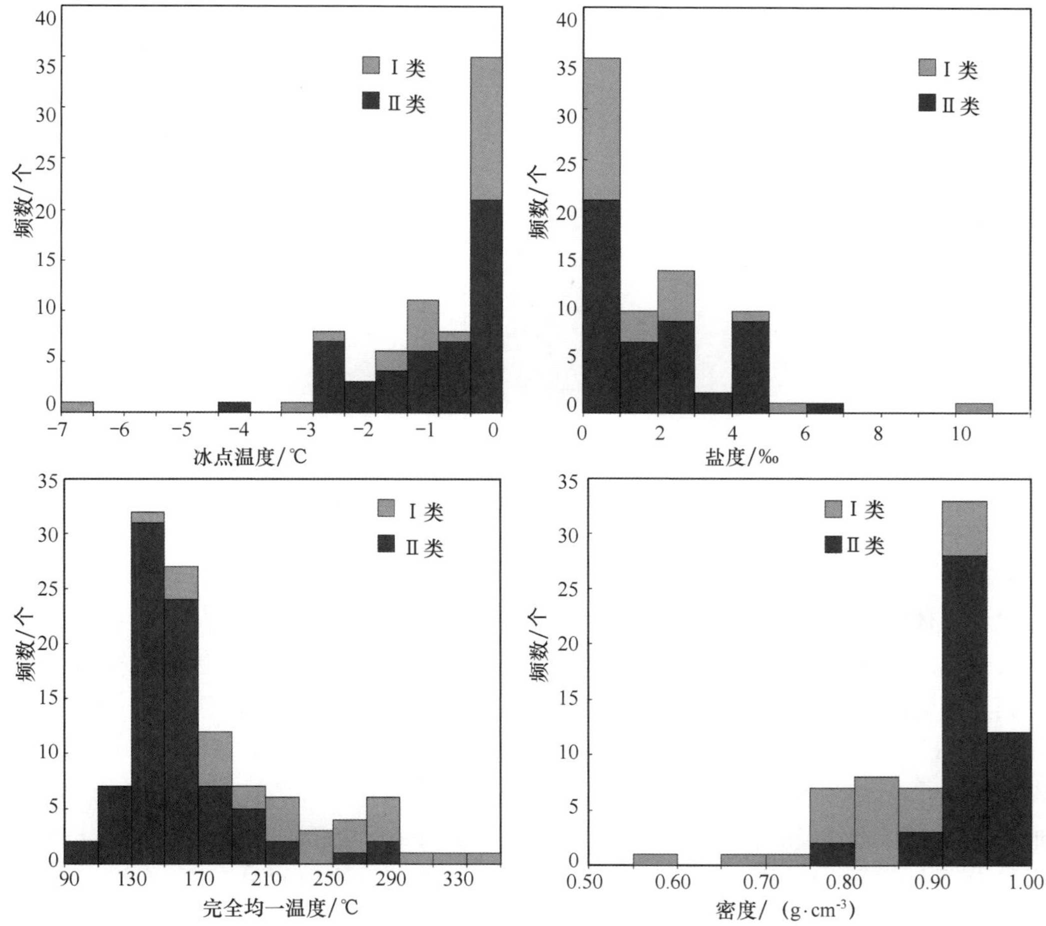

图 4.1.4　铜沟铜矿床流体包裹体数据直方图

根据流体包裹体的均一温度和盐度，利用邵洁涟（1988）计算流体压力经验公式：$P=P_0t/t_0$，其中初始压力 $P_0=219+2620\times s$，初始温度 $t_0=374+920\times s$，s 为盐度，t 为均一温度。估算获得碳酸盐岩成矿阶段（Ⅲ）的成矿压力为 11.9～80.0MPa，该阶段成矿深度小于 2.67km。表明达坂城地区铜沟铜矿床成矿流体不仅具有中低温、低盐度、低密度等特征，还表明其形成于浅成环境。

4.1.3 成矿物质来源

(1) He－Ar同位素

铜沟铜矿3件黄铜矿和4件黄铁矿的分析显示（表4.1.2），^{4}He含量为0.014～1.170×10^{-6} cm^3 STP/g，^{3}He的含量为0.013～0.548×10^{12} cm^3 STP/g；$^{3}He/^{4}He$的比值为0.17～2.22Ra（Ra为大气的He同位素比值，为1.384×10^{6}），也是介于幔源与壳源He之间（图4.1.5）。^{40}Ar含量为0.114～1.275×10^{-7} cm^3 STP/g，$^{40}Ar/^{36}Ar$比值在292.3～304.4之间。对杏树沟铜矿2件斑铜矿、1件辉铜矿和3件黄铜矿的分析显示，其^{4}He的含量为0.077～0.375×10^{-6} cm^3 STP/g，^{3}He的含量为0.047～0.527×10^{-12} cm^3 STP/g；$^{3}He/^{4}He$的比值为0.14～2.69Ra，介于幔源与壳源He之间。^{40}Ar含量为0.622～1.955×10^{-7} cm^3 STP/g，$^{40}Ar/^{36}Ar$比值在296.5～426.1之间，分布于大气氩与地壳或地幔放射性成因氩之间（图4.1.5）。

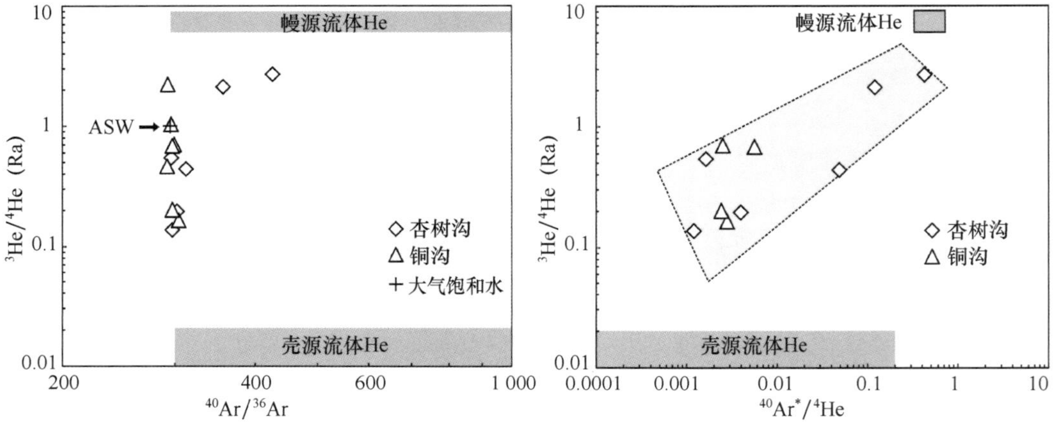

图4.1.5 铜沟铜矿床He－Ar同位素组成图解

热液流体中惰性气体有四种来源，不同来源气体的氦、氩同位素组成及其特征比值具有显著差别（王旭东等，2009）（表4.1.2）：①大气饱和水（ASW），包括大气降水和海水，其典型的同位素组成为：$^{3}He/^{4}He=1R/Ra$（Ra代表大气氦的$^{3}He/^{4}He$值，为1.384×10^{-6}），$^{40}Ar/^{36}Ar=295.5$；②地幔流体，具有^{3}He含量高的特征，$^{3}He/^{4}He$的特征值为6～9R/Ra，$^{40}Ar/^{36}Ar$值变化较大，Ar以放射性成因Ar为主，$^{40}Ar/^{36}Ar$值一般大于40000；③地壳放射成因的He和Ar，$^{3}He/^{4}He$的特征值为0.01～0.05R/Ra，而$^{40}Ar/^{36}Ar \geq 45000$；④大气He和Ar，由于大气He含量很低，不足以对地壳流体中的He同位素组成产生影响，但是目前无法区别流体中是否有大气Ar的混入。

由上述数据可知，铜沟、杏树沟两个矿床的$^{3}He/^{4}He$值为0.14～2.69Ra，跨度较大，从小于1到大于1，偏离典型饱和大气水（ASW）位置，处于幔源和壳源He同位素组成之间。$^{40}Ar/^{36}Ar$值介于292.3～426.1，其中大部分数据远大于典型饱和大气水（ASW）的$^{40}Ar/^{36}Ar$值。在$^{3}He/^{4}He-^{40}Ar^{*}/^{4}He$图解上可以看出，所有样品分布于幔源流体He和壳源流体He同位素组成之间，反映出区内无论是铜矿还是金矿其成矿流体具有壳幔流体混合来源特征。根据壳幔二元体系混合模型公式计算（$^{3}He/^{4}He_{地幔}$值取大陆岩石圈的平均值6.5Ra，$^{3}He/^{4}He_{地壳}$值取地壳岩石的平均产率0.02Ra），地幔流体所占比例最小为3%，最大可达到57%。因此，单一的壳源流体活化成矿模式不能解释区内He、Ar同位素的组成特征，铜金成矿作用可能与深部隐伏岩体有关，直接起源于岩石圈地幔或者年轻新生岛弧型下地壳的部分熔融。携带幔源信号的含矿流体与壳源流体发生不同程度混合，在浅部构造破碎带、高孔隙岩层等有利位置发生金属沉淀而成矿（表4.1.2）。

（2）H－O同位素

铜沟铜矿9件方解石中流体包裹体水的$\delta D_{Fluid-SMOW}$值普遍较低，为－185.2‰～－161.0‰，均值为－176.0‰，直接测定方解石中氧元素的$\delta^{18}O_{Mineral-SMOW}$值为＋1.0‰～＋3.5‰，计算与之平衡的流体的$\delta^{18}O_{Fluid-SMOW}$＝－8.5‰～－6.0‰（表4.1.3）。

将流体的$\delta^{18}O_{Fluid-SMOW}$和$\delta D_{Fluid-SMOW}$值投于H－O同位素图解中（图4.1.6），可以发现主成矿期流体H、O同位素数据落在岩浆水区域的左下方，偏向高纬度地区建造水演化线，指示成矿流体不是单一来源的流体，而是混入了一定程度的地层建造水。从图4.1.6可以看出，铜沟铜矿混入的浅层建造水量较高，这也与矿石多以黄铜矿－斑铜矿－方解石矿物组合形式出现是吻合的，含铜的热液在流体循环中卷入了更多的碳酸盐岩，也不排除有一定的有机碳或氧的参与。

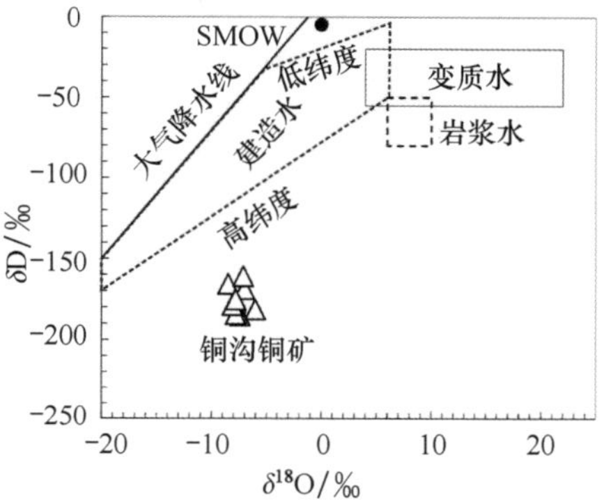

图4.1.6　铜沟铜矿床H－O同位素图解

表4.1.2　新疆博格达达坂城地区铜矿床He－Ar同位素分析结果

样品编号	矿物类型	He含量/10^{-7}	^{4}He/10^{-6}	^{3}He/10^{-12}	$^{3}He/^{4}He$/10^{-6}	R/Ra	Ar含量/10^{-7}	^{40}Ar含量/10^{-7}	^{36}Ar含量/10^{-7}	$^{40}Ar/^{36}Ar$	$^{40}Ar^{*}/^{4}He$	He地幔/%
XSG－8	斑铜矿	3.63	0.363	0.069	0.191	0.14	0.625	0.622	0.00209	297.6	0.0012	2.6
XSG12	斑铜矿	3.75	0.375	0.102	0.271	0.20	0.645	0.642	0.00212	302.5	0.0040	3.9
XSG13	辉铜矿	0.773	0.077	0.047	0.608	0.44	0.698	0.695	0.00222	312.5	0.0489	9.1
XSG22	黄铜矿	2.13	0.213	0.160	0.75	0.54	1.04	1.036	0.00349	296.5	0.0016	11.3
XSG33	黄铜矿	1.8	0.180	0.527	2.93	2.12	1.27	1.266	0.00355	356.9	0.1210	44.9
XSG49	黄铜矿	1.41	0.141	0.525	3.72	2.69	1.96	1.955	0.00459	426.1	0.4249	57.1
TG－12	黄铜矿	3.81	0.381	0.371	0.973	0.70	0.706	0.703	0.00235	299.6	0.0025	14.7
TG－13	黄铁矿	0.317	0.032	0.097	3.07	2.22	0.699	0.696	0.00238	292.9	－0.0195	47.1
TG－14	黄铁矿	11.7	1.170	0.268	0.229	0.17	1.13	1.126	0.00370	304.4	0.0028	3.2
TG－19	黄铜矿	3.53	0.353	0.099	0.28	0.20	1.16	1.155	0.00388	297.7	0.0024	4.0
TG－21	黄铜矿	3.83	0.383	0.548	1.43	1.03	0.115	0.115	0.00039	296.4	0.0001	21.8
TG－24	黄铁矿	3.39	0.339	0.217	0.64	0.46	1.28	1.275	0.00436	292.3	－0.0041	9.6
TG－25	黄铁矿	0.142	0.014	0.013	0.947	0.68	0.114	0.114	0.00038	297.6	0.0056	14.3

注：He、Ar含量的单位是$cm^{3}STP/g$。

由于所取样品主要是主成矿期的含金属硫化物脉石，其较低的 $\delta^{18}O_{Fluid-SMOW}$ 和 $\delta D_{Fluid-SMOW}$ 值表明流体在主成矿期就受到了建造水的显著参与。因此，流体混合作用可能是导致含矿热液显示中低温、低盐度特征的主要原因。流体混合引发含矿热液温度急剧降低使 Cu 元素析出、沉淀，形成的金属硫化物与石英和方解石充填到构造裂隙中形成热液脉型矿床。

表 4.1.3 达坂城地区铜沟铜矿床 H－O 同位素分析结果

样品编号	矿物类型（主成矿期）	$\delta D_{Fluid-SMOW}$/‰	$\delta^{18}O_{Mineral-SMOW}$/‰	$\delta^{18}O_{Fluid-SMOW}$/‰
TG－18	方解石	－185.2	2.1	－7.4
TG－19	方解石	－183.4	1.9	－7.6
TG－20	方解石	－168.9	2.5	－7.0
TG－21	方解石	－184.3	1.7	－7.8
TG－22	方解石	－165.8	1	－8.5
TG－23	方解石	－161.0	2.4	－7.1
TG－24	方解石	－178.8	1.4	－8.1
TG－25	方解石	－175.3	1.7	－7.8
TG－26	方解石	－181.5	3.5	－6.0

（3）S 同位素

马学玉（1994）、张锐（1997）、莫江平等（2003）先后对本区不同产状的黄铁矿、黄铜矿、磁黄铁矿、闪锌矿等单矿物进行了硫同位素分析，所采集的 29 件样品硫同位素值均为正值，全区 $\delta^{34}S$‰变化范围 1.28‰～15.78‰，相对集中于 7‰～11‰之间，平均为 8.24‰，反映硫源可能来源于壳源硫，具有海水和岩浆水混合的特点。

4.1.4 成矿时代

铜沟铜矿床赋存于上石炭统奥尔吐组凝灰质岩屑细砂岩、粉砂岩中，矿体主要呈似层状、层状、透镜状，与地层产状基本一致，走向近东西向，倾向近正北，部分为受构造裂隙和岩脉控制的脉状矿体，显示出后生矿床特征。同时，矿石构造主要为浸染状、角砾状、细脉状、网脉状、块状等，矿石构造特征表明铜沟铜矿具有后期充填特征，其成矿时代明显晚于围岩地层。此外，该地区广泛发育以辉绿岩为主的基性岩脉，该期岩浆活动可能与铜沟铜矿床的形成关系密切。测得的柴窝铺辉绿岩中锆石的 $^{206}Pb/^{238}Pb$ 表面年龄为（288.9±4.7）Ma，该年龄可能与铜沟铜矿的成矿时代基本一致，为早二叠世。

4.1.5 矿床成因

铜沟铜矿床赋存于上石炭统奥尔吐组凝灰质岩屑细砂岩，矿体形态为层状、似层状，部分为脉状，受控于矿区断裂构造，从矿体特征及矿石组构等矿床地质特征来看，铜沟铜矿床均显示出了后生热液矿床的特征。通过对碳酸盐岩阶段（Ⅲ）的方解石进行流体包裹体研究，表明方解石中捕获的原生流体包裹体类型比较单一，主要发育水溶液包裹体，缺乏含CO_2包裹体及含子矿物包裹体，同时成矿流体显示出中低温度、低盐度、低密度等特征，形成于浅成环境。此外，He - Ar 同位素样品分布于幔源流体 He 和壳源流体 He 同位素组成之间，反映出成矿流体具有壳幔流体混合来源特征。H - O 同位素成果业指示成矿流体不是单一来源的流体，而是混入了一定程度的地层建造水。硫同位素也反映出硫源可能来源于壳源硫，具有海水和岩浆水混合的特点。综合以上矿床地质特征以及矿床地球化学特征等方面证据，达坂城地区铜沟铜矿床可能是在深部隐伏岩体成矿热液成矿的基础上，受后期构造活动影响，热液叠加改造而成的具有层控特征的中低温热液铜矿床。

4.1.6 成矿模式

最新的1∶5万区调成果表明，达坂城地区上石炭统柳树沟组、上石炭统奥尔吐组等地层中具有较高的铜元素富集，同时达坂城地区发育大面积与区域构造线方向一致的二叠纪中基性浅成侵入岩体。这表明博格达造山带西段地区在二叠纪期间，经历了由碰撞挤压环境向碰撞后应力释放条件下的伸展拉张环境，发育大量区域性断裂及次级构造。该阶段，在部分构造应力薄弱地段，主要发育与区域构造线一致的中基性浅成侵入岩体，可能携带大量成矿物质。后期含矿热液沿断裂通道上升，主要在具有较好容矿空间的岩屑砂岩、含砾岩屑砂岩等中粗粒碎屑岩中沉淀，由于含矿岩性孔隙相对较大，具有良好的成矿空间，故铜沟铜矿体具有层控性，其顶板大多为孔隙较致密的凝灰质粉砂岩等细碎屑岩。同时，由于受后期断裂构造作用影响，部分矿体具有角砾状、块状、脉状等特征。由此可见，达坂城地区上石炭统奥尔吐组在整个大地构造演化过程中，可能为达坂城地区铜矿的富集成矿提供了矿源层，在岩浆 - 构造活动影响下，铜沟铜矿床受后期热液叠加改造作用，最终形成了具有层控特征的中低温热液铜矿床（图 4.1.7）。通过对铜沟铜矿矿床地质特征、矿体特征、矿石组构及成因类型等方面进行分析，建立了铜沟铜矿床成矿特征表（表 4.1.4）。

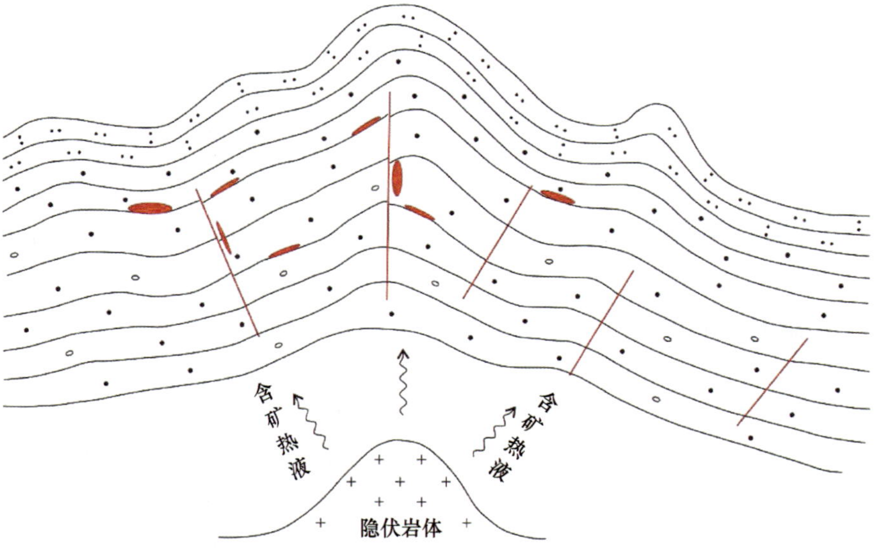

图 4.1.7　铜沟铜矿床成矿模式简图

表 4.1.4　新疆达坂城地区铜沟式铜矿床预测模型表

预测要素		描述内容			预测要素分类
资源储量		Cu：5.94×10^4t	平均品位	1%	
特征描述		具层控特征中低温热液铜矿床			
地质环境	赋矿地层	上石炭统奥尔吐组			必要
地质环境	含矿建造	火山－沉积岩建造			必要
地质环境	断裂构造	北西向断裂与北东向断裂			重要
地质环境	成矿时代	晚石炭世			必要
地质环境	成矿环境	赋矿地层为上石炭统奥尔吐组（C_2a）第二岩性段岩屑砂岩。矿区构造为一短轴向斜，主要矿体分布于铜沟向斜南冀，断裂构造发育。岩浆活动不发育，仅见两条中酸性岩脉，`可能与热液活动有联系			必要
地质环境	构造背景	准噶尔南缘（复合岛弧带）Cu－Mo－Au－W－Fe－Cr－Mn－稀有金属－Pt－Sb－高岭土－硫铁矿－膨润土－重晶石－玉石－硼－沸石－石墨－红柱石－泥炭－盐类成矿带（Ⅲ－6）			必要
地质环境	成矿区带	博格达（裂谷带）Cu－Fe－Au－U－Mn－Ti－硼－油页岩－石油－天然气－磷－沸石－盐类－高岭土矿带（Ⅳ－6－②）			必要
矿床地质特征	矿体形态	似层状、层状、透镜状、脉状矿体			重要
矿床地质特征	矿石组成	矿石矿物为以黄铜矿、黄铁矿为主，次为蓝铜矿、斑铜矿等，伴生有少量闪锌矿、方铅矿等；脉石矿物为石英、方解石			重要
矿床地质特征	结构构造	主要见有中细粒浸染状、角砾状、细脉状、网脉状、块状等			重要
矿床地质特征	围岩蚀变	孔雀石化、碳酸盐化、硅化			重要
矿床地质特征	岩浆活动	辉绿岩外接触带伴有少量孔雀石化			次要
	铜化探异常	位于1∶20万化探博格多－七角井Cu、Au、Zn综合异常带，异常规模及面积较小，分布零散，多呈单元素异常分布			重要
	激电及磁异常	1∶5万物探结果表明具低电阻、中高极化、中低磁异常特征			次要
	有铜矿床（点）	铜沟、杏树沟、凤凰泉、庙儿沟、苇草沟铜矿			重要

4.1.7　成矿预测模型

铜沟铜矿床赋矿地层为上石炭统奥尔吐组（C_2a），主体为一套滨海－海陆交互相细碎屑岩建造，下段岩性为灰黑色泥质粉砂岩夹细粒岩屑砂岩、局部夹砂屑灰岩。上段岩性为灰黑色细砂岩、岩屑细砂岩夹凝灰质粉砂岩。该地区主要出露侵入岩主要有晚石炭世基性侵入岩以及中二叠世基性侵入岩。在杏树沟铜矿附近见酸性脉岩分布，在上石炭统、中二叠统中零星出露，一般以岩脉顺层或沿各种裂隙贯入。矿石自然类型主要为浸染状、角砾状、细脉状、网脉状、块状矿石，1∶20 万水系沉积物地球化学测量成果反映本矿床有良好的 Cu 异常；围岩蚀变主要有孔雀石化、碳酸盐化和硅化。通过对典型矿床预测要素特征的分析研究，建立了以铜沟为典型矿床的成矿预测模型表（表 4.1.4）。

4.2 索尔巴斯陶金矿床

索尔巴斯陶金矿区位于新疆巴里坤县西 60km 处，区内交通十分便利。该矿区工作开展较早，1993 年新疆第二区域地质调查大队在该区开展地质工作，在该矿区已圈定大小矿体 34 个。目前正在以露天和坑采相结合的方式开采，矿床规模可达中型。前人根据野外宏观地质特征、围岩蚀变等对索尔巴斯陶金矿床提出了不同成因类型的认识，包括爆破角砾岩筒型（党延霞等，2010）、陆相火山岩型（刘家远，2001）、浅成低温热液型（杨富全等，2005）。但对该矿成矿流体来源与成矿机制研究仍不够系统深入，同时对该矿与典型矿床之间的差异性缺乏系统的对比。本书主要从索尔巴斯陶金矿床地质特征、流体包裹体特征以及成矿流体稳定同位素地球化学入手，结合前人研究资料对成矿流体特征及来源进行了讨论，为确定矿床类型提供了更可靠的依据。

4.2.1 区域地质背景

索尔巴斯陶金矿床是博格达－哈尔里克铜－金多金属成矿带的一个重要矿床，产于哈萨克斯坦－准噶尔板块中准噶尔构造区的哈尔里克古生代复合岛弧带与博格达晚古生代弧后盆地两个三级构造单元结合部位的火山机构内（图 4.2.1），南为吐哈地块，北邻卡拉麦里缝合带（汪帮耀等，2009）。

该火山机构下部为中—上奥陶统庙尔沟组（$O_{2-3}m$）中基性海相火山碎屑岩夹灰岩透镜体，主要出露于矿区东南部；上部下石炭统塔克尔巴斯陶组（C_1tk）不整合其上，主要岩性为一套海相中基性火山岩、火山碎屑岩夹灰岩透镜体，分布于区域图的西南部，为索尔巴斯陶金矿主要控矿地层，自下而上分为四个岩性段：第一岩性段为杏仁状玄武安山岩夹细砾岩、粉砂岩等；第二岩性段为凝灰质角砾岩、角砾凝灰岩、凝灰岩及少量安山岩、玄武岩透镜体等；第三岩性段岩性为玄武岩、玄武安山岩、晶屑凝灰岩、沉凝灰岩，夹薄层状透镜状灰岩；第四岩性段岩性为凝灰质长石岩屑砂岩、凝灰岩、砾岩、粉砂岩夹灰岩透镜体。上石炭统祁家沟组（C_2qj）海陆交互相凝灰质长石岩屑砂岩、生物碎屑灰岩等与塔克尔巴斯陶组（C_1tk）呈断层接触关系。二叠系三塘湖组（P_1st）主要为陆相中酸性火山碎屑岩分布于矿区东部及北部地区。

区内岩浆活动主要受褶皱和断层控制。侵入岩仅有几处面积较小的花岗岩岩株及数条花岗岩岩脉，侵入于奥陶系、石炭系中，岩性较单一，主要为钾长花岗岩，黑云母斜长花岗岩。区内发育三处古火山机构。骆驼井子的两个火山机构分布于红井子－骆驼井子断裂南东侧，分别位于骆驼井子金矿点的南西部和北东部；三道井子西火山机构位于三道井子银金矿点的北东部。在三道井子火山机构和骆驼井子火山机构附近，分布有金、钼、银矿（化）点，说明区内火山活动与金、钼、银成矿作用有着密切的内在联系。

区内构造作用复杂，应力活动强烈，构造形式表现为褶皱和断裂。褶皱构造主要为向斜构造，其轴线方向为北东向，控制了区内地层展布、岩浆岩分布及金矿点分布，将下石炭统塔克尔巴斯陶组卷入其中。在该向斜的北翼，形成了次一级的短轴背斜构造，索尔巴斯陶金矿就位于该短轴背斜中。断裂构造主要有北西向、北东向。两组断裂相互交切，联合活动，形成向东开放，向西收敛的基本构造格局。

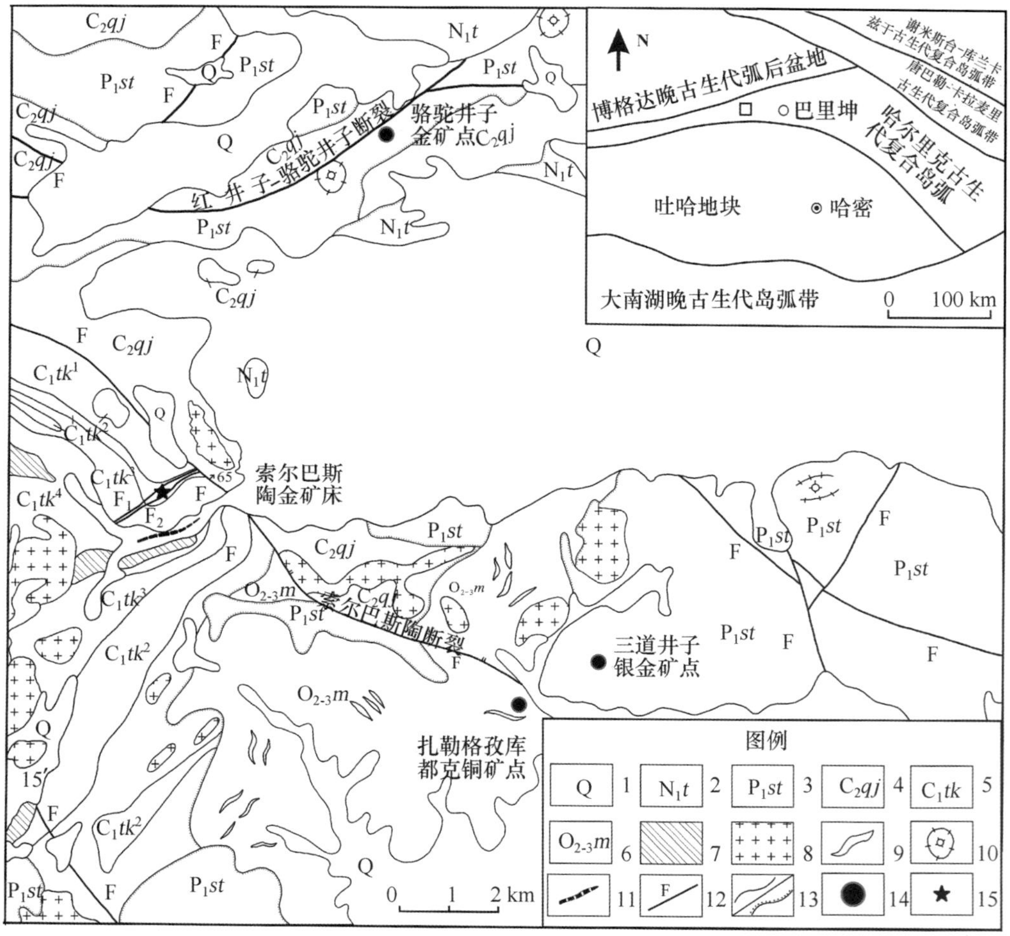

图 4.2.1 索尔巴斯陶金矿大地构造位置及区域地质图

（大地构造位置图据董连慧等，2008；区域地质图据勘查报告修改，2013）

1—第四系砾石、砂、亚砂及粘土层；2—中新统桃树园子组；3—下二叠统三塘湖组；4—上石炭统祁家沟组；5—下石炭统塔克巴斯陶组；6—中—上奥陶统庙儿沟组；7—辉绿岩；8—花岗岩类；9—岩脉；10—火山机构；11—向斜轴线；12—断裂；13—地质界线/角度不整合界线；14—矿点；15—索尔巴斯陶金矿床位置

4.2.2 矿床地质特征

索尔巴斯陶金矿赋存于下石炭统塔克尔巴斯陶组（C_1tk）地层第二岩性段中，主要岩性为凝灰质角砾岩、角砾凝灰岩、含（角）砾凝灰岩、凝灰岩、沉凝灰岩及少量安山岩、玄武岩透镜体等。该段岩石受构造影响，多发生强烈的破碎及蚀变，其中角砾凝灰岩、沉凝灰岩及凝灰质角砾岩为主要的含矿岩石及围岩。从遥感影像可以看出该矿区附近环带状构造、放射状构造形迹十分明显，同时火山机构的物质组分及其分带特征明显。矿区构造极为发育，褶皱构造为一短轴背斜，为矿区重要控矿构造，呈北东—南西向展布，长约600m。其核部强烈蚀变，呈北东—南西向带状分布，形成与褶皱构造长轴方向基本一致的蚀变体，金矿体分布受该蚀变岩带的控制。矿区断裂 F_1、F_2两条北东—南西向张扭性断层控制着矿区含金蚀变体的展布（图4.2.2），也是该矿区的主要容矿构造。

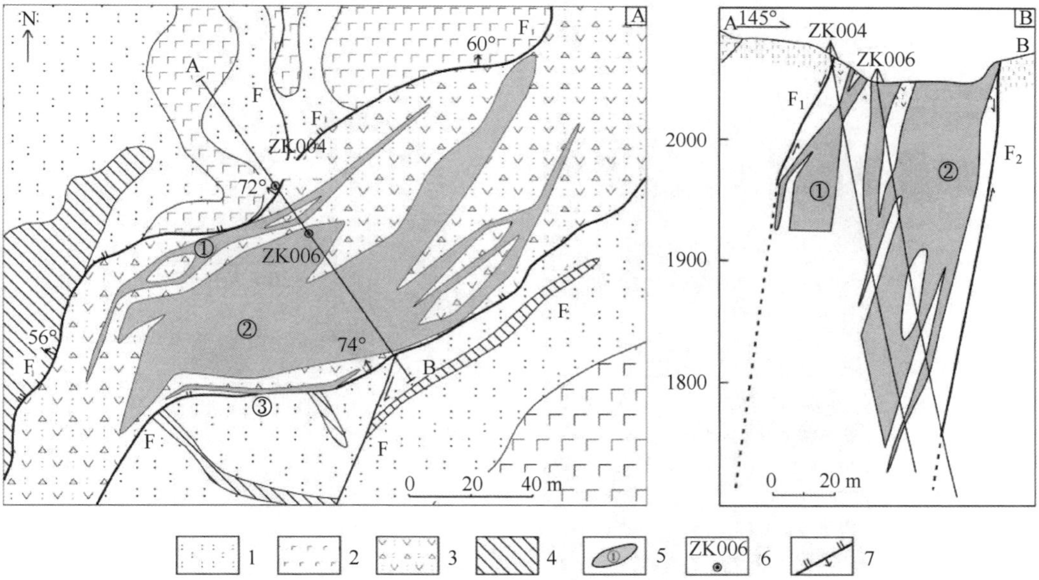

图4.2.2 矿区地质图（A）和地质剖面简图（B）

（据宏泰矿业公司内部图件修改）

1—凝灰岩；2—玄武岩；3—安山质角砾凝灰岩；4—辉绿岩脉；

5—矿体及编号；6—钻孔位置及编号；7—断层

矿石矿物中金属硫化物主要为黄铁矿、自然金银，少量毒砂，偶见方铅矿、闪锌矿、黄铜矿、辉钼矿等。金属氧化物主要为钛铁矿，少量褐铁矿、磁铁矿、板钛矿等。脉石矿物以石英为主，次为斜长石、高岭土、绿泥石、云母、方解石等。矿石结构主要呈交代残余结构、假象结构、包含结构等，矿石构造主要呈浸染状、稠密浸染状、脉状、网脉状、角砾状等，部分充填于火山角砾边部，明显晚于围岩形成时代。根据野外观察和显微镜下的矿物相互穿插、包裹关系，将成矿过程分为三个阶段：①黄铁矿－毒砂阶段：该阶段黄铁矿主要为半自形—自形立方体或五角十二面体结构呈浸染状分布，毒砂多呈他形—半自形结构，镜下常见毒砂与黄铁矿紧密连晶分布。②黄铁矿—含金石英脉阶段：该阶段石英主要呈脉状产出，黄铁矿呈半自形—他形粒状结构，浸染状、稠密浸染状分布在石英脉边部，自然金呈微细粒孤立的单体或群体嵌布于脉石英中，有向脉壁群集的趋向（图4.2.3C、D）。③含金多金属硫化物阶段：该阶段自然金常和金属硫化物伴生，呈显微细脉分布于白色石英微细脉中，常成群产出，与黝铜矿、斑铜矿或方铅矿伴生（图4.2.3E）。

围岩蚀变作用主要发生在背斜褶皱核部，蚀变类型主要有：硅化、绢云母化、高岭土化、碳酸盐化、钾长石化、绿泥石化和黄铁矿化（地表为褐铁矿化）（图4.2.3A、B），其中以硅化、黄铁矿化与金矿化关系最为密切，硅化为矿床最普遍发育和成矿关系最为密切的蚀变。

图4.2.3　索尔巴斯陶金矿野外及镜下照片

A—矿区含金蚀变带；B—矿区绢云母化蚀变带；C—主成矿阶段黄铁矿－含金石英脉；D—主成矿阶段含金石英脉；E—含金多金属硫化物阶段；F—扫描电镜下自然金

Py—黄铁矿；Gn—方铅矿；Sp—闪锌矿；Q—石英

4.2.3　成矿流体特征

本书研究的包裹体样品采自索尔巴斯陶金矿的②号矿体1790m中段坑道内，矿石类型主要为含金石英脉型。对6件样品进行岩相学和流体包裹体观察，选取了其中适合进一步进行显微测温的包裹体片作为研究对象。包裹体显微测温在新疆大学地质与矿业工程学院流体包裹体实验室完成，所用的仪器为Linkam THMS600冷热台，测温范围为－196～

+600℃，运用美国 FLUID INC 公司的人工合成流体包裹体标准样品进行冷热台温度标定。流体包裹体测温过程中升温速率一般在 1 ~ 5℃/min，在盐水包裹体冰点温度附近一般控制在 0.1 ~ 0.5℃/min。盐水包裹体的盐度根据冰点温度和盐度 - 冰点关系表（Bodnar，1993；卢焕章等，2004）查出，成矿流体的密度利用 Flincor 软件（Brown et al.，1989）根据显微测温数据计算获得。

（1）流体包裹体岩相学

索尔巴斯陶金矿床主成矿阶段含金石英脉中石英捕获的原生流体包裹体类型比较单一，主要发育水溶液包裹体，缺乏含 CO_2 包裹体及含子矿物包裹体，根据流体包裹体室温下的相态以及气液相的比例，将包裹体分为以下两类：

气液两相水溶液包裹体（Ⅰ型）：室温下有气相（V）和液相（L）两相，气液相比在 5% ~40%，以 10% 左右居多。包裹体个体较小，长轴大多小于 5μm，少数长轴达 10μm 左右，室温下比较稳定。多呈椭圆状、负晶形、规则状等独立（图 4.2.4A，B，C）或成群分布（图 4.2.4D）。

单相纯液相包裹体（Ⅱ型）：室温下为液相水溶液（L）单一相，降温过程中不出现气相。该类型包裹体分布广泛。长轴变化于 3 ~ 10μm，呈椭圆状、负晶形、不规则状等独立或成群分布（图 4.2.4D）。

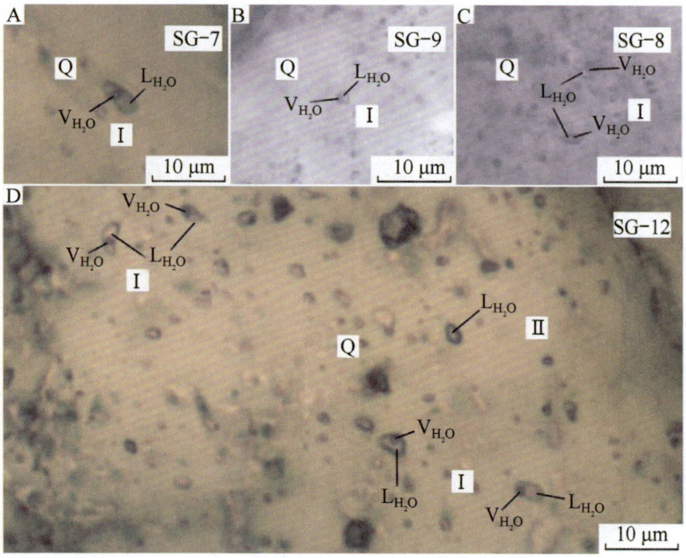

图 4.2.4　索尔巴斯陶金矿石英流体包裹体显微照片

Ⅰ—气液两相包裹体；Ⅱ—纯液相包裹体；Q—石英；L—液相；V—气相

（2）流体包裹体显微测温

本书对气液两相水溶液包裹体进行测温分析结果列于表 4.2.1，通过测温得出：在冷冻—回升过程中，测得的冰点温度为 -0.2 ~ -6.5℃（图 4.2.5A）；对应的盐度 $w(NaCl_{eq})$ 为 0.35% ~9.9%，平均值为 3.01%；冰点峰值为 -3.0 ~0.2℃，对应的盐度 $w(NaCl_{eq})$ 为 0.35% ~5.0%；密度为 0.86 ~0.98g/cm³；平均值为 0.93g/cm³，完全均一温度 129 ~236℃，峰值集中在 140 ~180℃，平均值为 163℃（图 4.2.5C）。由此可见索尔巴斯陶金矿床总体显示出了低温热液矿床的信息。成矿流体显示了低盐度（图 4. 2. 5B）和低密度流体（图 4. 2. 5D）的特征。

表 4. 2. 1　富液相气液相水溶液包裹体显微测温数据

样品编号	采样位置（中段）	气相比例 %	均一温度 ℃	冰点温度 ℃	盐度 w（$NaCl_{eq}$）/%	流体密度 $g \cdot cm^{-3}$
SG－7	②号矿体含金石英脉	10～40	132. 7～235. 6（20）	－0. 8～－2. 8（18）	1. 40～4. 65	0. 86～0. 94
SG－8		5～20	141. 1～215. 3（16）	－0. 2～－3. 2（13）	0. 35～5. 26	0. 87～0. 93
SG－9		10～15	142. 3～174. 2（8）	－0. 8～－3. 9（8）	1. 40～6. 30	0. 91～0. 96
SG－10		10～20	143. 1～175. 3（12）	－0. 4～－1. 3（10）	0. 71～2. 24	0. 91～0. 94
SG－11		10～25	134. 4～197. 8（20）	－1. 1～－6. 5（16）	1. 91～9. 86	0. 89～0. 98
SG－12		10～40	128. 7～180. 2（11）	－0. 4～－4. 5（11）	0. 71～7. 17	0. 92～0. 96

注：括弧内的数字代表所测包裹体个数。

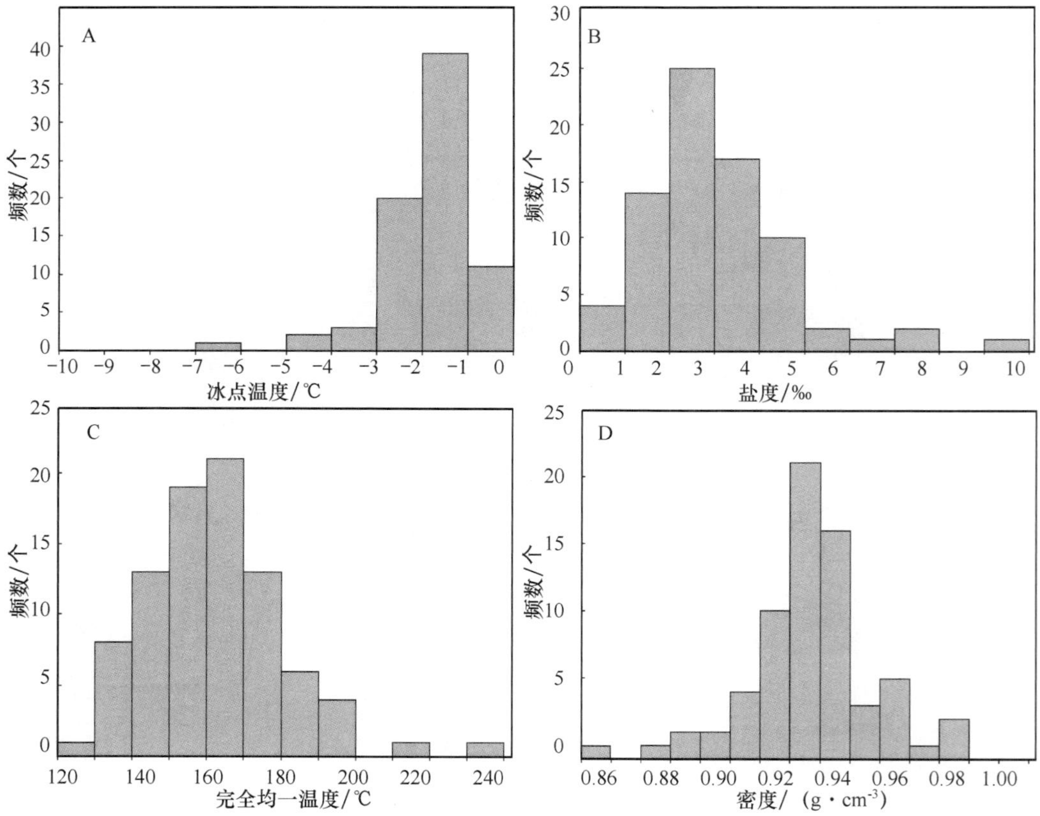

图 4. 2. 5　索尔巴斯陶金矿含金石英脉流体包裹体数据直方图

（3）稳定同位素

本次选取主成矿阶段含金石英脉 5 件石英样品进行氢、氧同位素分析（表 4. 2. 2），其中流体包裹体水的 δD_{H_2O} = －79. 3‰～－91. 5‰，$\delta^{18}O_{石英}$ = ＋13. 2‰～＋14. 7‰；根

据石英与水之间的氧同位素分馏方程（Clayton，1972），用流体包裹体的完全均一温度最大值（235.6℃）计算成矿流体的$\delta^{18}O_{H_2O}$ = +3.5‰～+5.0‰。对矿区主要成矿阶段3件黄铁矿单矿物样品进行硫同位素分析（表4.2.2），其中$\delta^{34}S$ = -0.3‰～+0.6‰，结果表明与深源硫特征相似，显示其成矿物质可能来自深部或是下石炭统塔克尔巴斯陶组火山岩。

表4.2.2 索尔巴斯陶金矿稳定同位素分析结果表

测试矿物	δD_{H_2O} (‰，SMOW)	$\delta^{18}O_{H_2O}$ (‰，SMOW)	$\delta^{18}O_{石英}$ (‰，SMOW)	测试矿物	$\delta^{34}S$ (‰，CDT)
石英	-79.3	+3.5	+13.2	黄铁矿	-0.3
石英	-87.6	+4.6	+14.3	黄铁矿	-0.1
石英	-80.4	+5.0	+14.7	黄铁矿	+0.6
石英	-83.7	+4.1	+13.8		
石英	-91.5	+4.8	+14.5		

注：样品由地科院矿产资源研究所同位素实验室测定，测试仪器为MAT253EM型质谱计。硫同位素测试精密度为±0.2‰，氧同位素的测试精密度为±0.2‰，氢同位素的测试精密度为±2‰。

4.2.4 成矿物质来源

目前对于浅成低温热液金矿床成矿流体的来源主要认为成矿流体活动由岩浆驱动，系不同比例的岩浆热液和大气降水热液（Heinrich，2007；陈衍景等，2007）。对于高硫型矿床，一般认为是由岩浆水与大气降水混合成矿的结果（Hedenquist et al.，1994；Wang et al.，1999），而对于低硫型矿床，一些研究者认为成矿流体主要为大气降水，流体在围岩中的循环流动不断汲取成矿物质（Taylor，1973；John et al.，2003）；另一些研究者认为低硫型矿床成矿流体中也存在岩浆流体，如菱刈金矿床成矿流体是由45%的岩浆水（$\delta^{18}O_{H_2O}$ = 6‰）与55%的大气水（$\delta^{18}O_{H_2O}$ = -7‰）的混合流体（Matsuhisat et al.，1994）；古巴的低硫型Jacinto浅成低温热液金矿床也是岩浆流体与天水混合成矿的结果（Simon et al.，1999）。

通过氢氧稳定同位素研究，索尔巴斯陶金矿床成矿流体氢氧同位素变化范围很小，其δD_{H_2O} = -79.3‰～-91.5‰，$\delta^{18}O_{石英}$ = +13.2‰～+14.7‰，$\delta^{18}O_{H_2O}$ = +3.5‰～+5.0‰，在$\delta^{18}O-\delta D$投影图上均位于Hedenquist等，（1994）所划分的低硫型浅成低温热液矿床区域右上方（图4.2.6），氧同位素显示出正向漂移，表明成矿流体可能为大气降水与围岩火山岩进行了水岩交换反应的结果，总体表现为以大气降水为主，少量岩浆水混入。$\delta^{34}S$ = -0.3‰～+0.6‰，与陨石硫相似，显示其物质来源可能为赋矿围岩下石炭统塔克尔巴斯陶组火山岩。此外，李华芹等（2004）对矿区①号矿体含金石英脉石英和下石炭统塔克尔巴斯陶组蚀变熔结凝灰岩Rb-Sr定年时，两个样品的初始$^{87}Sr/^{86}Sr$同位素比值（0.70587～0.70771）非常接近，显示其来源具有一致性，表明索尔巴斯陶金矿的成矿物质主要来源于塔克尔巴斯陶组中—基性火山岩。

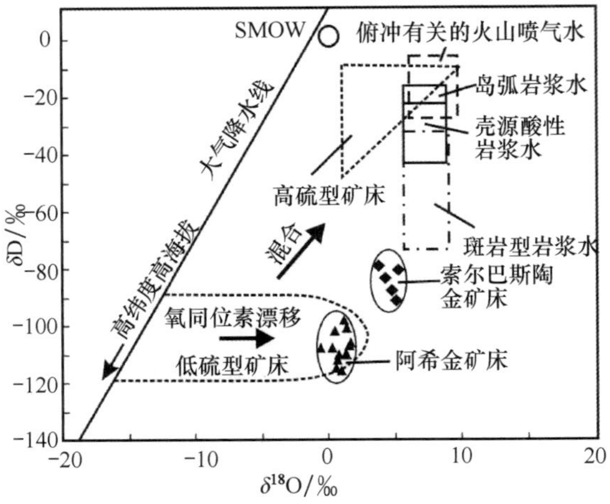

图 4.2.6　成矿流体氢 - 氧同位组成图

（据 Hedenquist et al.，1994）

4.2.5　成矿时代

索尔巴斯陶金矿的一系列特征与它们非常相似，但一个显著特点是其成矿时代较早。李华芹等（2004）对索尔巴斯陶金矿区下石炭统塔克尔巴斯陶组熔结凝灰岩进行了同位素年龄测定，获得全岩 Rb - Sr 等实现年龄为（265 ±6.7）Ma，由于岩石遭受了强烈的硅化和褐铁矿化，因此该年龄记录了矿区内一次热事件所发生的时间。李华芹等（2004）对索尔巴斯陶金矿区含金石英脉石英流体包裹体进行同位素定年测试，获得 Rb - Sr 等时线年龄为（268 ±8.3）Ma，该年龄代表了索尔巴斯陶金矿的成矿年龄，与矿区的下石炭统塔克尔巴斯陶组蚀变熔结凝灰岩的蚀变年龄一致。因此，推断火山才成矿作用与早石炭世火山喷发作用无直接关系，但其成矿物质主要来源于下石炭统塔克尔巴斯陶组中—基性火山岩，其成矿作用可能与二叠纪区内岩浆侵入活动有关，其成矿时代为中二叠世。

4.2.6　矿床成因

典型浅成低温热液贵金属矿赋矿围岩一般为中酸性或中基性陆相火山岩，成矿深度一般小于1000m，成矿温度一般低于300℃，成矿流体盐度一般小于 5 % $NaCl_{eq}$，成矿流体为大气降水或大气降水与岩浆水的混合流体，如日本菱刈金矿床（Izawa et al.，1990；Faure et al.，2002）、巴布亚新几内亚的 Ladolom 金矿床（Simmons，2006）、美国 Comstock（Heald et al.，1987）、古巴 Jacinto（Simon et al.，1999）等。浅成低温热液贵金属矿床主要形成于中新生代，古生代以前形成者极少，其原因在于浅成低温热液矿床形成深度浅，受后期的风化剥蚀作用，故很难保存（江思宏等，2004）。

从流体包裹体显微测温结果来看，流体包裹体完全均一温度变化范围较小，介于129 ~236℃，平均值为163℃；冰点峰值为 -3.0 ~ +0.2℃，对应的盐度 w（$NaCl_{eq}$）为0.35% ~4.96%；平均值为3.0%。根据流体包裹体显微测温所获得的热力学参数，利用 Bischoff（1991）的 NaCl - H_2O 体系的 $T - \rho - P$ 相图估算流体包裹的捕获静岩压力为

3.6～32.5 MPa，估算成矿温度上限时的最大成矿深度为1200m。该成矿温度和深度与环太平洋带日本、新西兰、美国等地区典型的低硫型浅成低温热液金矿床相似（Heald et al.，1987；Izawa et al.，1990；Simon et al.，1999；Faure et al.，2002；Simmons et al.，2006）（表4.2.3）。

表4.2.3 索尔巴斯陶金矿与其他低硫型浅成低温热液金矿床对比表

矿床名称	赋矿围岩及时代	成矿时代 Ma	成矿温度 ℃	成矿深度 m	流体盐度 $w(NaCl_{eq})/\%$	成矿流体来源	资料来源
索尔巴斯陶	下石炭统塔克尔巴斯陶组玄武安山岩质火山岩、火山碎屑岩	268±8.3	129～236	<1200	0.35～4.96	主要为大气降水	本书（成矿时代据李华芹等，2004）
阿希	下石炭统大哈拉军组安山质火山岩、火山碎屑岩，英安岩	300～340	140～240	<700	0.7～2.6	主要为大气降水	翟伟等，2007
日本菱刈	第四系安山岩、英安岩，白垩系陆源碎屑岩	0.7～1.3	180～220	<500	0.2～2.1	大气降水+岩浆水	Izawa et al.，1990；Etoh et al.，2002
巴布亚新几内亚 Ladolom	古近系—新近系碱性玄武安山质火山岩和侵入岩	0.55	150～250	<1500	5～10	大气降水+岩浆水	Simmons，2006
美国 Comstock	古近系—新近系流纹英安质、安山质熔岩、熔结火山碎屑岩	12.2～14.1	235～300	<1200	2.7～3.6	大气降水+岩浆水	Heald et al.，1987
古巴 Jacinto	白垩系钙碱性安山岩、玄武安山岩	72	200～320	400～500	<1	大气降水+岩浆水	Simon et al.，1999

在成矿流体的完全均一温度与盐度关系图解上，两者并没有呈明显的线性相关关系，全部落入浅成低温热液型成矿流体区域（图4.2.7），表明成矿流体的盐度并没有因为温度的变化发生明显的改变，只是一般的流体相分离不混溶结果，并不存在两种不同性质的流体混合作用，也支持成矿流体主要来自循环的大气降水的观点（翟伟等，2010）。因此，综合矿床地质特征、成矿流体特征、成矿流体来源、成矿物质来源以及成矿机制等分析，索尔巴斯陶金矿床应属浅成低温热液金矿床。

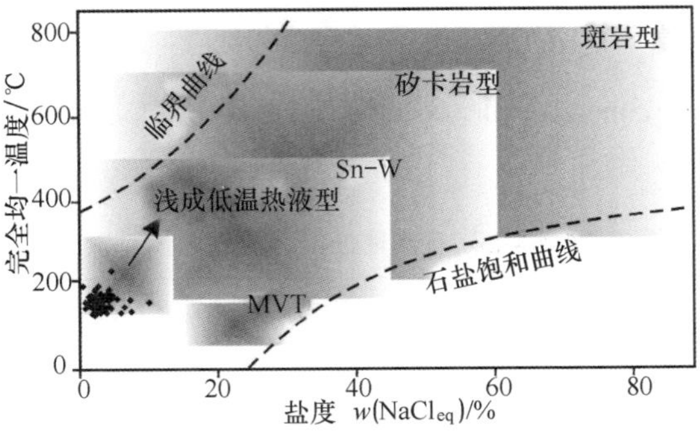

图4.2.7　不同矿床类型流体包裹体完全均一温度和盐度图解
（据 Wilkinson，2001）

4.2.7　成矿模式

对于浅成低温热液型矿床的形成环境，研究表明高硫化型矿床主要形成于挤压应力场环境和流体混合导致成矿物质沉淀，而低硫化型矿床主要产于张性或中性环境下由于流体的沸腾使得矿体形成（Corbett，2002；江思宏等，2004）。

新疆北部地区的浅成低温热液型金矿床主要形成于岩浆弧及弧后的张裂带，地球动力学背景为区域伸展环境或大范围挤压背景下的局部伸展环境（Qiu et al.，2008；杨富全等，2005；Yang et al.，2009）。与形成于晚古生代裂谷拉张环境下的阿希金矿（沙德铭等，2003）类似，索尔巴斯陶金矿床形成于博格达石炭纪裂谷与哈尔里克古生代复合岛弧的结合部位，该地区碰撞造山作用发生在晚石炭世期间（Coleman，1989；李锦轶等，2002），石炭纪末期至二叠纪（290～250Ma）该区属于地壳构造演化的后碰撞伸展阶段（韩宝福等，2006；李锦轶等，2006；孙桂华，2007），主要表现为发育张性、张扭性断裂构造，为索尔巴斯陶金矿的形成提供了有利的构造环境。成矿流体受隐伏岩浆活动影响，将围岩中基性火山岩中成矿物质进行活化萃取并发生运移，在有利构造部位富集成矿。

4.2.8　成矿预测模型

索尔巴斯陶金矿床赋矿地层为下石炭统塔克尔巴斯陶组（C_1tk）地层第二岩性段中，主要岩性为凝灰质角砾岩、角砾凝灰岩、含（角）砾凝灰岩、凝灰岩、沉凝灰岩及少量安山岩、玄武岩透镜体等。矿区构造极为发育，褶皱构造为一短轴背斜，为矿区重要控矿构造。矿石矿物中金属硫化物主要为黄铁矿、自然金、银，少量毒砂，偶见方铅矿、闪锌矿、黄铜矿、辉钼矿等。脉石矿物以石英为主，次为斜长石、高岭土、绿泥石、云母、方解石等。矿石结构主要呈交代残余结构、假象结构、包含结构等，矿石构造主要呈浸染状、稠密浸染状、脉状、网脉状、角砾状等，部分充填于火山角砾边部，明显晚于围岩形成时代。1∶20万水系沉积物地球化学测量成果反映本矿床有良好的Au异常；围岩蚀变主要有硅化、绢云母化、高岭土化、碳酸盐化、钾长石化、绿泥石化和黄铁矿化（地表为褐铁矿化）。通过对典型矿床预测要素特征的分析研究，建立索尔巴斯陶典型矿床预测模型表（表4.2.4）。

表 4.2.4　新疆巴里坤县索尔巴斯陶式金矿床预测模型表

预测要素		描述内容	预测要素分类
资源储量		Au：28.54t　平均品位　2.45g/t	
特征描述		浅成低温热液型金矿床	
地质环境	赋矿地层	下石炭统塔克尔巴斯陶组	必要
	含矿建造	火山－沉积岩建造	必要
	断裂构造	北西向断裂与北东向褶皱构造	重要
	成矿时代	中二叠世	必要
	成矿环境	下石炭统塔克尔巴斯陶组（C_1tk）地层第二岩性段中，主要岩性为凝灰质角砾岩、角砾凝灰岩、含（角）砾凝灰岩、凝灰岩、沉凝灰岩及少量安山岩、玄武岩透镜体等。矿区构造极为发育，褶皱构造为一短轴背斜，为矿区重要控矿构造	必要
	构造背景	准噶尔南缘（复合岛弧带）Cu－Mo－Au－W－Fe－Cr－Mn－稀有金属－Pt－Sb－高岭土－硫铁矿－蒙脱石－重晶石－硼－沸石－石墨－红柱石－泥炭－盐类成矿带(Ⅲ－6)	必要
	成矿区带	哈尔里克（复合岛弧带）Cu－Au－W－稀有金属－Mo－多金属－石墨－红柱石－盐类－泥炭矿带（Ⅳ－6－③）	必要
矿床地质特征	矿体形态	厚层状、层状、脉状及透镜状，产状较陡	重要
	矿石组成	矿石矿物中金属硫化物主要为黄铁矿、自然金、银，少量毒砂，偶见方铅矿、闪锌矿、黄铜矿、辉钼矿等。脉石矿物以石英为主，次为斜长石、高岭土、绿泥石、云母、方解石等	重要
	结构构造	矿石结构主要呈交代残余结构、假象结构、包含结构 矿石构造主要呈浸染状、稠密浸染状、脉状、网脉状、角砾状	重要
	围岩蚀变	硅化、绢云母化、高岭土化、碳酸盐化、钾长石化、绿泥石化和黄铁矿化（地表为褐铁矿化）	重要
	岩浆活动	岩浆活动不发育，外围有辉绿岩呈脉状侵入	次要
	金化探异常	Au、As、Ag 等低温热液元素套合较好	重要
	激电及磁异常	具有褐铁矿化的含金蚀变体电阻率较围岩电阻率偏低，靠近断层因矿化发育，电阻率较低。总体显示高极化、低电阻、中低磁异常的特点。	次要
	有金矿床（点）	索尔巴斯陶金矿床及骆驼井子、三道井子金矿点	重要

4.3　琼祖尔开金矿

4.3.1　区域地质背景

琼祖尔开金矿点位于巴里坤口门子地区，该区域出露的地层主要奥陶系的一套浅变质海相火山岩以及石炭系滨浅海相火山碎屑岩建造。区域上侵入岩浆活动主要为西侧及北侧的早古生代奥陶纪—志留纪中酸性侵入岩体以及南侧大面积出露的石炭纪花岗质侵入体。

区域上发育一条规模较大的韧性剪切变形带，即塔水－板房沟韧性剪切变形带，该变形带为北西－南东向展布，区域上延伸约60km，变形带两侧糜棱岩带和碎裂岩带宽500～1000m，并发育宽200m以上断续延伸的水岩变质带，伴生韧性剪切带型金（铜）矿化，如琼祖尔开东、唐吉勒尕、乌尊吞盖等金矿化点以及阔木达坂等铜矿化点（图4.3.1）。

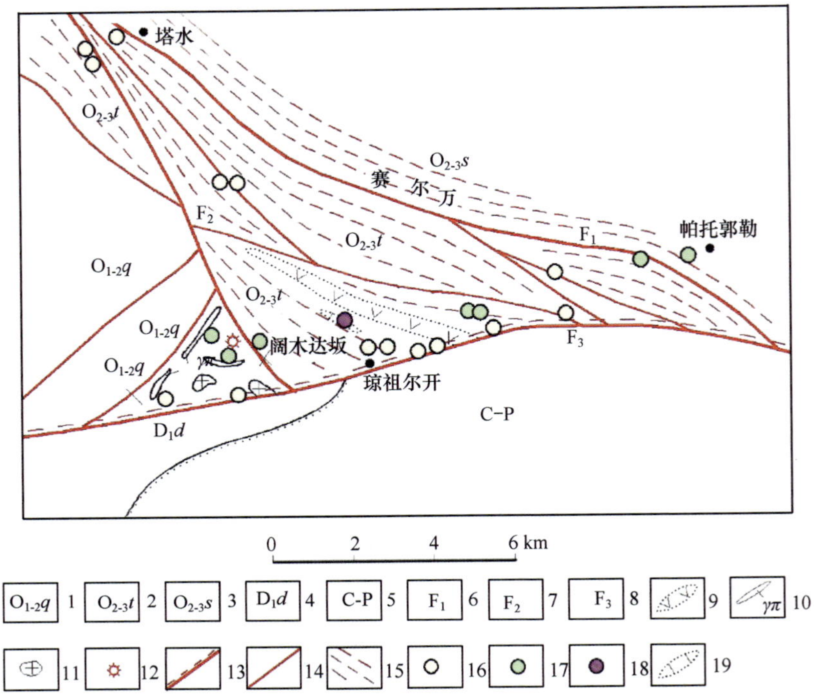

图4.3.1 琼祖尔开一带构造控矿特征图

1—恰干布拉克组；2—塔水组；3—赛尔万组；4—大南湖组；5—未分石炭系—二叠系；6—塔水－板房沟断裂；7—塔水－阔木达坂断裂；8—南山口－板房沟断裂；9—安山岩、安山质凝灰岩组合；10—花岗斑岩、流纹斑岩脉；11—闪长玢岩；12—火山颈相；13—韧脆性断裂；14—普通断裂；15—韧性剪切带；16—金矿（化）点；17—铜矿（化）点；18—锰矿（化）点；19—大理岩透镜体

4.3.2 矿床地质特征

（1）矿化蚀变特征

根据1∶2000地质草测成果和探槽工程，圈出的金矿体主要发育在灰绿色糜棱岩化凝灰岩中，邻近地段糜棱面理产状11°∠49°（图4.3.2）。该岩石风化面为褐红色，已发生黄铁矿化、硅化和高岭土化，形成受糜棱面理控制的带状蚀变，硅化强烈地段黄铁矿化石英脉发育。石英脉中—细粒状，半透明—乳白色为多。颜色发暗（浅烟灰色—灰色）和杂色者都伴有黄铁矿化，部分石英脉具碎裂和网脉状重新胶结的现象，该类石英脉与矿化关系密切。圈出的金矿化体主要发育在灰绿色糜棱岩化凝灰岩、黄铁矿化蚀变千糜岩、灰色黄铁矿化长英质超糜棱岩、黄铁矿化硅化蚀变岩（原岩为碎屑岩），糜棱面理产状30°∠62°，被蚀变岩石风化面呈褐红色，沿糜棱面理有石英细网脉发育，横向不稳定，但呈带状断续延伸。硅化强烈地段形成透镜状石英脉，宽20～30cm，往往伴生有强烈黄铁矿化。

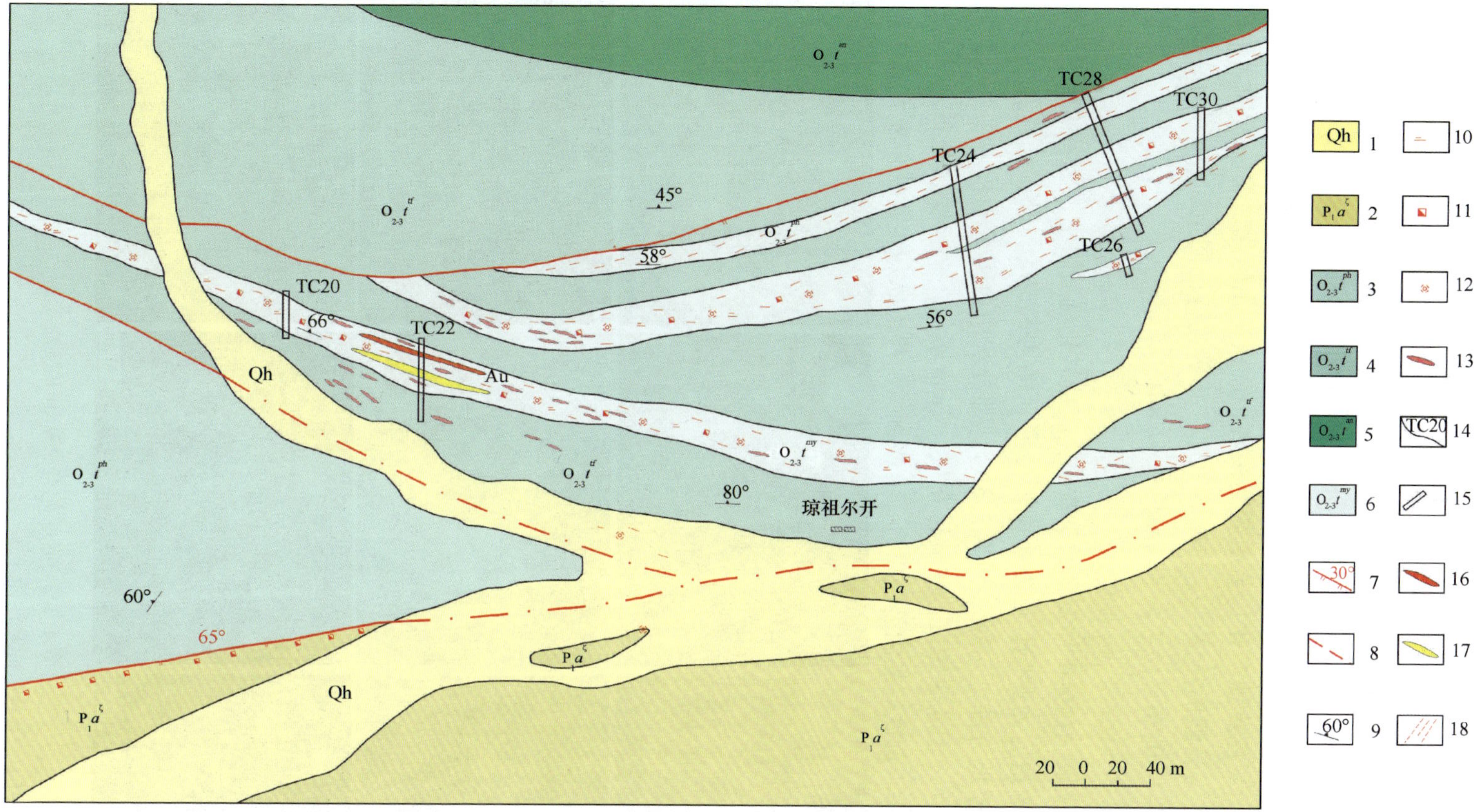

图 4.3.2 琼祖尔开金矿化蚀变带草测地质图

1—第四系冲洪积物砂砾石;2—下二叠统英安岩;3—中上奥陶统褐黄色褐铁矿千枚岩夹少量凝灰岩;4—中上奥陶统褐色凝灰质砂岩夹少量凝灰岩;5—中上奥陶统灰绿色蚀变安山岩;6—中上奥陶统褐黄色褐铁矿千枚岩夹糜棱岩;7—逆断层及断层产状;8—隐伏断裂;9—地层产状;10—绢云母化;11—褐铁矿化;12—硅化;13—石英脉;14—地质界线;15—探槽及编号;16—低品位矿体($1 \leq Au \leq 2.50 \times 10^{-6}$);17—金矿化体(Au 小于 1.0×10^{-6});18—千糜岩、超糜棱岩带

（2）矿（化）体特征

根据地面追索和探槽工程的化学样分析成果，在矿区圈出金矿体、金矿化体各一个。根据TC22探槽工程和样品控制，金矿体长80m，呈110°方向延伸，视厚度1.7m，呈脉状，产状15°∠65°，矿化岩石为糜棱岩化凝灰岩，黄铁矿呈浸染状、细脉状。金矿物呈微晶赋存于黄铁矿晶隙中。金品位1.10×10^{-6}。金矿化体位于金矿体南部9.1m处，呈同一走向延伸，矿化体长80m，视厚度4.3m，矿化岩石主要为灰绿色糜棱岩化凝灰岩、黄铁矿化蚀变千糜岩、灰色黄铁矿化长英质超糜棱岩、黄铁矿化硅化蚀变岩（原岩为碎屑岩），该地段遭受更为强烈的热液蚀变和高岭土化，其矿化特征同金矿体，Au最高品位0.79×10^{-6}，最低品位0.16×10^{-6}，平均品位0.41×10^{-6}。

（3）矿石组构

根据光片鉴定成果，在金矿体发育的黄铁矿化糜棱岩化凝灰岩中，金属矿物呈条带状分布，局部岩石受构造应力影响，已发生强烈变形（图4.3.3B）。岩石普遍发生褐铁矿化，在地表探槽揭露地方随处可见（图4.3.3A），部分灰白色绢云千枚岩中可见具残余立方体假象金属矿物（图4.3.3C），其粒径0.08~2mm不等，平行线状分布，原成分为黄铁矿，含量约2%。黄铁矿晶内裂隙发育，有极细微的星点状新生黄铁矿发育其中。

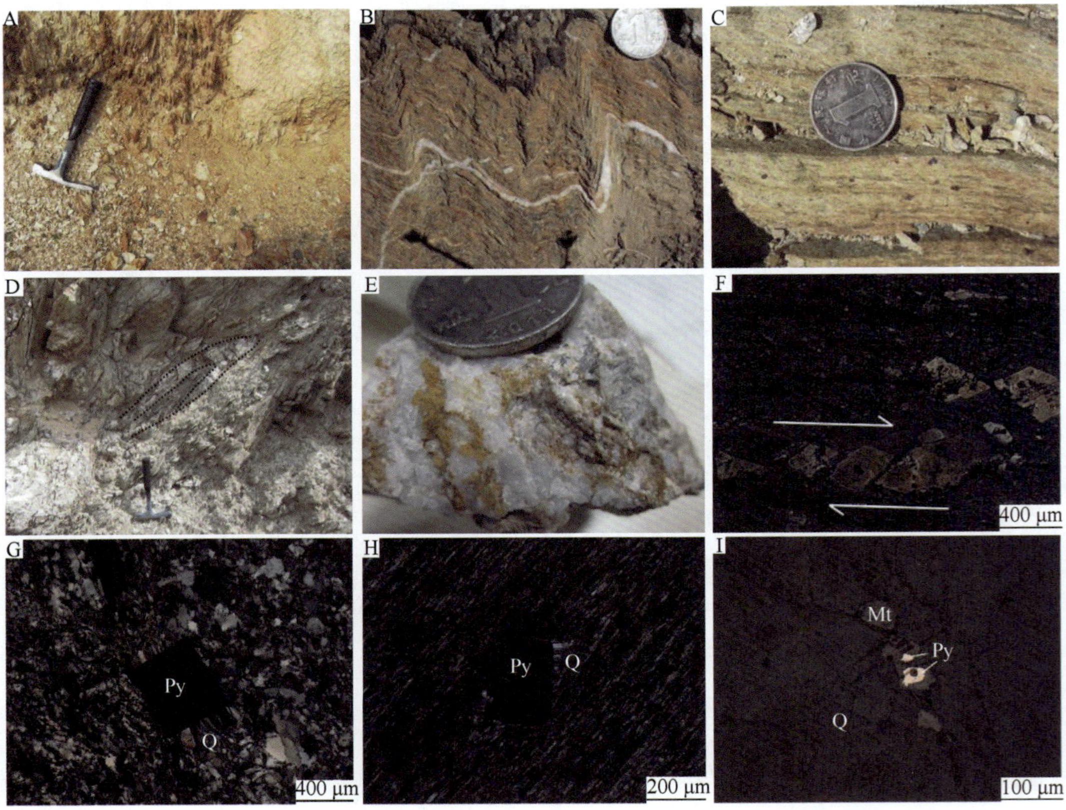

图4.3.3　琼祖尔开金矿镜下照片

A—探槽中见有褐铁矿化蚀变；B—局部岩石发生揉皱；C—残余立方体假象黄铁矿；D—原生石英脉；E—含金石英脉；F—书斜构造（反射光）；G—压力影（反射光）；H—压力影（反射光）；I—黄铁矿－磁铁矿电子探针照片

在反射光显微镜下观察，可见黄铁矿普遍发生轻微变形，形成黄铁矿压力影构造，与石英共同形成束状（图4.3.3），可能是由于受到韧性剪切作用，在强应力挤压作用下形成的，表明该地区黄铁矿化作用与韧性剪切变形作用关系密切。方铅矿微量，呈微细星点状分布于早期黄铁矿晶隙中，估计后期的黄铁矿、方铅矿组合与金矿化的形成密切相关。磁铁矿微量，粒径小于0.08mm，呈稀疏浸染状分布（图4.3.3I）。早期的粒度相对较大的磁铁矿、黄铁矿组合，形成于温压相对较高的热液活动事件中，属无矿化热液蚀变产物。原生石英在地层中仅以脉状产出，大多呈顺层分布在凝灰质糜棱岩中（图4.3.3D），局部也能见后期形成的穿插于地层中的石英细脉，相对于原生石英脉更微细，颜色更纯净，在流体包裹体测试中选取含金石英脉（图4.3.3E）进行测温。

（4）金赋存状态

本次研究仅对1件黄铁矿样品（图4.3.3I）进行电子探针分析，元素分析结果见表4.3.1。结果表明黄铁矿中 Fe 含量变化于 45.468% ~ 45.939%，S 含量变化于 52.72% ~52.247%，As 含量变化于 0.006% ~0.013%，具有较高的 Mo（0.314% ~ 0.362%）、Co（0.028% ~0.082%），Co/Ni 比值较大，均高于1。Pb、Bi、Ag 等均未达检测限。该测试结果，有一个测点的 Au 元素含量较高，达0.061%，其对应的 As 的含量也高于其他测点。表明该矿点中的黄铁矿中是含金的主要载体，且该类型黄铁矿中含有较高的 As。同时 Co、Ni、Mo 等高温元素有有一定的含量，此外，反射光显微镜下观察到该类型黄铁矿与高温矿物磁铁矿共生在一起，表明该金矿的形成与中高温变质流体的活动关系密切。

表4.3.1　琼祖尔开金矿蚀变体中黄铁矿电子探针数据

样号	元素含量/%													
	S	As	Fe	Co	Ni	Cu	Pb	Zn	Se	Bi	Au	Ag	Ge	Mo	总计
KD-G-1-3-1	52.72	0.013	45.939	0.082	0.002	0.008	0	0	0.043	0	0.061	0	0	0.362	99.23
KD-G-1-3-2	52.247	0.006	45.468	0.028	0.007	0	0	0.003	0	0	0	0	0	0.314	98.073

注：中国地质科学院矿产资源研究所电子探针实验室完成测试。所用仪器型号 JXA-8230，工作时的加速电压20kV，束流 2×10^{-8}A；束斑5μm；修正方法 PRZ；标准为美国 SPI 公司53 种矿物。

4.3.3　成矿流体特征

琼祖尔开金矿石英脉中石英捕获的原生流体包裹体类型比较单一。以发育水溶液包裹体为特征，缺乏含 CO_2 多相包裹体以及含子矿物的固相包裹体。在室温状态下，石英流体包裹体有气相（V）和液相（L）两相，气液相比在10% ~45%，以30%左右居多。包裹体个体中等，长轴多大于5μm，少数长轴可达20μm左右，室温下比较稳定。多呈椭圆状、负晶形、规则状等独立或成群分布（图4.3.4）。

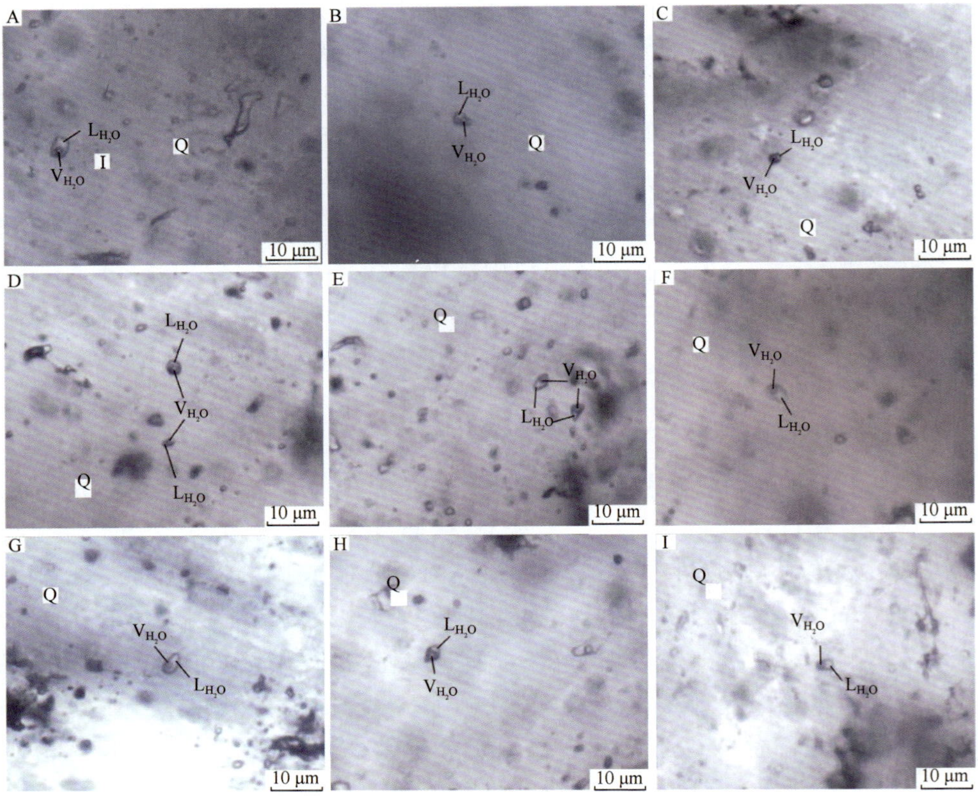

图 4.3.4　琼祖尔开金矿石英流体包裹体显微照片

Ⅰ—气液两相包裹体；Ⅱ—纯液相包裹体；Q—石英；L—液相；V—气相

对 6 件样品中的气液两相水溶液包裹体进行了测温分析，测试结果见表 4.3.2。在对包裹体进行冷冻—回升过程中，依次测得流体包裹体的冰点温度为 -1.1 ~ -8.3℃；对应的盐度 w（$NaCl_{eq}$）为 1.91% ~ 12.05%，平均值为 7.89%；完全均一温度 104.2 ~ 406.6℃，峰值分别集中在 160 ~ 200℃、220 ~ 280℃、300 ~ 340℃，平均值为 238.2℃（图 4.3.5）。由此可见琼祖尔开金矿总体显示出了低温热液矿床的信息。成矿流体显示了低盐度和低密度流体的特征。

表 4.3.2　气液相水溶液包裹体显微测温数据

样品编号	采样位置（探槽）	气相比例 %	均一温度 ℃	冰点温度 ℃	盐度 w（$NaCl_{eq}$）/%
W-3	石英脉	15 ~ 45	141.2 ~ 357.9（20）	-3.1 ~ -7.6（19）	5.11 ~ 11.22
W-6		10 ~ 40	104.2 ~ 406.6（21）	-1.1 ~ -8.3（21）	1.91 ~ 12.05
W-7		20 ~ 40	121.3 ~ 337.6（21）	-1.2 ~ -6.9（20）	2.07 ~ 10.36
W-8		15 ~ 35	156.5 ~ 365.7（20）	-3.4 ~ -7.8（20）	5.56 ~ 11.46
W-9		15 ~ 40	152.7 ~ 345.2（23）	-2.8 ~ -7.7（24）	4.65 ~ 11.34
W-10		20 ~ 40	161.5 ~ 386.8（19）	-1.9 ~ -7.1（19）	3.23 ~ 10.61

注：括弧内的数字代表所测包裹体个数。

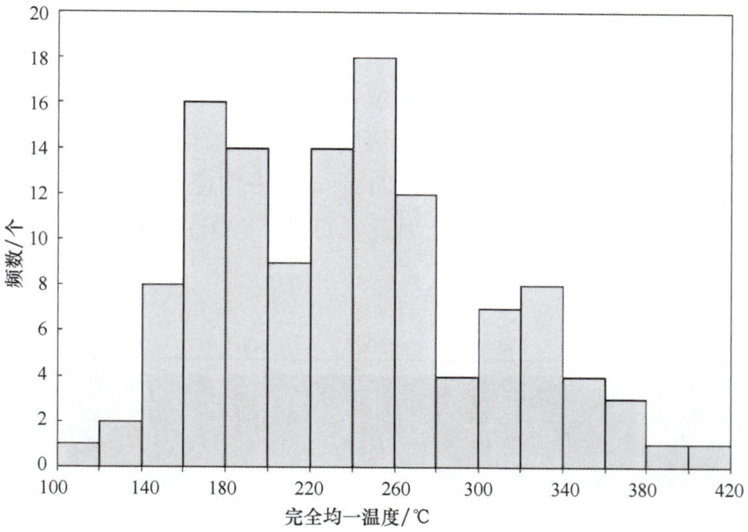

图 4.3.5　琼祖尔开金矿石英脉流体包裹体数据直方图

4.3.4　地球物理特征

针对金矿化体及其所在的韧性剪切带，部署了 CSAMT 工作，剖面布极方式采用十字形装置，测量电场分量 E_x，E_y 的电极分别平行于东西向与南北向，水平磁场 H_y 垂直于场源布设，走向南北向，H_x 布设东西向。信号放大器接收单元分别连接 2 个电道，及 2 个磁道，发射器位于工作区 300～500m 范围以内，发射器发送信号频率在 500Hz～100kHz，具体工作部署图如图 4.3.6 所示：

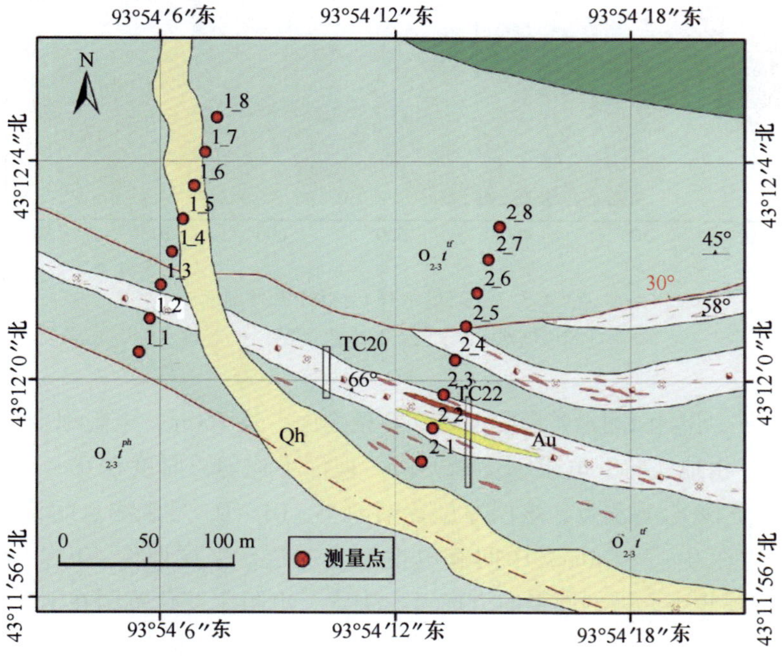

图 4.3.6　琼祖尔开 CSAMT 工作部署图

CSAMT 异常划分以电阻率差异特征为主要参数，结合区域构造特征进行合理推断，本工区所在地层为上石炭统柳树沟组，矿点发育在安山质糜棱岩带控制的石英脉中，黄铁矿化石英脉受糜棱面理控制，构造部位位于近东西向大断裂与北西向糜棱岩带交汇的“入”字形构造结合部位。依据该地区物性测试数据可知上石炭统柳树沟组安山质糜棱岩电阻率变化范围在 441.9～1287.2Ω·m，平均值为 895.4Ω·m，伴有黄铁矿化的安山质糜棱岩电阻率会相对更低，因此，可将 CSAMT 1 号剖面划分为以下 3 个电性层（图 4.3.7）：

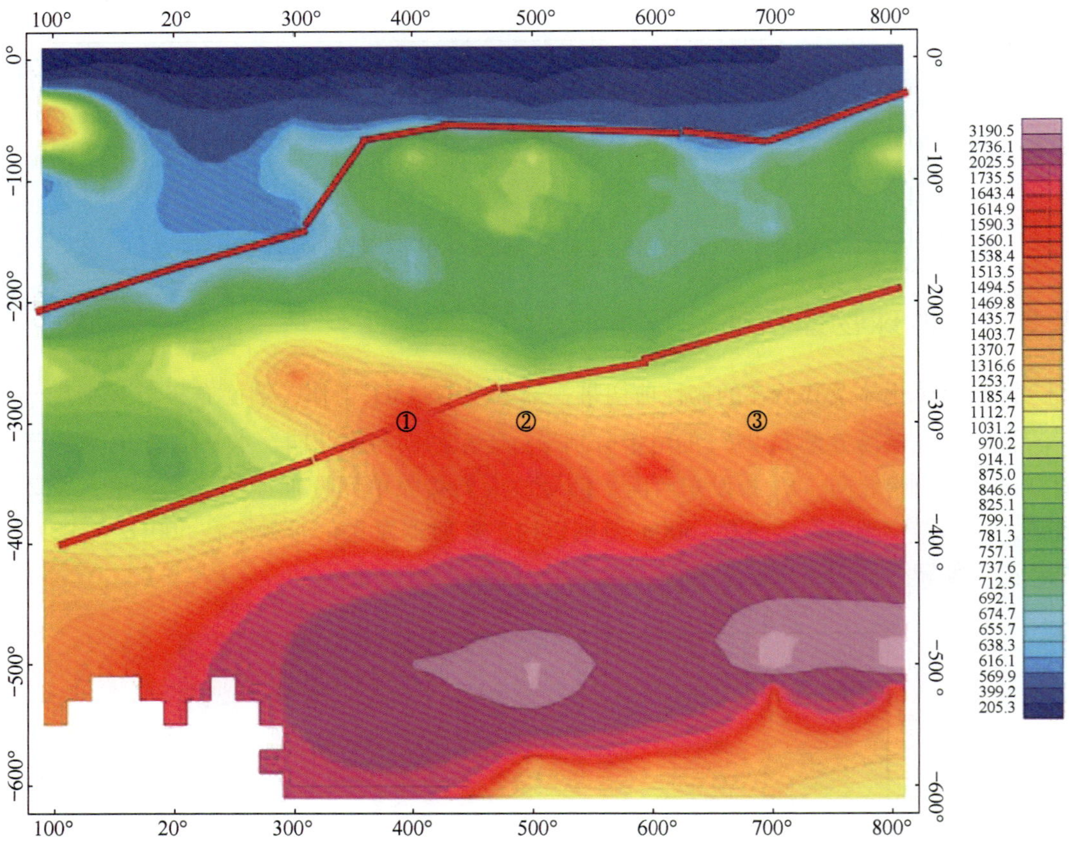

图 4.3.7　琼祖尔开 CSAMT 1 号剖面

①第一电性层；②第二电性层；③第三电性层

第一电性层：沿剖面测量走向方向贯穿整条剖面，长 160m，电阻率变化范围在 50～620Ω·m 之间，由地表向下电阻率逐渐升高，埋深不均匀，厚度在 0～－180m 内变化，从 01 号观测点至 08 号观测点，该层厚度逐渐减小，01～03 号观测点间该层厚度较为均匀，埋深厚度约在 0～－180m，中间有电性突变夹层，夹层厚约 40m，埋深在－30～－70m之间，规模较小，沿剖面走向方向迅速尖灭，电阻率变化范围在 1316～1491Ω·m 之间，结合该地区的岩石类型及相关岩石物性数据可知，蚀变安山岩电阻率变化范围在 1377.1～2521.8Ω·m 之间，该夹层为蚀变安山岩的可能性较大。该电性层在 04～08 号观测点范围内厚度变化较为均匀，埋深厚度在0～－60m左右，该区域安山质糜棱岩电阻率变化范围在441.9～1287.2Ω·m，推断该电性层由安山质糜棱岩构成的可能性较大。由实测CSAMT剖面可知，由地表向下电阻率逐渐升高，极低值出现在近地表，且低电阻特征呈连续线性分布，不符合矿化蚀变带所表现出的电性异常特征，判断该电性层在0～－20m范围内为浅地表赋水层。

第二电性层：整条观测剖面皆可发现该电性层，电阻率范围在712～1031Ω·m之间，垂向与水平方向电阻率变化较小，个别位置可见较窄低阻体夹层，疑为断裂引起的岩层裂隙充填水，形成低阻体假象，整个电性层厚度约为200m，埋藏深度有较大变化，该层在01号观测点埋深约为－400m，08号观测点埋深在－200m，沿剖面走向方向埋深逐渐变浅，至08号观测点该电性层上表面位于近地表－30m处，该电性层电性特征符合长英质超糜棱岩电阻率特征，物性测试表明长英质超糜棱岩电阻率变化范围在749.5～1145.8Ω·m，因此推断该层为长英质超糜棱岩，由工程部署图可知01至04号观测点位于韧性剪切带上方，由实测CSAMT 1号剖面图可以看出，在微观角度该电性层前四个观测点，即01至04号观测点位置处，构造较为复杂，出现高低阻夹层交替出现，宏观上又与区域CSAMT大剖面有相似之处，因此从微观和宏观角度都印证了该韧性剪切带的空间位置关系与实际地质填图结果的相互验证关系。

第三电性层：该电性层电阻率较高，属于高阻层，电阻率变化范围在1285～3200Ω·m之间，随着埋藏深度的增加，电阻率呈逐渐上升趋势，所在空间展布形态与第二电性层较为相似，埋藏深度较前者加深了200m，顶部埋深由01号观测点－600m到08号观测点－400m，该层电性特征较为符合安山岩电性特征，因此推断该层岩性为安山岩。

琼祖尔开CSAMT 2号剖面可划分为和金矿化体相关的具有实际意义的两个电性层，具体解释如下：

第一电性层：该层属于低阻层，电阻率变化范围在305～390Ω·m之间，空间形态较为复杂，大致呈柱状分布于02～05号观测点，从地表向下电阻率变化不规律，中间夹层电阻率约260～300Ω·m，该电性层整体在埋深在0～－200m，并向01～02号观测点的－200～－350m处小规模延伸，且电阻率逐渐升高，有尖灭趋势，在地表沿05～08号观测点方向也有延伸，但厚度较小并无意义。依据前人槽探化探数据圈定的金矿体与金矿化体，和金矿化体所具有的地质特征，如存在于糜棱岩化和绢云母千糜岩的石英脉中，并发育有同一走向的黄铁矿化石英脉，常呈密集分布，形成宽1～3m的蚀变带，黄铁矿化呈细脉状，部分已褐铁矿化，由此可以推断该电性层在02～05号测量点0～－25m深度处所反映的低阻层即为所圈定的金矿体和金矿化体，即图中标记Au区域，因测线点距在20m，未能有效将金矿体与矿化体清楚分开，在图上表现为一个整体低阻带。位于该电性层金矿化体下方埋深在－150～－160m深度处，有一低阻异常带，在图4.3.8中用黄色区域标记，在等值线图上呈圈闭的不规则近椭圆形展布，该低阻带在水平面上投影宽度约为20m，厚度在10m左右，顶部埋深在－150m，在CSAMT剖面图上表现出的电性特征与已发现金矿化带非常相似，怀疑此处也为破碎蚀变带，并伴有一定程度的矿化，可作为下一步工作的参考区。

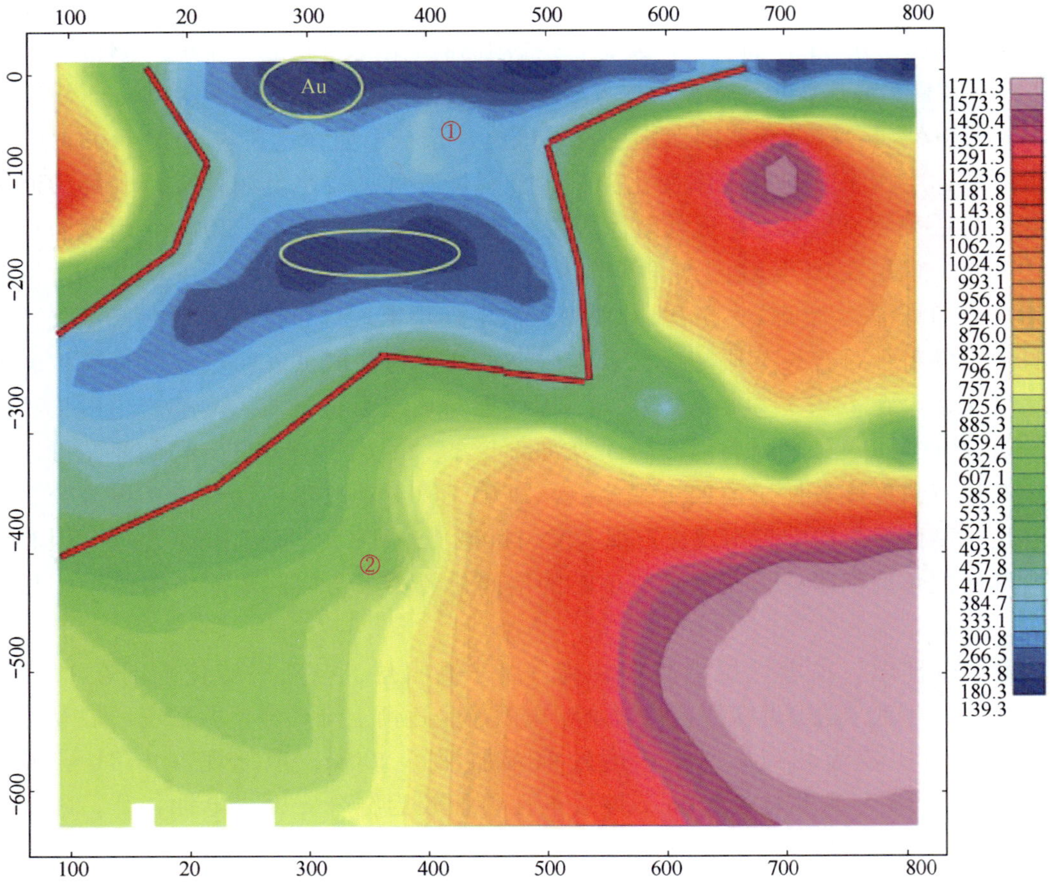

图 4.3.8 琼祖尔开 CSAMT 2 号剖面

第二电性层：该电性层位于 CSAMT 2 号剖面图中第一电性层右下方，该层电阻率变化范围在 410 ~ 1800Ω · m 之间，属于中高阻，位于 07 号观测点下方 -60m 和 -400m 处各有一横切面呈圈闭近圆形高阻异常体，深部高阻异常体规模较大，厚度近 200m，电阻率平均值在 1570Ω · m 左右，岩性与 CSAMT 1 号剖面中的第三电性层相似，推断为安山岩，该电性层其他位置电性特征性与 CSAMT 1 号剖面第二定性层相似，且该层位于断裂接触带，岩性受动力变质作用影响，推断为长英质超糜棱岩。

可控源音频大地电磁测量成果表明，琼祖尔开金矿体及矿化体均显示出了中高极化率以及中低电阻率的点性特征，同时在深部约 150m 处圈出与金矿化带点性特征相似的破碎蚀变带，具有较好的找矿潜力。

4.3.5 成因分析

琼祖尔开金矿主要赋存于塔水 - 板房沟韧性剪切变形带中，金矿化的岩层由于受强变形带和糜棱面理的控制，发生了十分强烈的黄铁矿化和硅化等热液蚀变作用，该蚀变带具有多期次叠加的特征。从显微镜下看，受韧性剪切带作用影响，蚀变凝灰岩中斜长石、石英等矿物发生了明显变形，具典型的旋转碎斑、书斜式构造等特征（图4.3.3F），同时在显微镜下可观察到黄铁矿晶形两侧发育明显的压力影构造。此外，流体包裹体研究表明琼祖尔开金矿石英脉中石英捕获的原生流体包裹体类型比较单一。以发育水溶液包裹体为特征，缺乏含 CO_2 多相包裹体以及含子矿物的固相包裹体。成矿流体具有中低温、低盐度和低密度流体的特征。因此，从不同尺度地质现象和矿化特征综合分析成果来看，本区的金矿化与前人总结的韧性剪切带型金矿化特征十分相似，因此琼祖尔开金矿是较为典型的韧性剪切带型金矿化。

4.3.6 成矿模式

琼祖尔开金矿赋矿地层为中—上奥陶统塔水组（$O_{2-3}t$），由于受塔水－板房沟韧性剪切带的作用，岩石普遍发生了低绿片岩相的低温动力变质作用，主要有绢云千枚岩、绿泥千枚岩、绢云绿泥千枚岩、绿泥石英千枚岩等，其原岩主要为中—酸性火山岩碎屑岩。该区的韧性剪切带又使浅变质岩石叠加上糜棱岩化作用，在后期的脆性变形作用中，又使得生成沿构造走向的脆性断裂构造，不仅为成矿流体的迁移提供了动力，同时还提供了运移的通道，使 Au 元素在塔水组富集。李锦轶（2004）在该区采集的绢云千枚岩，测得新生绢云母生成年龄为296Ma，可视为该剪切带的低温动力变质事件年龄。与该矿化点具有相同地质条件的金矿化点在沿塔水－喀拉乌台克段还有十余处，矿化岩层同样受强变形带和糜棱面理控制，并且发生了强烈黄铁矿化和硅化等热液蚀变作用，具有多期次叠加的特征，具有很好的找矿前景。

4.3.7 成矿预测模型

琼祖尔开金矿赋矿地层为中—上奥陶统塔水组（$O_{2-3}t$）第二岩性段，主要岩性为凝灰岩、沉凝灰岩及少量正常沉积岩。区域上发育塔水－板房沟韧性剪切带，该剪切带宽3～8km，在区内弯曲延伸约60km，该剪切带具有超糜棱岩－千糜岩带较发育，剪切带发生多处转折交汇和带内地层金元素丰度高为特征。矿石矿物主要为黄铁矿、磁铁矿等。脉石矿物以石英为主，次为高岭土、绿泥石、云母、方解石等。矿石结构主要呈交代残余结构、假象结构等，矿石构造主要呈脉状、网脉状等。1∶5 万水系沉积物地球化学测量成果反映本矿床有良好的 Au 异常；围岩蚀变主要有硅化、绢云母化、高岭土化、碳酸盐化、绿泥石化和褐铁矿化（表4.3.3）。通过对典型矿床预测要素特征的分析研究，建立琼祖尔开典型矿床预测模型表（表4.3.3）。

表 4.3.3　新疆巴里坤县口门子地区琼祖尔开金矿预测模型表

预测要素		描述内容			预测要素分类
资源储量		Au：3.42t	平均品位	0.41g/t	
特征描述		韧性剪切带型金矿			
地质环境	赋矿地层	中—上奥陶统塔水组			必要
	含矿建造	火山碎屑岩建造			必要
	断裂构造	塔水－板房沟韧性变形带			重要
	成矿时代	晚石炭世			必要
	成矿环境	赋矿地层为中—上奥陶统塔水组（$O_{2-3}t$）第二岩性段，主要岩性为凝灰岩、沉凝灰岩及少量正常沉积岩。区域上发育塔水－板房沟韧性剪切带，该剪切带宽 3 ~ 8km，在区内弯曲延伸约 60km，该剪切带具有超糜棱岩－千糜岩带较发育，剪切带发生多处转折交汇和带内地层金元素丰度高为特征			必要
	构造背景	准噶尔南缘（复合岛弧带）Cu－Mo－Au－W－Fe－Cr－Mn－稀有金属－Pt－Sb－高岭土－硫铁矿－蒙脱石－重晶石－硼－沸石－石墨－红柱石－泥炭－盐类成矿带（Ⅲ－6）			必要
	成矿区带	哈尔里克（复合岛弧带）Cu－Au－W－稀有金属－Mo－多金属－石墨－红柱石－盐类－泥炭矿带（Ⅳ－6－③）			必要
矿床地质特征	矿体形态	层状、脉状及透镜状			重要
	矿石组成	矿石矿物中主要为黄铁矿、磁铁矿等 脉石矿物以石英为主，次为高岭土、绿泥石、方解石			重要
	结构构造	矿石结构主要呈交代残余结构、假象结构 矿石构造主要呈脉状、网脉状			重要
	围岩蚀变	硅化、绢云母化、高岭土化、碳酸盐化、绿泥石化和褐铁矿化			重要
	岩浆活动	岩浆活动不发育			次要
	金化探异常	Au、As、Ag 等低温热液元素套合较好			重要
	激电及磁异常	与塔水－板房沟韧性变形带有关的含金蚀变体电阻率较围岩偏低。 总体显示高极化、低电阻、中低磁异常的特点			次要
	有金矿床（点）	琼祖尔开、琼祖尔开东、乌尊吞盖金矿点			重要

4.4　构造岩浆演化与成矿作用

博格达－哈尔里克构造带作为天山造山带的组成部分，由于其特殊的地理位置，其地质结构组成、构造演化及其成矿作用一直受到广泛关注（马瑞士等，1993；楼法生等，1995；王赐银等，1996；李文明等，2002；李锦轶等，2004）。通过资料收集、野外地质调查及综合研究，利用电子显微镜、电子探针、岩石化学、同位素年代学及示踪等手段，结合最新的1∶5万区域地质调查成果、研究区内前人已有的研究成果，对成矿地质背景、典型矿床成矿模式及区域成矿规律进行了认真总结与分析，将博格达－哈尔里克构造带地质构造演化与成矿作用及邻区的地质演化过程划分为三个主要阶段：

1）早古生代（或更早）西伯利亚克拉通与塔里木板块相向汇聚，洋片俯冲导致多个岛弧和陆缘弧的形成（图4.4.1A）。哈尔里克岛弧是由于早古生代（晚寒武世—早奥陶世）的康古尔洋向北部的准噶尔地块俯冲碰撞形成的岛弧，而卡拉麦里断裂带自北向南呈现出来的岛弧杂岩、增生碰撞杂岩、具有被动陆缘特征的陆源沉积岩系和岛弧杂岩的展布特征，表明卡拉麦里断裂带南部与北部构造活动存在明显差异，是古洋盆及其两侧陆缘构造活动性不同造成的，即卡拉麦里断裂带以南在泥盆纪—石炭纪期间具有被动陆缘的构造属性，卡拉麦里局限洋盆仅存在向北的单向俯冲作用。2003年李锦轶在该区采集的绢云千枚岩，测得新生绢云母生成年龄为269Ma，可视为该剪切带的低温动力变质事件年龄。南侧库米什洋向北的俯冲导致中天山岛弧的形成，而最南端成为塔里木被动陆缘（图4.4.1A）。并且，在这一时期形成了与岛弧或陆缘弧岩浆作用相关的大批斑岩型Cu、Au矿床和海相火山－次火山岩型磁铁矿矿床，例如大红山金矿等（王元龙等，2001；芮宗瑶等，2002；李文渊等，2012）。

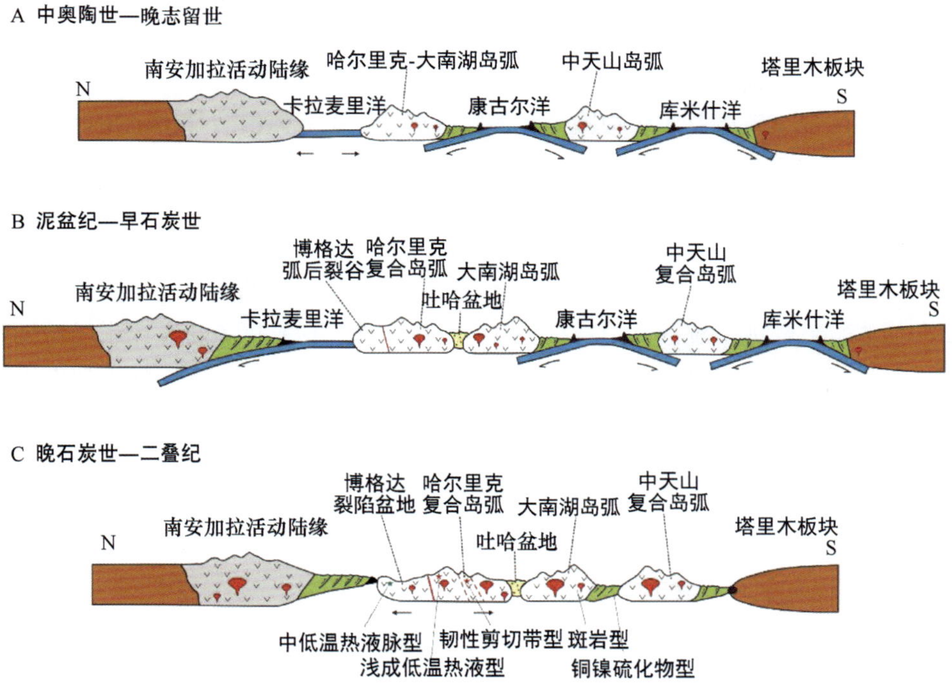

图4.4.1 博格达－哈尔里克构造带构造演化与成矿作用示意图

2）泥盆纪时期，随着中天山地块的继续推进，使泥盆纪的大南湖岛弧继续向北碰撞拼贴，进而在北侧形成哈尔里克古生代复合岛弧带（图4.4.1B），在两者之间形成了吐哈弧间盆地（Xiao et al.，2004），该盆地可能一直出现到造山作用结束形成残余洋盆（图4.4.1C）。至早石炭世末期，随着俯冲洋壳的继续消减，大洋最终消失、闭合（Coleman，1989；Bazhenov et al.，2003），各地体间陆续发生碰撞和拼贴，最后形成陆缘弧、岛弧、蛇绿岩套、增生杂岩和残余盆地等多种构造单元组成的复合地体（Sengör et al.，1993）（图4.4.1C），这些过程使哈尔里克山古生代造山作用变得极为复杂，同时伴随着强烈的岩浆活动。位于哈尔里克复合岛弧带后方的博格达沉积盆地，由于受哈尔里克弧后引张环境的影响，在该阶段末期，发生了较小规模的裂解作用，并在七角井一带形成了双峰式火山岩（顾连兴等，2000）。至此，研究区内虽并未形成具规模的大中型矿床，但由于多期复杂的地质构造演化过程，为区内矿床的形成了提供了良好的成矿条件。

3）晚石炭世至二叠纪期间（图4.4.1C），由于区域上构造应力逐步由挤压转换为伸展背景（肖序常等，1992；徐学义等，2002），导致幔源岩浆的上涌和底侵，在区域上形成了大规模的基性－超基性杂岩（Xia et al.，2008；陈斌等，2013）以及与其相关的Cu－Ni硫化物矿床（例如黄山东矿床）（王登红等，2000；Mao et al.，2008）。该阶段在博格达西段达坂城地区形成了广泛发育的辉绿岩脉，脉体走向大多近东西向，与区域构造线方向一致，该期脉岩的广泛发育可能代表了后碰撞伸展环境下的大规模幔源岩浆上侵活动，脉岩的深部可能存在大规模隐伏岩体，该期基性岩浆活动与博格达地区铜矿的形成关系密切，可能为其提供了有利的热源及成矿物质来源，含矿热液沿着断裂通道上升、运移过程中，由于壳幔不同源成矿热液发生混合作用，在围岩碎粗屑岩中充填形成了脉状、似层状铜矿体，如铜沟铜矿床。同时，在该阶段伸展拉张作用下，在区域上形成了大量张性、张扭性断裂及次级断裂构造，为矿床的形成提供了有利的成矿空间；围岩石炭系具有高铜、金、锌等成矿元素的地球化学特征，在岩浆热液作用下，成矿元素进一步活化、迁移、富集，不同来源的成矿流体及成矿物质在有利构造部位发生流体混合作用，随着温压条件的急剧改变，导致含矿热液发生沉淀，形成了具有中低温、低密度、低盐度的中低温热液型金矿床，如索尔巴斯陶金矿床（杨富全等，2005；李平等，2014）。

此外，伴随着造山后的伸展变形作用，使口门子一带等多处广泛发育北西－南东向韧性剪切变形带，其延伸可达数十千米甚至上百千米，卷入其中的地层主要为奥陶系及石炭系火山碎屑岩，韧性剪切带两侧的岩石多发生糜棱岩化，最新区域化探成果显示受剪切带影响的中—上奥陶统塔水组糜棱岩化凝灰岩具有较高的金背景值，在韧性剪切作用下进一步活化、富集成矿，形成了受控于韧性剪切变形带的韧性剪切带型金矿，如琼祖尔开金矿点、琼祖尔开东金矿点及乌尊吞盖金矿点等。

第 5 章　成矿预测及找矿潜力分析

5.1　综合信息成矿预测

5.1.1　成矿远景区的圈定

远景区的圈定过程实为单因素分析结果合成为多因素综合影响结果，根据前人工作经验和研究区特征，本项目采用证据权模型进行成矿有利度的评价，运用加权 Logistic 回归模型进行成矿远景区的圈定。

证据权模型是利用数据驱动对成矿有利区的评价方法之一，该方法是在信息量基础上发展起来的一种评价模型（徐仕琪等，2013）。但由于证据权模型的独立条件事实上难以完全成立，因此在单因素分析（即单个影响因子与响应因子之间的关系密切程度）之后，通常需要选择与成矿关系更为重要的因素，然后在前概率和证据权值计算的基础上，按照加权 Logistic 回归模型进行综合分析，以此得到成矿有利度定量评价结果，如此一来就避免了条件独立假设在成矿预测中带来的偏差，该评价模型受到了很多地质学家的青睐。

加权 Logistic 回归模型是目前圈定成矿预测区的常见方法（努丽曼古·阿不都克力木等，2012）。其原理就是将研究区分割为大小相等的网格，并假定对该范围内的各类成矿因子也进行分割，各单元之间在地质地层、构造、岩性建造等方面是变化的。在综合地质相关数据的基础上，建立加权 Logistic 回归模型。首先需要对成矿有利度进行评价，然后根据成矿有利度评价结果来预测区域内产生同类类矿产的概率（刘艺梁等，2010；党如童，2011；努丽曼古·阿不都克力木等，2012）。

成矿有利因素的提取　即成矿因子，原理是通过空间数学统计方法，量化成矿影响因子（如岩石组合、岩性建造、地层时代、断层、化探异常等）和响应因子（即已发现的矿床、矿点或矿化点）之间的空间关系，通过综合分析各个影响因子与响应因子之间的空间关系密切程度，从而对成矿潜力做定量的评价（徐仕琪等，2013）。通常主要包括两个主要的过程，即单因素分析过程和综合分析过程。前者即计算单个影响因子（即控矿因子）与矿点（即响应因子）的空间关系密切程度；后者即通过数据集成模型（如证据权法、神经网络法、简单的加权叠加以及专家知识驱动模型等）将多个影响因子进行综合分析。本次成矿有利度评价采用的是加权逻辑回归模型以及专家知识驱动模型。

影响因子的确定　影响因子（即证据层）的确定常通过证据权模型（Wofe）的方法，即通过 W^{+}、W^{-} 以及 C 值对单一影响因子对成矿的影响进行定量评价（努丽曼古·阿不都克力木等，2012；徐仕琪等，2013）。不同证据层的权重通常用正权重（W^{+}）和负权重（W^-）来表示，C 表示反差（contrast），通过公式 $C = W^+ - W^-$ 计算获得。然而对于反差（C 值）的显著性水平，还需要通过上述权值和反差计算获得。矿床产出最有利地区（即成矿远景区）是通过成矿后验概率图层进行重分类以后，得到具有最大的区间的连续型栅格数据（努丽曼古·阿不都克力木等，2012）。本书在进行成矿预测计算过程中，主要依据地质因素（即地层、岩性、断层等要素）对研究区金矿进行成矿有利度评价。

Logistic 回归模型合成前应根据每种影响因子权重值进行影响成矿重要性评价，对其进行分级合成，根据分析成果，依据综合权重值，提出单因素因子对铜、金成矿有利度影响程度分类（表 5.1.1）。

5.1.1.1 成矿有利度综合评价

（1）铜矿床成矿有利度综合定量评价

依据表 5.1.1，将主要影响因素的空间关系定量评价表参与评价的影响因素分别应用 Logistic 回归模型，得到定量评价结果见图 5.1.1。

表 5.1.1 单因素因子对铜、金成矿有利度影响程度分类表

因素类别	成矿种类	
	铜矿	金矿
主要影响因素	断层密度 沉积岩时代 沉积岩岩性 侵入岩	断裂密度 断裂距离 沉积岩时代 侵入岩
参与评价的 次要影响因素	断裂距离 断层方向 火山岩时代	断裂方向 沉积岩岩性 火山岩时代
不参与评价的次要影响因素	火山岩岩性	火山岩岩性
非影响因素	断裂性质	断裂性质

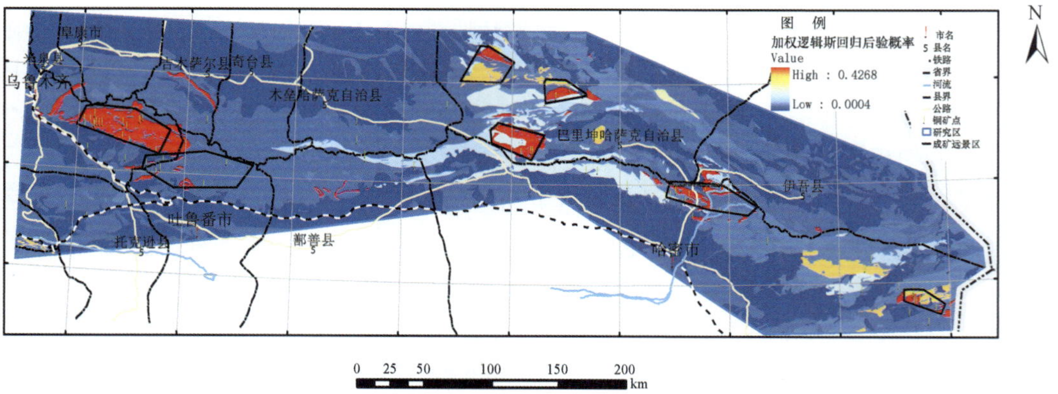

图 5.1.1 研究区主要影响因素 Logistic 合成后铜矿成矿有利度计算结果

（2）金矿床成矿有利度综合定量评价

依据表5.1.1，将主要影响因素的空间关系定量评价表参与评价的影响因素分别应用Logistic回归模型，得到定量评价结果见图5.1.2。

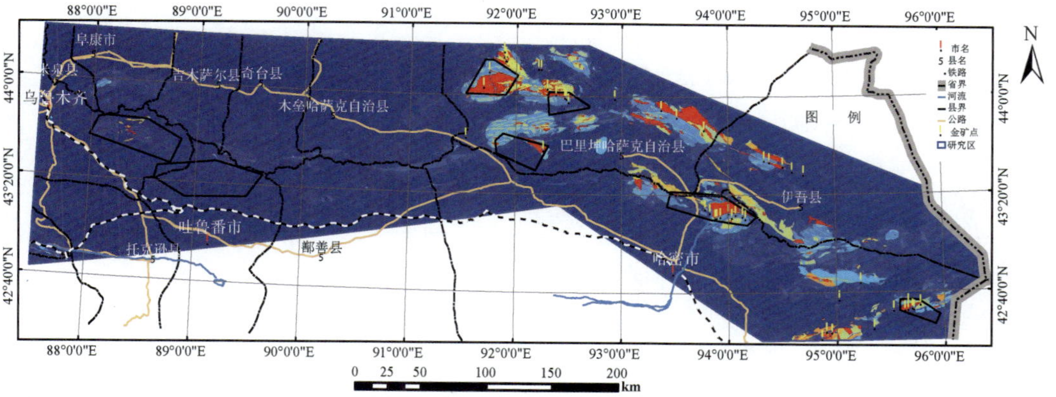

图5.1.2　研究区主要影响因素Logistic合成后金矿成矿有利度计算结果

5.1.1.2　成矿远景区圈定

（1）成矿远景区圈定原则

依据研究区地质矿产特点及物化探异常情况，根据此次空间统计分析结果，确定此次研究工作成矿远景区划分原则为：

1）成矿地质条件具备情况；

2）找矿标志及辅助标志明显程度；

3）矿床勘查程度及远景情况；

4）矿床成因类型及矿物组合；

5）各类异常的可信程度。

（2）成矿远景区分类等级

本次成矿远景区分类采用成矿有利性分类方案，即根据成矿有利度、成矿概率，结合具体的地质情况对预测区按三类划分：

A类：成矿条件十分有利，预测依据充分，找矿标志明显可信，具有较好的地球化学异常，有已知矿体尚未被圈定或有已知矿床、预测潜力大，成矿匹配程度高，可建议优先安排矿产调查工作的地区。

B类：成矿条件有利，有预测依据，找矿标志明显可供参考，具有良好的地球化学异常，具有找矿线索，或已发现有矿点，有较弱的矿化现象存在，成矿匹配程度较高。

C类：具成矿条件，找矿标志不明显或尚未发现找矿线索，具有地球化学异常特征，可作为探索的地区或现有矿区外围和深部有预测依据，据目前资料认为资源潜力较小的地区。

（3）成矿远景区的圈定

根据成矿远景区的划分原则及分类等级，基于统计特征评价的成矿有利区及基于专家知识型成矿有利区评价图（图5.1.1，图5.1.2），结合化探异常信息及此次定量成矿有利度评价结果，划分了8个成矿远景区（表5.1.2，图5.1.3）。

表5.1.2 博格达－哈尔里克一带成矿远景区一览表

序号	编号	名称	级别	面积/km²
1	Ⅴ－1	杏树沟－铜沟铜矿成矿远景区	A	1210.46
2	Ⅴ－2	庙尔沟－达坂城铜成矿远景区	B	2016.52
3	Ⅴ－3	博斯塘一带铜矿成矿远景区	A	2380.84
4	Ⅴ－4	条湖东铜金矿成矿远景区	C	1068.03
5	Ⅴ－5	索尔巴斯陶金铜矿成矿远景区	A	1734.98
6	Ⅴ－6	口门子一带金铜矿成矿远景区	B	1042.51
7	Ⅴ－7	石头泉一带金成矿远景区	B	567.70
8	Ⅴ－8	镜儿泉北铜矿成矿远景区	C	864.84

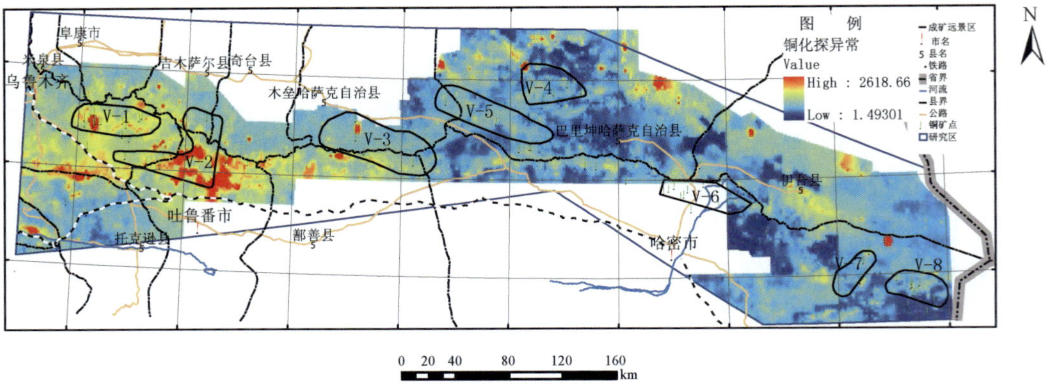

图5.1.3 博格达－哈尔里克一带铜金成矿远景区分布图

5.1.2 综合信息预测模型的建立

自20世纪80年代以来，国内外地质专家及学者创建并总结了许多区域矿产预测理论方法，如赵鹏大等（2006）提出的“三联式”数字找矿与定量预测评价矿产预测理论方法（“地质异常致矿及地质异常成矿预测”、“非传统矿产资源的发现与开发”、“成矿多样性与矿床谱系”）、王世称等（2000）提出的“综合信息预测方法技术”、朱裕生和肖克炎（1997）提出的“GIS矿产预测方法技术”，Singer（1993）提出的“三部式”矿产资源评价方法等。2004年以来，叶天竺、夏庆霖等系统研究并完成了“固体矿产矿床模型综合地质信息预测技术”，该项技术理论在2006～2013年全国25种矿产资源潜力评价工作中得到了全面应用，目前已趋于成熟，相关矿产预测理论及技术方法也已正式出版（叶天竺等，2014）。

本次成矿预测评价工作，以博格达－哈尔里克成矿带为研究区，以铜、金矿为主攻矿种，以热液型铜矿、破碎蚀变岩型金矿为主要预测类型，以区域成矿学理论为指导，通过对成矿带内铜、金矿成矿地质背景、区域成矿规律和典型矿床的研究，建立了综合信息预测模型；采用类比预测方法，圈定矿产预测区，估算预测资源量，为区域铜矿、金矿地质勘查及工作部署提供了技术参考。本次矿产预测技术方法流程见下图所示（图5.1.4）：

资源量估算采用全国矿产资源潜力评价项目办公室下发的《固体矿产推断的内蕴经济资源量和经工程验证的预测资源量估算技术要求（2010年补充）》（中地调函〔2002〕219号）进行，资源量预测方法为“综合信息地质体积法”。其估算步骤主要包括典型矿床查明资源储量、矿床面积、矿体延深、矿体品位、矿石体重等参数进行确定，计算体积含矿率，建立区域预测模型，计算最小预测区相似系数，最后估算资源量。

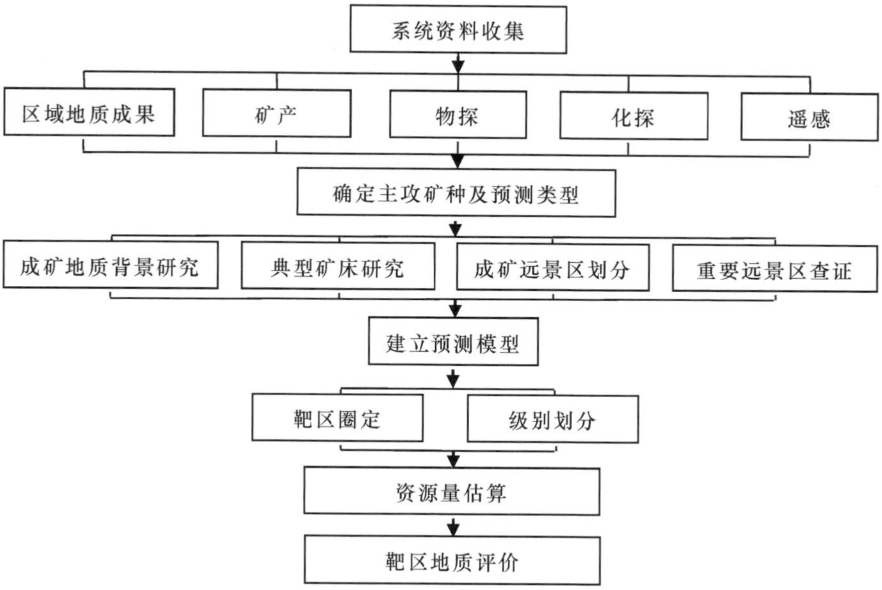

图5.1.4　新疆博格达-哈尔里克成矿带铜-金矿成矿预测技术流程图

本次对博格达一带铜、金矿开展矿产资源潜力评价，预测区底图利用1∶50万地质图，利用重要远景区查证成果，参考区域地质矿产调查成果，结合区域地球化学元素异常（Cu、Au元素异常），对博格达一带铜、金矿开展矿产预测工作。圈定铜矿靶区10处，金矿靶区4处，采用综合信息地质体积法预测铜资源总量80.59×10^4t；预测金资源总量42.87t，为区域铜、金矿地质找矿部署提供依据和参考。以下将按矿种分述。

5.1.2.1　铜矿区域预测评价模型

铜沟铜矿床位于博格达石炭纪裂谷带，成矿单元属博格达（裂谷带）Cu-Fe-Au-U-Mn-Ti-硼-油页岩-石油-天然气-磷-沸石-盐类-高岭土矿带（Ⅳ-6-②），区内出露主要地层为下石炭统及二叠系，主体为海陆交互相-滨浅海相-陆相过渡演化的火山岩夹细碎屑岩建造-细碎屑岩夹火山碎屑岩-细碎岩建造。区内构造十分发育，与区域构造线基本一致，以近东西向的断裂为基本面貌。这些断裂多具多期活动，不同时期、不同性质、不同特征的断裂活动不但控制了不同构造单元的边界，也控制了单元内不同时期、不同特征的沉积分布。区内赋矿建造为上石炭统奥尔吐组（C_2a）岩屑砂岩和上石炭统柳树沟组（C_2l）火山碎屑岩。通过对区域预测要素特征的分析研究，建立矿带内区域预测模型表（表5.1.3）。

表5.1.3　博格达－哈尔里克一带铜矿区域预测要素表

预测要素		描述内容	预测要素分类
地质环境	赋矿地层	上石炭统柳树沟组、上石炭统奥尔吐组	必要
	含矿建造	火山－沉积岩建造	必要
	断裂构造	北西向断裂与北东向断裂	重要
	成矿时代	中二叠世，晚石炭世	必要
	成矿环境	赋矿地层为上石炭统奥尔吐组（C_2a）岩屑砂岩，上石炭统柳树沟组（C_2l）火山碎屑岩，断裂构造较发育，北西向断裂与北东向断裂交汇部位是有利成矿地段。岩浆活动较微弱	必要
	构造背景	博格达晚古生代裂谷、哈尔里克古生代岛弧带	必要
	成矿区带	博格达（裂谷带）Cu－Fe－Au矿带（Ⅳ－6－②）、哈尔里克（复合岛弧带）Cu－Au－W－稀有金属－Mo－多金属矿带（Ⅳ－6－③）	必要
矿床地质特征	矿体形态	似层状、层状、透镜状、脉状矿体	次要
	矿石组成	矿石矿物为以黄铜矿、黄铁矿为主，次为蓝铜矿、斑铜矿等，伴生有少量闪锌矿、方铅矿等；脉石矿物为石英、方解石。	重要
	围岩蚀变	孔雀石化、碳酸盐化、硅化	重要
	岩浆活动	辉绿岩外接触带，伴有少量孔雀石化	次要
	典型矿床	铜沟、杏树沟、庙儿沟、博斯塘铜矿	重要
地球化学特征	铜化探异常	位于1∶20万化探博格多－七角井Cu、Au、Zn综合异常带，异常规模及面积较小，分布零散，多呈单元素异常分布。	重要
地球物理特征	激电及磁异常	1∶5万物探结果表明具低电阻、中高极化、中低磁异常特征	次要

5.1.2.2　金矿区域预测评价模型

索尔巴斯陶金矿床、琼祖尔开金矿点位于哈尔里克古生代复合岛弧带，成矿单元属哈尔里克（复合岛弧带）Cu－Au－W－稀有金属－Mo－多金属－石墨－红柱石－盐类－泥炭矿带（Ⅳ－6－③），区内主要出露早古生代海相火山岩建造以及晚古生代海陆交互相火山岩夹细碎屑岩建造。区内构造十分发育，与区域构造线基本一致，以北西向的褶皱及断裂为基本面貌。这些断裂多具多期活动，不同时期、不同性质、不同特征的断裂活动不但控制了不同构造单元的边界，也控制了单元内不同时期、不同特征的沉积分布。区内赋矿建造为下石炭统塔克尔巴斯陶组（C_1tk）地层第二岩性段火山碎屑岩和上石炭统柳树沟组（C_2l）第二岩性段糜棱岩化凝灰岩。通过对区域预测要素特征的分析研究，建立矿带内区域预测模型表（表5.1.4）。

表 5.1.4　博格达－哈尔里克一带金矿区域预测要素表

预测要素		描述内容	预测要素分类
地质环境	赋矿地层	中—上奥陶统塔水组、下石炭统塔克尔巴斯陶组	重要
	含矿建造	火山－碎屑岩建造	必要
	断裂构造	区域韧性剪切带、强糜棱岩化、北西向断裂与北东向褶皱构造	必要
	成矿时代	中二叠世、晚石炭世	必要
	成矿环境	位于哈尔里克复合岛弧带，三道井子火山机构和骆驼井子火山机构附近，区域北东—南西向张扭性断裂是主要容矿构造，下石炭统塔克尔巴斯陶组（$C_1\mathit{tk}$）角砾凝灰岩、沉凝灰岩及凝灰质角砾岩为主要的含矿岩石及围岩，低绿片岩相变质岩为有利变质岩相	必要
	构造背景	哈尔里克古生代岛弧带	必要
	成矿区带	哈尔里克（复合岛弧带）Cu－Au－W－稀有金属－Mo－多金属矿带（Ⅳ－6－③）	必要
矿床地质特征	矿体形态	厚层状、层状、脉状及透镜状，产状较陡	重要
	矿石组成	主要为黄铁矿（含自然金、银），少量毒砂，偶见方铅矿、闪锌矿、黄铜矿、辉钼矿等。脉石矿物以石英为主，次为斜长石、高岭土、绿泥石、云母、方解石等	重要
	围岩蚀变	硅化、黄铁矿化与金矿化关系最为密切，其次为绢云母化、高岭土化、碳酸盐化、钾长石化、绿泥石化	重要
	岩浆活动	岩体外围，辉绿岩接触带	重要
	典型矿床	索尔巴斯陶金矿床、琼祖尔开金矿点	重要
地球化学异常	金化探异常	1∶20万、1∶5万化探均显示Au、As、Ag等低温热液元素地球化学异常，且具有较好的套合关系	重要
地球化学异常	激电及磁异常	具有褐铁矿化的含金蚀变体电阻率较围岩电阻率偏低，靠近断层因矿化发育，电阻率较低。总体显示高极化、低电阻、中低磁异常的特点	次要

5.2　靶区圈定及资源量预测

5.2.1　靶区圈定

5.2.1.1　圈定依据

在总结已知矿床（点）和区域成矿规律的基础上，圈定找矿远景区，进行成矿预测，指出找矿方向，指导进一步开展矿产评价工作。根据地质矿产调查成果在博格达－哈尔里克一带建立了区域预测概念模型，确定了区域铜、金矿找矿靶区圈定依据，分述如下：

铜矿靶区圈定依据：赋矿地层（C_2l）、成矿时代晚石炭世、火山－沉积岩建造；北西向断裂附近、有铜矿床（点）、铜化探异常、近矿围岩蚀变组合；辉绿岩外接触带、激电及磁异常。

金矿靶区圈定依据：韧性剪切带附近、断裂交汇部位；有金矿床（点）、金化探异常、海相火山岩建造、重砂异常；火山碎屑岩建造、硅化、黄铁矿化围岩蚀变。

根据调查区内是否有铜、金矿（化）点存在、赋矿层位、含矿岩性、矿化蚀变信息、地球物理、地球化学异常等综合信息套合程度、地质背景和成矿条件，在博格达－哈尔里克成矿带区内圈定了10个铜矿找矿靶区、4个金矿找矿靶区（图5.2.1，图5.2.2；表5.2.1，表5.2.2）。

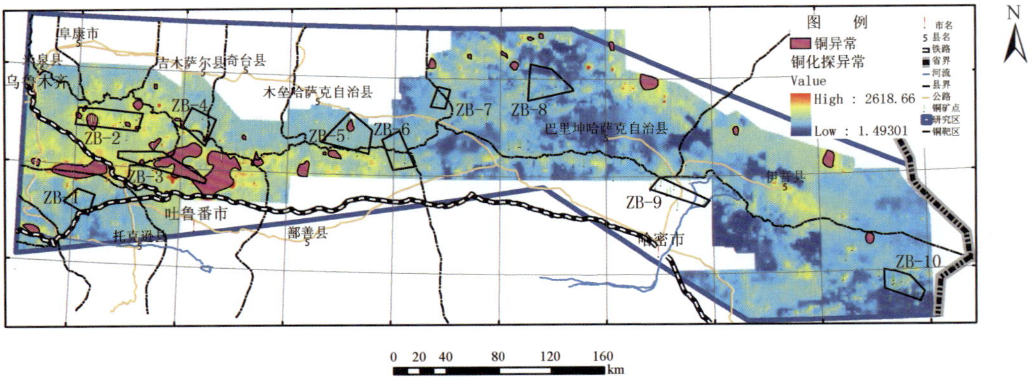

图5.2.1 博格达－哈尔里克成矿带铜矿预测成果图

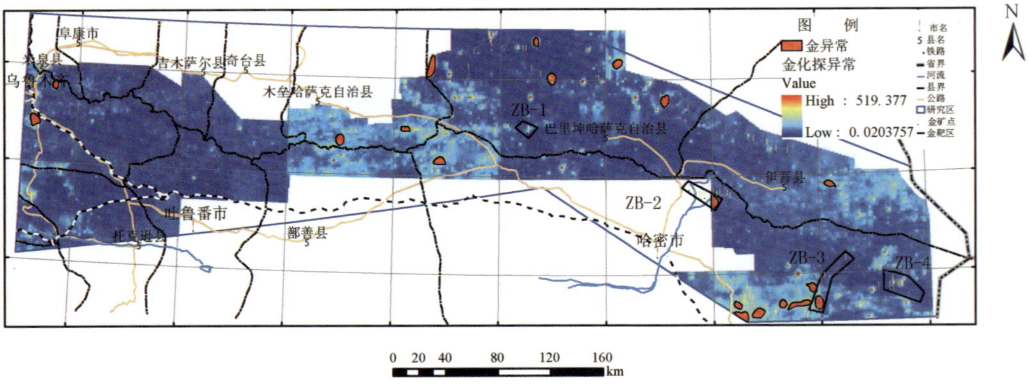

图5.2.2 博格达－哈尔里克成矿带金矿预测成果图

5.2.1.2 靶区级别划分

即根据成矿地质条件、地球物理、地球化学异常信息套合程度，结合具体的地质情况划分为A、B、C三类靶区，划分依据如下：

A类：成矿条件十分有利，预测依据充分，找矿标志明显可信，具有较好的地球化学异常，有已知矿体尚未被圈定或有已知矿床、预测潜力大的地区。

B类：成矿条件有利，有预测依据，找矿标志明显可供参考，具有良好的地球化学异常，具有找矿线索，或已发现有矿点，有较弱的矿化现象存在。

C类：具成矿条件，找矿标志不明显或尚未发现找矿线索，具有地球化学异常特征，可作为探索的地区或现有矿区外围和深部有预测依据。

根据上述依据，铜矿A类靶区4个、B类靶区3个、C类靶区3个；金矿A类靶区1个、B类靶区1个、C类靶区2个（表5.2.1，表5.2.2）。

表5.2.1 博格达一带铜矿靶区信息一览表

序号	成矿远景区	靶区编号	最小预测区名称	最小预测区面积 km²	级别
1	杏树沟－铜沟成矿远景区（V－1）	ZB－1	韦草沟	258.61	B
2		ZB－2	白杨沟	659.09	A
3	庙尔沟－达坂城成矿远景区（V－2）	ZB－3	达坂城东	614.41	B
4		ZB－4	庙尔沟	387.57	B
5	博斯塘－克里库尔成矿远景区（V－3）	ZB－5	博斯塘	679.98	A
6		ZB－6	克里库尔	412.76	A
7	索尔巴斯陶成矿远景区（V－5）	ZB－7	西地	157.62	A
8	条湖东成矿远景区（V－4）	ZB－8	索尔巴斯陶北	572.24	C
9	口门子成矿远景区（V－6）	ZB－9	口门子	368.56	C
10	镜儿泉北成矿远景区（V－8）	ZB－10	咸水泉	427.44	C

表5.2.2 博格达一带金矿靶区一览表

序号	成矿远景区	靶区编号	最小预测区名称	最小预测区面积 km²	级别
1	索尔巴斯陶成矿远景区（V－5）	ZB－1	索尔巴斯陶	111.83	A
2	口门子成矿远景区（V－6）	ZB－2	口门子	258.32	B
3	石头泉成矿远景区（V－7）	ZB－3	石头泉	436.72	C
4	镜儿泉北成矿远景区（V－8）	ZB－4	镜儿泉	427.44	C

5.2.2 靶区特征

5.2.2.1 铜矿靶区特征

（1）杏树沟－铜沟成矿远景区（V－1）

该成矿远景区位于博格达－哈尔里克研究区西部，达坂城东北，白杨河自北向南穿越本区，面积约1210.46km²。该区主要出露地层包括上石炭统柳树沟组（C_2l）、上石炭统祁家沟组（C_2qj）、上石炭统奥尔吐组（C_2a）、下二叠统石人子沟组（P_1s）。区内铜矿主要赋存于上石炭统柳树沟组（C_2l）、上石炭统奥尔吐组（C_2a）。该地区出露侵入岩主要有晚石炭世基性侵入岩以及中二叠世基性侵入岩。其中晚石炭世基性侵入岩主要为灰绿色中细粒辉长岩、辉绿岩，中二叠世基性侵入体在区域上不发育，主要分布于小白杨沟、三个山、白杨树沟一带，在空间上呈不规则的长条状分布，其长轴方向与区域构造线方向一致，出露呈岩株、岩枝。其中基性侵入岩体与区内铜矿密切。区内断裂构造较为发育，其规模大小不等，共有断裂20条，为脆性断裂为主，从展布形态来看主要以北东向断裂为主，北西向断裂次之，北东向断裂构造规模较大，而北西向断裂构造规模一般较小，北东向及东西向断裂以压性逆断裂为主，少量压扭性逆断层，北西向断裂以平移断裂为主，断裂走向总体以北东－南西向为主，与区域构造线方向一致，北西向断裂切割北东向断裂。北东向断裂为近南北向挤压机制下形成，其发育期主要为晚古生代末期，北西向次级断裂构造，一般规模较小，分析认为形成于中晚三叠世。其中白杨沟断裂为区内具有代表性的主干断裂，在白杨沟断裂南侧发育多条次级断裂，如杏树沟断裂、庙儿沟南断裂、杏树沟西断裂等，远景区内矿床（点）多与次级断裂关系密切。1∶20万综合异常面积较大，分布于上石炭统奥尔吐组中。异常中Cu、Pb、Zn、Cd元素异常出露规模较大，分布规律性较强，且单元素异常强度较大，显示出较好的构造控矿特征，为明显的矿致异常，异常中心发育辉长辉绿岩脉，为成矿提供了热液来源。该区的基性辉长辉绿岩脉是区域上寻找铜铅锌多金属矿的重要的含矿层位。区内见有铜矿（床）点17处，达小型规模的铜矿有铜沟、杏树沟、凤凰泉等3处，除此之外还有庙儿沟、苇草沟等多处矿点。化探单元素异常点较多，主要为Cu、Pb、Zn元素异常，浓集度均大于10。总体该区化探异常指示好，出露已知铜矿床点较多，属A类成矿远景区，有非常好的找矿前景。根据成矿条件及地质类比共圈定了2个找矿靶区。

韦草沟铜矿靶区（ZB－1）：

苇草沟铜矿找矿靶区位于盐湖南侧，呈近NW向梯形展布，长15km，宽14～21km，面积258.61km^2。大地构造位置为博格达石炭纪裂谷，所属成矿带为博格达（裂谷带）Cu－Fe－Au－U－Mn－Ti－硼－油页岩－石油－天然气－磷－沸石－盐类－高岭土矿带（Ⅳ－6－②），主要矿种及预测类型为中低温热液叠加改造型铜矿。

该区主要出露地层包括上石炭统祁家沟组（C_2qj）、上石炭统柳树沟组（C_2l）、上二叠统大河沿组（P_2dh）、下二叠统石人子沟组（P_1s）、八道湾组与三工河组并组（$J_1b.s$）、中三叠统克拉玛依组（$T_{2-3}k$）、锅底坑组（P_2T_1g）。区内铜矿主要赋存于上石炭统祁家沟组（C_2qj）。上石炭统祁家沟组（C_2qj）为一套浅海相正常沉积的陆源碎屑岩－碳酸盐岩，与下伏上石炭统柳树沟组呈整合接触，与上覆下二叠统石人子沟组呈平行不整合接触。下段主要以灰色亮晶砂屑灰岩、含生屑泥晶灰岩、岩屑砂岩不均匀互层，局部夹岩屑凝灰岩的岩石组合；上段主要以灰色长石岩屑砂岩、岩屑砂岩夹钙质粉砂岩，局部夹凝灰岩的岩石组合。地层岩性从下部向上部，物质成分变化较大，下部以灰岩为主，向上渐变为以长石岩屑砂岩为主，海水由深变浅，表现为一海退序列。区内主要出露矿产地有韦草沟铜矿，对于寻找铜矿具有很大潜力，综合评定为B类靶区。

白杨沟铜矿靶区（ZB－2）：

白杨沟铜矿找矿靶区位于柴窝堡北侧，呈近东西向条带状展布，长约49km，宽约14km，面积659.09km^2。大地构造位置为博格达石炭纪裂谷，所属成矿带为博格达（裂谷带）Cu－Fe－Au－U－Mn－Ti－硼－油页岩－石油－天然气－磷－沸石－盐类－高岭土矿带（Ⅳ－6－②），主要矿种及预测类型为中低温热液叠加改造型铜矿。

该区主要出露地层包括上石炭统柳树沟组（C_2l）、上石炭统祁家沟组（C_2qj）、下二叠统石人子沟组（P_1s）、上石炭统奥尔吐组（C_2a）。区内铜矿主要赋存于上石炭统奥尔吐组中。上石炭统柳树沟组（C_2l）为一套浅海相火山碎屑岩夹火山熔岩为主局部夹薄层火山碎屑沉积岩，主要岩性为浅绿色岩屑凝灰岩、灰绿色蚀变角砾岩屑凝灰岩、灰绿色含砾晶屑岩屑凝灰岩、灰绿色晶屑岩屑凝灰岩。上石炭统祁家沟组（C_2qj）为一套浅海相正常沉积的陆源碎屑岩－碳酸盐岩，与下伏上石炭统柳树沟组呈整合接触，与上覆下二叠统石人子沟组呈平行不整合接触。下段主要以灰色亮晶砂屑灰岩、含生屑泥晶灰岩、岩屑砂岩不均匀互层，局部夹岩屑凝灰岩的岩石组合；上段主要以灰色长石岩屑砂岩、岩屑砂岩夹钙质粉砂岩，局部夹凝灰岩的岩石组合。地层岩性从下部向上部，物质成分变化较大，下部以灰岩为主，向上渐变为以长石岩屑砂岩为主，海水由深变浅，表现为一海退序列。上石炭统奥尔吐组（C_2a）主要分布于杏树沟－铜沟一带，区域上组成博格达复背斜的两翼，地层走向北东－南西向，在杏树沟－铜沟一带二叠纪辉长岩顺层侵入其中，在地层与岩体侵入接触部位，有轻微的角岩化。主体为一套滨海－海陆交互相细碎屑岩建造，下段岩性为灰黑色泥质粉砂岩夹细粒岩屑砂岩、局部夹砂屑灰岩。上段岩性为灰黑色细砂岩、岩屑细砂岩夹凝灰质粉砂岩。该地区主要出露侵入岩主要有晚石炭世基性侵入岩以及中二叠世基性侵入岩。其中晚石炭世基性侵入岩主要为灰绿色中细粒辉长岩、辉绿岩，在平面上呈长条岩枝、岩脉状产出，规模不大，侵入地层为上石炭统柳树沟组，接触界面清楚截然，局部呈弯曲状、波状、港湾状，在外接触带边部一般形成宽窄不一的角岩化带。在杏树沟铜矿附近见酸性脉岩分布，在晚石炭统、中二叠统中零星出露，一般以岩脉顺层或沿各种裂隙贯入。区内主要出露矿产地有白杨沟、西庙儿沟、杏树沟铜矿等，对于寻找铜矿具有很大潜力，综合评定为A类靶区。

（2）庙尔沟－达坂城成矿远景区（Ⅴ－2）

该成矿远景区位于博格达－哈尔里克研究区西部，吐鲁番市北侧，塔尔郎河自北向南穿越本区，面积约2016.52km^2。该区主要出露地层包括上石炭统祁家沟组（C_2qj）、上石炭统柳树沟组（C_2l）、下二叠统石人子沟组（P_1s）。区内见有铜矿（床）点7处，化探单元素异常点较多，主要为Cu、Ni、Au元素异常，浓集中心明显，面积较大。总体该区含矿地层及赋矿围岩出露较好，化探异常套合亦较好，出露已知铜矿床点较多，属B类成矿远景区，有非常好的找矿前景。根据成矿条件及地质类比共圈定了2个找矿靶区。

达坂城东铜矿靶区（ZB－3）：

达坂城东铜矿找矿靶区位于达坂城东侧，呈近北西向条带状展布，长约70km，宽4～14km，面积614.42km^2。大地构造位置为博格达石炭纪裂谷，所属成矿带为博格达（裂谷带）Cu－Fe－Au－U－Mn－Ti－硼－油页岩－石油－天然气－磷－沸石－盐类－高岭土矿带（Ⅳ－6－②），主要矿种及预测类型为中低温热液叠加改造型铜矿。

该区主要出露地层包括上石炭统祁家沟组（C_2qj）、上石炭统柳树沟组（C_2l）、上二叠统大河沿组（P_2dh）。区内铜矿主要赋存于上石炭统祁家沟组（C_2qj）、上石炭统柳树沟组（C_2l）。上石炭统柳树沟组（C_2l）为一套浅海相火山碎屑岩夹火山熔岩为主局部夹薄层火山碎屑沉积岩，主要岩性由浅绿色岩屑凝灰岩、灰绿色蚀变角砾岩屑凝灰岩、灰绿色含砾晶屑岩屑凝灰岩、灰绿色晶屑岩屑凝灰岩组成。上石炭统祁家沟组（C_2qj）为一套浅海相正常沉积的陆源碎屑岩－碳酸盐岩，与下伏上石炭统柳树沟组呈整合接触，与上覆下二叠统石人子沟组呈平行不整合接触。下段主要以灰色亮晶砂屑灰岩、含生屑泥晶灰岩、岩屑砂岩不均匀互层，局部夹岩屑凝灰岩的岩石组合；上段主要以灰色长石岩屑砂岩、岩屑砂岩夹钙质粉砂岩，局部夹凝灰岩的岩石组合。地层岩性从下部向上部，物质成分变化较大，下部以灰岩为主，向上渐变为以长石岩屑砂岩为主，海水由深变浅，表现为一海退序列。区内主要出露矿产地有孔雀山铜矿，对于寻找铜矿具有很大潜力，综合评定为 B 类靶区。

庙尔沟铜矿靶区（ZB－4）：

庙儿沟铜矿找矿靶区位于达坂城北东侧，呈近北西向梯形展布，长 21km，宽 15～22km，面积 387.57km²。大地构造位置为博格达石炭纪裂谷，所属成矿带为博格达（裂谷带）Cu－Fe－Au－U－Mn－Ti－硼－油页岩－石油－天然气－磷－沸石－盐类－高岭土矿带（Ⅳ－6－②），主要矿种及预测类型为中低温热液叠加改造型铜矿。

该区主要出露地层包括上石炭统柳树沟组（C_2l）、上石炭统祁家沟组（C_2qj）。上石炭统柳树沟组（C_2l）为一套浅海相火山碎屑岩夹火山熔岩为主局部夹薄层火山碎屑沉积岩，主要岩性由浅绿色岩屑凝灰岩、灰绿色蚀变角砾岩屑凝灰岩、灰绿色含砾晶屑岩屑凝灰岩、灰绿色晶屑岩屑凝灰岩组成。上石炭统祁家沟组（C_2qj）为一套浅海相正常沉积的陆源碎屑岩－碳酸盐岩，与下伏上石炭统柳树沟组呈整合接触，与上覆下二叠统石人子沟组呈平行不整合接触。下段主要以灰色亮晶砂屑灰岩、含生屑泥晶灰岩、岩屑砂岩不均匀互层，局部夹岩屑凝灰岩的岩石组合；上段主要以灰色长石岩屑砂岩、岩屑砂岩夹钙质粉砂岩，局部夹凝灰岩的岩石组合。地层岩性从下部向上部，物质成分变化较大，下部以灰岩为主，向上渐变为以长石岩屑砂岩为主，海水由深变浅，表现为一海退序列。该地区侵入岩主要有晚石炭世基性侵入岩以及中二叠世基性侵入岩。其中晚石炭世基性侵入岩主要为灰绿色中细粒辉长岩、辉绿岩，在平面上呈长条岩枝、岩脉状产出，规模不大，侵入地层为上石炭统柳树沟组，接触界面清楚截然，局部呈弯曲状、波状、港湾状，在外接触带边部一般形成宽窄不一的角岩化带。区内主要出露矿产地有庙儿沟铜矿，对于寻找铜矿具有很大潜力，综合评定为 B 类靶区。

（3）博斯塘成矿远景区（Ⅴ－3）

该成矿远景区位于博格达－哈尔里克研究区中部，木垒县东南，下涝坝乡西南，面积约 2380.84km²。该区主要出露地层有下石炭统七角井组（C_1q）、上石炭统柳树沟组（C_2l）和祁家沟组（C_2qj）以及上二叠统卡拉岗组（P_2k）；侵入岩主要见有晚石炭世辉绿岩，以岩株、岩枝、岩墙状产出。区内见有铜矿（床）点 23 处，有小型铜矿西地铜矿及博斯塘铜矿，且见有多处矿点、矿化点及化探异常，且上石炭统柳树沟组具有寻找以铜、金为主的矿产优势，属 A 类成矿远景区，总体看该区具有良好的找矿前景。根据成矿条件及地质类比共圈定了 2 个找矿靶区。

博斯塘铜矿靶区（ZB－5）：

博斯塘铜矿找矿靶区位于博斯塘镇南侧，呈近北西向近梯形展布，长约 37km，宽约 27km，面积 679.98km²。大地构造位置为博格达石炭纪裂谷，所属成矿带为博格达（裂谷带）Cu－Fe－Au－U－Mn－Ti－硼－油页岩－石油－天然气－磷－沸石－盐类－高岭土矿带（Ⅳ－6－②），主要矿种及预测类型为沉积叠加改造型铜矿。

该区主要出露地层有：下石炭统七角井组（C_1q）、上石炭统柳树沟组（C_2l）和祁家沟组（C_2qj）以及上二叠统卡拉岗组（P_2k）。其中下石炭统七角井组（C_1q）为一套海相双峰式火山－沉积建造，夹少量深灰色杂砂岩和黑色碳质页岩。其中七角井组下段中Au、Ag、Pb、Mo元素在形成过程中，处于相对高含量特征，具有初始富集－矿源层性质。上石炭统祁家沟组（C_2qj）为一套正常沉积的碎屑岩夹少量火山碎屑岩建造。主要岩性有灰色、灰绿色细粒—中粒—粗粒长石岩屑砂岩、岩屑长石砂岩、粉砂岩、砂砾岩不均匀互层，夹凝灰质砂岩、火山灰凝灰岩、沉凝灰岩。上石炭统柳树沟组（C_2l）为一套海相双峰式火山岩夹陆源碎屑岩建造。区内侵入岩主要见有晚石炭世辉绿岩，以岩株、岩枝、岩墙状产出。区内主要出露矿产地有博斯塘铜矿、博斯坦沟一带铜矿、萨然布拉克铜矿，对于寻找铜矿具有很大潜力，综合评定为A类靶区。

克里库尔铜矿靶区（ZB－6）：

克里库尔铜矿找矿靶区位于大石头南侧，呈近南北向条带状展布，长约27km，宽约16km，面积412.76km²。大地构造位置为博格达石炭纪裂谷，所属成矿带为博格达（裂谷带）Cu－Fe－Au－U－Mn－Ti－硼－油页岩－石油－天然气－磷－沸石－盐类－高岭土矿带（Ⅳ－6－②），主要矿种及预测类型为沉积叠加改造型铜矿。

该区主要出露地层有：下石炭统七角井组（C_1q）、上石炭统柳树沟组（C_2l）和祁家沟组（C_2qj）以及上二叠统卡拉岗组（P_2k）。其中下石炭统七角井组（C_1q）为一套海相双峰式火山－沉积建造，夹少量深灰色杂砂岩和黑色碳质页岩。其中七角井组下段中Au、Ag、Pb、Mo元素在形成过程中，处于相对高含量特征，具有初始富集－矿源层性质。上石炭统祁家沟组（C_2qj）为一套正常沉积的碎屑岩夹少量火山碎屑岩建造。主要岩性有灰色、灰绿色细粒—中粒—粗粒长石岩屑砂岩、岩屑长石砂岩、粉砂岩、砂砾岩不均匀互层，夹凝灰质砂岩、火山灰凝灰岩、沉凝灰岩。上石炭统柳树沟组（C_2l）为一套海相双峰式火山岩夹陆源碎屑岩建造。区内侵入岩主要见有晚石炭世辉绿岩，以岩株、岩枝、岩墙状产出。区内主要出露矿产地有克里库尔铜矿、科克阔腊铜矿，对于寻找铜矿具有很大潜力，综合评定为A类靶区。

（4）索尔巴斯陶成矿远景区（Ⅴ－5）

该成矿远景区位于博格达－哈尔里克研究区中部，巴里坤县西南，下涝坝乡东南面积约1734.98km²。该区主要出露地层有：下石炭统七角井组（C_1q）、塔克尔巴斯陶组（C_1tk）、上石炭统柳树沟组（C_2l）；侵入岩仅有几处面积较小的花岗岩岩株及数条花岗岩岩脉，侵入奥陶系、石炭系中，主要为钾长花岗岩，黑云母斜长花岗岩，侵入时代为华力西中期（γ_4^{2b}）。该期岩浆活动与该地区的金、银、铜等多金属热液成矿关系较紧密。区内地应力活动强烈，构造作用复杂，岩浆活动频繁，成矿作用显著，为区内金、银、铜等矿产的形成和就位提供了优越的成矿地质条件，区内的构造形式表现为褶皱、断裂以及古火山机构。区内金属矿产分布广泛，典型矿床索尔巴斯陶金矿床就分布其中。此外，大红山金矿床、骆驼井子金矿化点、三道井子银金矿点、扎勒格孜库都克铜矿点等均位于该预测区中，这些矿床、点均位于红井子－骆驼井子大断裂及索尔巴斯陶断裂两侧，其分布严格受该断裂控制。目前在区内共见有金矿床2处，即索尔巴斯陶金矿床和大红山金矿床，金银矿（化）点3处，铜矿（化）点2处，其加权Logistic回归后验成矿概率较高，可信度亦较高，且见有多处化探异常。同时，下石炭统塔克巴斯陶组（C_1tk）、上石炭统柳树沟组（C_2l）地层均具有较高的金、银地球化学背景值，具有寻找以金、银、铜为主的矿产优势，属A类成矿远景区，总体看该区具有良好的找矿前景。根据成矿条件及地质类比共圈定了1个找矿靶区。

西地铜矿靶区（ZB－7）：

西地铜矿找矿靶区位于大石头北东侧，呈近北东向条带状展布，长约16km，宽约11km，面积157.62km²。大地构造位置为博格达石炭纪裂谷，所属成矿带为博格达（裂谷带）Cu－Fe－Au－U－Mn－Ti－硼－油页岩－石油－天然气－磷－沸石－盐类－高岭土矿带（Ⅳ－6－②），主要矿种及预测类型为中低温热液叠加改造型铜矿。

该区主要出露地层有：下石炭统七角井组（C_1q）、上石炭统祁家沟组（C_2qj）。其中下石炭统七角井组（C_1q）为一套海相双峰式火山－沉积建造，夹少量深灰色杂砂岩和黑色碳质页岩。其中七角井组下段中Au、Ag、Pb、Mo元素在形成过程中，处于相对高含量特征，具有初始富集－矿源层性质。上石炭统祁家沟组（C_2qj）为一套正常沉积的碎屑岩夹少量火山碎屑岩建造。主要岩性有灰色、灰绿色细粒—中粒—粗粒长石岩屑砂岩、岩屑长石砂岩、粉砂岩、砂砾岩不均匀互层，夹凝灰质砂岩、火山灰凝灰岩、沉凝灰岩。区内侵入岩主要见有晚石炭世辉绿岩，以岩株、岩枝、岩墙状产出。区内主要出露矿产地有西地铜矿，对于寻找铜矿具有很大潜力，综合评定为A类靶区。

（5）条湖东成矿远景区（Ⅴ－4）

该成矿远景区位于博格达－哈尔里克研究区中部，巴里坤县东北，条湖镇以东，面积约1068.03km²。该区主要出露地层有：下泥盆统大南湖组（D_1d）、下石炭统七角井组（C_1q）、上石炭统柳树沟组（C_2l）、中二叠统卡拉岗组（P_2k）。侵入岩主要见有石炭纪花岗闪长岩、晚石炭世二长花岗岩，均为小岩株、岩枝状产出。区内分布多处1∶5万铜、金化探异常。区内见有铜矿（床）点4处，金矿点3处，其加权Logistic回归后验成矿概率较高，可信度亦较大，见有多处化探异常，尤其大南湖组发育区域富集Pb、Ag、Zn、Cu、Au等元素的有利含矿层，属C类成矿远景区，总体来看该区具有良好的找矿前景。根据成矿条件及地质类比共圈定了1个找矿靶区。

索尔巴斯陶北铜矿靶区（ZB－8）：

索尔巴斯陶北铜矿找矿靶区位于索尔巴斯陶金矿北侧，呈近东西向梯形展布，长35～17km，宽25km，面积572.24km²。大地构造位置为哈尔里克古生代复合岛弧，所属成矿带为哈尔里克（复合岛弧带）Cu－Au－W－RM－Mo－多金属－石墨－红柱石－盐类－泥炭矿带（Ⅳ－6－③），主要矿种及预测类型为中低温热液叠加改造型铜矿。

该区主要出露地层主要为上石炭统柳树沟组（C_2l）。上石炭统柳树沟组（C_2l）为一套海相双峰式火山岩夹陆源碎屑岩建造。上石炭统柳树沟组成矿元素平均值与新疆北部成矿元素丰度比较，Au、Ag、Zn、Cr、Co、Mo元素平均值高于新疆北部丰度，Ni元素平均值低于新疆北部丰度。表明上石炭统柳树沟组中Au、Ag、Zn、Cr、Co、Mo元素在该地层形成过程中，处于相对高含量特征，具有初始富集的特征，是区内较好的矿源层。该区岩浆活动较为强烈，岩浆岩广泛分布，岩浆活动主要受褶皱和断层控制。侵入岩仅有几处面积较小的花岗岩岩株及数条花岗岩岩脉，总面积小于1km²。零星分布于索尔巴斯陶金矿东部及北部。花岗岩体及岩脉侵入于奥陶系、石炭系中，岩性较单一。主要为钾长花岗岩，黑云母斜长花岗岩，侵入时代为华力西中期（γ_4^{2b}）。该期岩浆活动与该地区的金、银、铜等多金属热液成矿关系较紧密。区内主要出露矿产地有白墩子、石板墩、科克朔克铜矿，对于寻找铜矿具有很大潜力，综合评定为C类靶区。

（6）口门子成矿远景区（Ⅴ-6）

该成矿远景区位于博格达-哈尔里克研究区东部，哈密市北部，伊吾县西南，口门子一带，面积约993.75km^2。该区主要出露地层有下—中奥陶统恰干布拉克组（$O_{1-2}q$）、下—中奥陶统塔水组（$O_{2-3}t$）、赛尔万组（$O_{2-3}s$）、下泥盆统大南湖组（D_1d）以及上石炭统柳树沟组（C_2l）。该远景区内岩浆侵入活动较强，岩体也广泛分布。其中中酸性侵入岩构成侵入岩的主体，总体以东西向展布，产状以岩枝状、岩株状为主。区内构造作用强烈，断裂构造尤为发育，其主体方向为北西向，其中规模最大且与成矿作用关系密切的为塔水-板房沟韧性剪切带，卷入地层为中晚奥陶世塔水组、赛尔万组、上石炭统柳树沟组。所卷入的地层岩石普遍发生低绿片岩相的低温动力变质作用。琼祖尔开金矿点及附近金矿化点位于塔水-板房沟韧性剪切带中，其中北西向韧脆性断裂十分发育，受剪切变质变形作用影响，岩石的千枚岩化、糜棱岩化强烈，受深部变质流体的改造，一些地段硅化、黄铁矿化、碳酸盐化发育，形成北西走向的石英脉群。最新1∶5万化探成果显示该地区是寻找韧性剪切带型金矿火山岩型铜多金属矿产的有利地段。区内共见有金矿点（床）点15处，铜矿（床）点7处，其加权Logistic回归后验成矿概率较高，可信度亦较大，见有多处化探异常，尤其恰干布拉克组以及塔水组是区域富集Au、Cu等元素的有利含矿层，属B类成矿远景区，总体看该区具有良好的找矿前景。根据成矿条件及地质类比共圈定了1个找矿靶区。

口门子铜矿靶区（ZB-9）：

口门子铜矿找矿靶区位于白石头乡南侧，呈近北西向条带状展布，长43km，宽7～12km，面积368.56km^2。大地构造位置为哈尔里克古生代复合岛弧，所属成矿带为哈尔里克（复合岛弧带）Cu-Au-W-RM-Mo-多金属-石墨-红柱石-盐类-泥炭矿带（Ⅳ-6-③），主要矿种及预测类型为火山热液叠加改造型铜矿。

该区主要出露地层有中—下奥陶统恰干布拉克组（$O_{1-2}q$）、中—上奥陶统塔水组（$O_{2-3}t$）、赛尔万组（$O_{2-3}s$）及下泥盆统大南湖组（D_1d）。中—下奥陶统恰干布拉克组（$O_{1-2}q$）主要为一套海相火山岩、火山碎屑岩及碎屑岩沉积，与中—上奥陶统塔水组和下泥盆统大南湖组呈断层接触。根据岩石组合可进一步划分出三个岩性段：第一岩性段以正常碎屑岩为主夹有少量中性火山岩；第二岩性段为中基性、中酸性（以中性为主）火山岩、火山碎屑岩为主夹有火山碎屑沉积岩和正常碎屑岩；第三岩性段为火山岩与碎屑岩间互沉积。该地层的火山岩发育区有较多的铜矿化现象，远景区内该组地层中有5个铜矿（化）点。Cu异常所处地段主要岩性为安山岩、英安岩和中性酸性凝灰岩。在阔木达坂附近，铜矿化主要发育于酸性火山岩为受火山机构控制的脉岩附近。矿化带附近多伴生绿帘石化、绿泥石化、硅化和黄铁矿化，矿化多呈细脉状和浸染状。中—上奥陶统塔水组（$O_{2-3}t$）岩石均发生了较强的韧性变形、变质，其原岩建造为一套海相火山复理石沉积。Cu元素在中基性火山岩、火山碎屑岩组合中（安山岩、玄武岩、绢云绿泥千枚岩）高出新疆北部元素平均近2倍，说明该组中基性火山岩、火山碎屑岩组合，是形成铜矿化的良好矿源层。中—上奥陶统赛尔万组（$O_{2-3}s$）主要分布于塔水沟－赛尔万－板房沟北杨托一带，呈透镜状断片出露。该组为一套海相中性、中酸性火山岩建造，以火山碎屑岩为主，熔岩次之。区内的火山岩十分发育，岩浆侵入活动较强，岩体也广泛分布，断裂构造活动强烈，成矿地质条件较好，是 Au、Ag、Cu、Pb、Zn、Fe 等金属矿产成矿的有利地区。区内主要出露矿产地有阿瓦特、小达汗、小八羊沟铜矿，对于寻找铜矿具有较大潜力，综合评定为 C 类靶区。

（7）镜儿泉北成矿远景区（V－8）

该成矿远景区位于博格达－哈尔里克研究区东南角，哈密市东部，面积约 864.84km^2。该远景区出露地层以变质岩为主，区内东部主要为长城系星星峡岩群（Ch*X.*）。由于大面积闪长岩的侵入及断裂破坏，地层出露极不完全，铜、铅锌矿化分布于变质相带外侧破碎带中，该地层含 Pb、Zn、Ag 普遍较高，是寻找铅锌银矿的有利含矿层位。区内见有铜矿（床）点 8 处，金矿（床）点 4 处，其加权逻辑斯回归后验成矿概率较高，可信度亦较大，见有多处 Cu、Au 化探异常，尤其长城系星星峡岩群是区域富集 Pb、Zn、Ag、Cu、Au 等元素的有利含矿层，属 C 类成矿远景区，总体看该区具有良好的找矿前景。根据成矿条件及地质类比共圈定了 1 个找矿靶区。

咸水泉铜矿靶区（ZB－10）：

咸水泉铜矿找矿靶区位于镜儿泉铜镍矿北侧，呈近 NW 向梯形展布，长约 33km，宽 8～15km，面积 427.44km^2。大地构造位置为哈尔里克古生代复合岛弧，所属成矿带为哈尔里克（复合岛弧带）Cu－Au－W－稀有金属－Mo－多金属－石墨－红柱石－盐类－泥炭矿带（Ⅳ－6－③），主要矿种及预测类型，铜：铜镍硫化物型。

该远景区出露地层以变质岩为主，区内东部主要为长城系星星峡岩群（Ch*X.*），主要为一套中、深变质的石英片岩，岩性为石英岩、变粒岩、斜长角闪片岩、黑云母斜长片麻岩，局部夹黑云母石英片岩、白云石大理岩薄层，并夹多层结昌灰岩及白云质大理岩。西部以石炭纪辉长闪长岩为主。由于大面积闪长岩的侵入及断裂破坏，地层出露极不完全，铜、铅锌矿化分布于变质相带外侧破碎带中，该地层含 Pb、Zn、Ag 普遍较高，是寻找铅锌银矿的有利含矿层位。区内主要出露矿产地有葫芦、咸水泉、镜儿泉铜镍矿，对于寻找铜矿具有较大潜力，综合评定为 C 类靶区。

5.2.2.2 金矿靶区特征

（1）索尔巴斯陶成矿远景区（V－5）

该成矿远景区位于博格达－哈尔里克研究区中部，巴里坤县西南，下涝坝乡东南面积约 1734.98km^2。该区主要出露地层有：下石炭统七角井组（C_1q）、塔克尔巴斯陶组（C_1tk）、上石炭统柳树沟组（C_2l）；侵入岩仅有几处面积较小的花岗岩岩株及数条花岗岩岩脉，侵入奥陶系、石炭系中，主要为钾长花岗岩，黑云母斜长花岗岩，侵入时代为华力西中期（γ_4^{2b}）。该期岩浆活动与该地区的金、银、铜等多金属热液成矿关系较紧密。区内地应力活动强烈，构造作用复杂，岩浆活动频繁，成矿作用显著，为区内金、银、铜等矿产的形成和就位提供了优越的成矿地质条件，区内的构造形式表现为褶皱、断裂以及古火山机构。区内金属矿产分布广泛，典型矿床索尔巴斯陶金矿床就分布其中。此外，还有大红山金矿床、骆驼井子金矿化点、三道井子银金矿点、扎勒格孜库都克铜矿点等均位于该预测区中，这些矿床、点均位于红井子－骆驼井子大断裂及索尔巴斯陶断裂两侧，其分布严格受该断裂控制。目前在区内共见有金矿床2处，即索尔巴斯陶金矿床和大红山金矿床，金银矿（化）点3处，铜矿（化）点2处，其加权逻辑斯回归后验成矿概率较高，可信度亦较高，且见有多处化探异常。同时，下石炭统塔克巴斯陶组（C_1tk）、上石炭统柳树沟组（C_2l）地层均具有较高的金、银地球化学背景值，具有寻找以金、银、铜为主的矿产优势，属A类成矿远景区，总体看该区具有良好的找矿前景。根据成矿条件及地质类比共圈定了1个找矿靶区。

索尔巴斯陶金矿靶区（ZB－1）：

索尔巴斯陶金矿找矿靶区位于索尔巴斯陶地区，呈近北西向似梯形状展布，长约12.2km，宽约9.45km，面积111.83km²。大地构造位置为哈尔里克古生代岛弧，所属成矿带为哈尔里克（复合岛弧带）Cu－Au－W－RM －Mo－多金属－石墨－红柱石－盐类－泥炭矿带（Ⅳ－6－③），主要矿种及预测类型为浅成低温热液型金（铜）矿。

该区主要出露地层有：下石炭统七角井组（C_1q）、上石炭统柳树沟组（C_2l），其中下石炭统七角井组（C_1q）为一套海相双峰式火山－沉积建造，夹少量深灰色杂砂岩和黑色碳质页岩。上石炭统柳树沟组（C_2l）为一套海相双峰式火山岩夹陆源碎屑岩建造。上石炭统柳树沟组成矿元素平均值与新疆北部成矿元素丰度比较，Au、Ag、Zn、Cr、Co、Mo元素平均值高于新疆北部丰度，Ni元素平均值低于新疆北部丰度。表明上石炭统柳树沟组中Au、Ag、Zn、Cr、Co、Mo元素在沉积过程中，含量相对较高，具有初始富集的特征，是区内较好的矿源层。该区岩浆活动较为强烈，岩浆岩广泛分布，岩浆活动主要受褶皱和断层控制。侵入岩仅有几处面积较小的花岗岩岩株及数条花岗岩岩脉，总面积小于1km²。零星分布于索尔巴斯陶金矿东部及北部。花岗岩体及岩脉侵入于奥陶系、石炭系中，岩性较单一。主要为钾长花岗岩，黑云母斜长花岗岩，侵入时代为华力西中期（γ_4^{2b}）。该期岩浆活动与该地区的金、银、铜等多金属热液成矿关系较紧密。该区位于博格达裂谷带与哈尔里克岛弧带的结合部位。长期以来，区内地应力活动强烈，构造作用复杂，岩浆活动频繁，成矿作用显著，为区内金、银、铜等矿产的形成和就位提供了优越的成矿地质条件，区内的构造形式表现为褶皱、断裂以及古火山机构。区内主要出露矿产地有索尔巴斯陶金矿，对于寻找金矿具有很大潜力，综合评定为A类靶区。

（2）口门子成矿远景区（Ⅴ－6）

该成矿远景区位于博格达－哈尔里克研究区东部，哈密市北部，伊吾县西南，口门子一带，面积约993.75km²。该区主要出露地层有中—下奥陶统恰干布拉克组（$O_{1-2}q$）、中—上奥陶统塔水组（$O_{2-3}t$）、赛尔万组（$O_{2-3}s$）、下泥盆统大南湖组（D_1d）以及上石炭统柳树沟组（C_2l）。该远景区内岩浆侵入活动较强，岩体也广泛分布。其中中酸性侵入岩构成侵入岩的主体，总体以东西向展布，产状以岩枝状、岩株状为主。区内构造作用强烈，断裂构造尤为发育，其主体方向为北西向，其中规模最大且与成矿作用密切的为塔水－板房沟韧性剪切带，卷入地层为中晚奥陶世塔水组、赛尔万组、上石炭统柳树沟组。所卷入的地层岩石普遍发生低绿片岩相的低温动力变质作用。琼祖尔开金矿点及附近金矿化点位于塔水－板房沟韧性剪切带中，其中北西向韧脆性断裂十分发育，受剪切变质变形作用影响，岩石的千枚岩化、糜棱岩化强烈，受深部变质流体的改造，一些地段硅化、黄铁矿化、碳酸盐化发育，形成北西走向的石英脉群。最新1∶5万化探成果显示该地区是寻找韧性剪切带型金矿火山岩型铜多金属矿产的有利地段。区内共见有金矿点（床）点15处，铜矿（床）点7处，其加权Logistic回归后验成矿概率较高，可信度亦较大，见有多处化探异常，尤其恰干布拉克组以及塔水组发育区域富集Au、Cu等元素的有利含矿层，属B类成矿远景区，总体看该区具有良好的找矿前景。根据成矿条件及地质类比共圈定了1个找矿靶区。

口门子金矿靶区（ZB－2）：

口门子金矿找矿靶区位于白石头乡南侧的琼祖尔开地区，呈近北西向条带状展布，长约29.39km，宽7.7～10.2km，面积258.32km^2。大地构造位置为哈尔里克古生代复合岛弧，所属成矿带为哈尔里克（复合岛弧带）Cu－Au－W－RM－Mo－多金属－石墨－红柱石－盐类－泥炭矿带（Ⅳ－6－③），主要矿种及预测类型为韧性剪切带型金矿。

该区主要出露地层有中—下奥陶统恰干布拉克组（$O_{1-2}q$）、中—上奥陶统赛尔万组（$O_{2-3}s$）、下泥盆统大南湖组（D_1d）及上石炭统柳树沟组（C_2l）。

中—下奥陶统恰干布拉克组（$O_{1-2}q$）主要为一套海相火山岩、火山碎屑岩及碎屑岩沉积，与中－上奥陶统塔水组和早泥盆世大南湖组呈断层接触。该地层的火山岩发育区有较多的铜矿化现象，大多数铜矿化岩石还伴生低品位金矿化（Au元素含量0.2×10^{-6}～0.6×10^{-6}之间）。中—上奥陶统塔水组（$O_{2-3}t$）岩石均发生了较强的韧性变形、变质，其原岩建造为一套海相火山复理石沉积。被低温动力变质作用改造的中酸性火山岩（酸性凝灰岩、长英质糜棱岩、绿泥千枚岩、凝灰岩糜棱岩等）Au元素含量明显高出很多倍，属于金矿化矿源层，被韧性剪切变质变形作用改造的岩石Au元素含量明显增高的现象，说明韧性剪切变质变形作用对该地层的金矿化起着重要的成矿作用。中—上奥陶统赛尔万组（$O_{2-3}s$）为一套海相中性、中酸性火山岩建造，以火山碎屑岩为主，熔岩次之。Au元素在本组岩性中均略高于新疆北部元素丰度值，在中酸性凝灰岩中含量为1.09×10^{-9}之间，高出新疆北部成矿元素平均丰度值1.8倍，杨托东金矿化点和喀拉乌台克金铜矿化点就发育在该地层中。下泥盆统大南湖组（D_1d）为一套海相碎屑岩夹碳酸盐沉积，向上夹有安山质凝灰岩和安山岩。其中凝灰岩、酸性凝灰岩、安山质凝灰岩、安山岩等Au元素丰度值0.96×10^{-9}～1.36×10^{-9}之间。区内的火山岩十分发育，岩浆侵入活动较强，岩体也广泛分布，断裂构造活动强烈，成矿地质条件较好。区内主要出露矿产地有琼祖尔开、琼祖尔开东及乌尊吞盖金矿，科研预测资源量为1.54t，对于寻找金矿具有很大潜力，综合评定为B类靶区。

（3）石头泉成矿远景区（Ⅴ－7）

该成矿远景区位于博格达－哈尔里克研究区东南角，哈密市东部，面积约567.7km^2。该远景区出露地层主要有下石炭统小热泉子组（C_1x）以及上石炭统居里得能组（C_2j），区内发育石炭纪侵入岩，以二长花岗岩及闪长岩等中酸性侵入体为主。在地层与中酸性侵入体接触带，发育有褐铁矿化、高岭土化、绿泥石化等热液蚀变现象，大多受断裂构造控制，围岩地层中具有较高的Au、Ag等成矿元素，是寻找金矿的有利含矿层位。区内见有铜矿（床）点3处，金矿（床）点4处，其加权Logistic回归后验成矿概率较高，可信度亦较大，见有多处Au化探异常，尤其石炭系小热泉子组及居里得能组是区域富集Ag、Au等元素的有利含矿层，属C类成矿远景区，总体看该区具有良好的找矿前景。根据成矿条件及地质类比共圈定了1个找矿靶区。

小石头泉金矿靶区（ZB－3）：

小石头泉金矿找矿靶区位于沁城东小石头泉地区，呈近北东向条带状展布，长约48km，宽7～11km，面积436.72km²。大地构造位置为哈尔里克古生代复合岛弧，所属成矿带为哈尔里克（复合岛弧带）Cu－Au－W－稀有金属－Mo－多金属－石墨－红柱石－盐类－泥炭矿带（Ⅳ－6－③），主要矿种及预测类型为火山热液型。

该区出露地层以变质岩为主，区内东部主要为下石炭统小热泉子组（C_1x）以及上石炭统居里得能组（C_2j），上石炭统居里得能组（C_2j）下部主要以中性熔岩夹少量火山碎屑岩。中部以正常沉积的碎屑岩为主夹少量火山碎屑岩，上部为火山碎屑岩夹少量中性熔岩和少量碎屑岩。下石炭统小热泉子组（C_1x）主要为一套杂色中、中基、基性火山岩（多为熔岩）为主，夹中酸—酸性熔岩、凝灰质碎屑岩、陆源碎屑岩，厚度1873～3321m。含植物 *Sphenophyllum* sp.，*Calamitts* sp.，*Angaropteridium* sp.，*Noeggerathiopsis* sp. 等化石。区内发育石炭纪侵入岩，以二长花岗岩及闪长岩等中酸性侵入体为主，在地层与中酸性侵入体接触带，发育有褐铁矿化、高岭土化、绿泥石化等热液蚀变现象，大多受断裂构造控制，围岩地层中具有较高的Au、Ag等成矿元素，是寻找金矿的有利含矿层位。区内主要出露矿产地有小石头泉金矿，对于寻找金矿具有较大潜力，综合评定为C类靶区。

（4）镜儿泉北成矿远景区（Ⅴ－8）

该成矿远景区位于博格达－哈尔里克研究区东南角，哈密市东部，面积约864.84km²。该远景区出露地层以变质岩为主，区内东部主要为长城系星星峡岩群（Ch*X*.）。由于大面积闪长岩的侵入及断裂破坏，地层出露极不完全，铜、铅锌矿化分布于变质相带外侧破碎带中，该地层含Pb、Zn、Ag普遍较高，是寻找铅锌银矿的有利含矿层位。区内见有铜矿（床）点8处，金矿（床）点4处，其加权逻辑斯回归后验成矿概率较高，可信度亦较大，见有多处Cu、Au化探异常，尤其长城系星星峡岩群是区域富集Pb、Zn、Ag、Cu、Au等元素的有利含矿层，属C类成矿远景区，总体看该区具有良好的找矿前景。根据成矿条件及地质类比共圈定了1个找矿靶区。

镜儿泉北金矿靶区（ZB－4）：

镜儿泉北金矿找矿靶区位于沁城东镜儿泉地区，呈近北西向条带状展布，长30～35km，宽7～15km，面积427.44km²。大地构造位置为哈尔里克古生代复合岛弧，所属成矿带为哈尔里克（复合岛弧带）Cu－Au－W－RM －Mo－多金属－石墨－红柱石－盐类－泥炭矿带（Ⅳ－6－③），主要矿种及预测类型为构造蚀变岩型。

该远景区出露地层以变质岩为主，区内东部主要为长城系星星峡岩群（Ch*X*.），西部以石炭纪辉长闪长岩为主。长城系星星峡岩群（Ch*X*.）为一套中、深变质的石英片岩，岩性为石英岩、变粒岩、斜长角闪片岩、黑云母斜长片麻岩，局部夹黑云母石英片岩、白云石大理岩薄层。并夹多层结昌灰岩及白云质大理岩，由于大面积闪长岩的侵入及断裂破坏，地层出露极不完全，铜、铅锌矿化分布于变质相带外侧破碎带中，该地层含Pb、Zn、Ag普遍较高，是寻找铅锌银矿的有利含矿层位。区内见有铜矿（床）点8处，金矿（床）点4处，其加权Logistic回归后验成矿概率较高，可信度亦较大，见有多处Cu、Au化探异常，尤其长城系星星峡岩群是区域富集Pb、Zn、Ag、Cu、Au等元素的有利含矿层，总体看该区具有良好的找矿前景。区内主要出露矿产地有碱水泉金矿，该区对于寻找金矿具有较大潜力，综合评定为C类靶区。

5.2.3 远景资源量预测

5.2.3.1 铜矿资源量预测

（1）已查明资源储量及其估算参数

查明资源储量：主要指目前工程控制实际查明的全部资源储量，即333类别以上级别的资源量。

矿床面积：通常指矿床面积，即矿体、矿带或脉状矿体聚集区段边界范围的面积（在MapGIS预测要素图上分别读取数据）。

矿体延深：大多指经普查或者勘探的矿床某勘探线钻孔控制最大见矿垂深。

品位、体重：指估算查明资源储量时实际采用的品位和体重。

体积含矿率为查明资源储量/（面积×延深）。

博格达-哈尔里克成矿带典型矿床查明资源量见表5.2.3，白杨沟铜矿查明资源量为本项目在达坂城靶区查证，经过大比例尺地质填图、激电中梯、激电剖面、激电测深以及瞬变电磁工作，共计获得Cu远景资源量为12.42×10^4t。

表5.2.3 博格达-哈尔里克成矿带典型矿床查明资源储量表

名称	经度	纬度	矿种	金属量/t	总体积/m^3	品位/10^{-6}	体重/$t\cdot m^{-3}$	体积含矿率/$t\cdot m^{-3}$
白杨沟铜矿	881000	434000	铜	124200.0	984165600	2.28	2.85	0.0000805

（2）典型矿床深部及外围预测资源量及其估算参数

典型矿床资源量预测包括矿床深部及矿床外围资源量，根据工作区典型矿床的实际情况而进行资源量预测，有的只有其中一种，有的兼而有之。在典型矿床深部及外围资源量预测过程中，牵涉到以下参数：面积、延深、体积含矿率、预测资源量。

1）面积：指估算预测资源量的面积参数，当只估算已知矿床深部预测资源量时，采用查明资源储量部分矿床面积；当预测矿床外围地段时，指预测范围面积。矿床面积以已知矿体的（多个）最大边界范围圈定。

2）延深：预测矿床延深，根据物探、地质、矿床特征等因素推定。

3）体积含矿率：为单位体积的资源量，体积含矿率=查明资源储量/已查明矿体总体积。

4）预测资源量=预测矿体面积×预测资源量部分延深×体积含矿率+外围预测资源量。

下面以预测工作区为单位，重点以表格形式反映典型矿床的深部和外围估算资源量、参数确定及依据，详细内容见表5.2.4、表5.2.5。

表 5.2.4　博格达一带典型矿床深部和外围预测资源量表

名称	矿种	面积 m^2	延深/m	体积含矿率 $t \cdot m^{-3}$	预测资源量 t	预测范围
白杨沟铜矿	铜	149125.08	400	0.0001262	7527.73	外围
		2460414.00	200	0.0001262	62100.00	深部

表 5.2.5　博格达一带典型矿床资源量汇总表

名称	矿种	查明资源储量 t	预测资源量 t	总资源量 t	总体积 m^3	总延深/m	含矿系数 $t \cdot m^{-3}$
白杨沟铜矿	铜	124200.00	69627.73	193827.7	2609539.08	600	0.0001238

（3）模型区含矿系数确定

模型区含矿系数＝模型区预测资源总量/模型区含矿地质体总体积。

从以上公式可以看出，含矿系数精度取决于模型区的资源量和成矿地质体体积。模型区的资源总量包括查明资源量、预测资源量和已剥蚀了的资源量。其中，预测资源量是指在矿区深部及外围开展大比例尺预测求得的预测精度较高的 334_1 资源量。

1）当成矿地质体可以确切圈定边界，应估算模型区含矿地质体含矿系数。

2）当含矿地质体难以确切圈定边界时，直接估算模型区含矿系数。

计算公式依据：模型区含矿系数＝模型区预测资源总量/（模型区总体积×含矿地质体面积参数）。

博格达一带模型区资源量及其估算参数见表 5.2.6、表 5.2.7。

表 5.2.6　模型区预测资源量及其估算参数

名称	模型区预测资源量/t	模型区面积 km^2	延深 m	含矿地质体面积 km^2	含矿地质体面积参数	矿种
白杨沟	193827.73	659.09	600	467.95	0.71	铜

表 5.2.7　模型区含矿地质体含矿系数表

模型区名称	含矿地质体含矿系数 $t \cdot m^{-3}$	资源总量/t	含矿地质体总体积 m^3	矿种
白杨沟	0.00000069034	193827.7	280772340000.00	铜

（4）最小预测区相似系数的确定

相似系数通常指最小预测区与概念模型的相似程度。求取过程主要是对预测要素权重进行分析并赋予不同的数值，一般必要要素权重 1.00、重要要素权重 0.80、次要要素权重 0.50，然后将最小预测区与概念模型类比，根据各要素与最小预测的对应情况赋予一定的分值，这样根据要素所得分值与相应要素权重即可求得某一要素在一个最小预测区的得分。通过计算最小预测区所有要素的总得分即可计算预测区与概念模型的相似程度，求得相似系数。计算公式如下：

$$T = (要素1 \times 权重1 + 要素2 \times 权重2 + \cdots + 要素n \times 权重n)$$

$$F = T \div T_{max}$$

式中：T 为最小预测区有利度；F 为相似系数；T_{max} 为概念模型标准分值。

根据地质矿产调查成果在博格达－哈尔里克一带，建立了区域预测概念模型，预测铜矿必要要素包括：赋矿地层（C_2l）、成矿时代晚石炭世、火山－沉积岩建造；重要预测要素包括：北西向断裂附近、有铜矿床（点）、铜化探异常、近矿围岩蚀变组合；次要预测要素为辉绿岩外接触带、激电及磁异常，进行相似系数计算，博格达一带铜矿最小预测区相似系数结果见表 5.2.8。

表 5.2.8　博格达一带最小预测区相似系数计算表

最小预测区编号	级别	必要要素（权重100%）			重要要素（权重80%）				次要要素（权重50%）		预测区要素总值 T	相似系数 F
		赋矿地层 C_2l	成矿时代晚石炭世	火山－沉积岩建造	北西向断裂附近	有铜矿床（点）	铜化探异常	近矿围岩蚀变组合	辉绿岩外接触带	激电及磁异常		
		要素1	要素2	要素3	要素4	要素5	要素6	要素7	要素8	要素9		
ZB－1	B	0	1	1	0.8	0.8	0.6	0.65	0	0.25	5.10	0.71
ZB－2	A	1	1	1	0.8	0.8	0.8	0.8	0.5	0.5	7.20	1
ZB－3	B	1	1	0.8	0.8	0.8	0.8	0.8	0.5	0.4	6.90	0.96
ZB－4	B	1	1	0.8	0.7	0.8	0.65	0.8	0.5	0.35	6.60	0.92
ZB－5	A	1	1	0.7	0.7	0.8	0.5	0.8	0.5	0.2	6.20	0.86
ZB－6	B	0	1	0.8	0.7	0.8	0.8	0.7	0.5	0.2	6.80	0.95
ZB－7	A	0	1	0.8	0.6	0.8	0.3	0.5	0.5	0.2	4.70	0.74
ZB－8	C	1	1	0.8	0.7	0.8	0.5	0.5	0.4	0.4	6.70	0.93
ZB－9	C	1	1	0.7	0.7	0.8	0.4	0.4	0.5	0.15	5.65	0.79
ZB－10	C	0	1	0.7	0.6	0.8	0.4	0.5	0.4	0.15	4.55	0.73

备注：$T = (要素1 \times 权重1 + 要素2 \times 权重2 + \cdots + 要素n \times 权重n)$；$F = T \div T_{max}$；$T_{max}$ 为典型矿床概念模型得分。

（5）预测工作区预测资源量结果

根据模型区与预测区的具体情况，采用预测区与模型区进行相似类比，最小预测区预测资源量估算公式如下：

$$Q = S_{体} \times H_{预} \times K \times \alpha$$

式中：Q 为预测区总资源量；$S_{体}$ 为模型区或预测区含矿地质体面积；$H_{预}$ 为推算深度，各预测区分别采用相似模型区的推算深度；K 为模型区含矿率，各预测区分别采用相似模型区的含矿率；α 为相似系数。结合含矿地质建造、地表矿化蚀变以及铜地球化学元素异常，在博格达一带圈定铜矿预测靶区 10 个（图 5.1.1），采用综合信息地质体积法预测铜资源总量 80.59×10^4t（表 5.2.9）。

表 5.2.9 博格达一带最小预测区参数及资源量估算结果一览表

序号	最小预测区编号	最小预测区名称	最小预测区面积 km^2	含矿地质体面积 km^2	$H_{预}$ m	K_s 面积参数	K $t \cdot m^{-3}$	相似系数	预测总资源量 t	级别	精度
1	ZB-1	韦草沟	258.61	170.68	350	0.66	0.00000069034	0.71	29279.97	B	334_2
2	ZB-2	白杨沟	659.09	467.95	600	0.71	0.00000069034	1.00	193826.12	A	334_1
3	ZB-3	达坂城东	614.41	355.13	450	0.58	0.00000069034	0.96	105908.96	B	334_2
4	ZB-4	庙尔沟	387.57	279.05	400	0.72	0.00000069034	0.92	70891.05	B	334_2
5	ZB-5	博斯塘	679.98	503.18	450	0.74	0.00000069034	0.86	134429.92	A	334_1
6	ZB-6	克里库尔	412.76	303.63	550	0.82	0.00000069034	0.95	121448.18	A	334_1
7	ZB-7	西地	157.62	127.68	350	0.81	0.00000069034	0.74	22828.86	A	334_1
8	ZB-8	索尔巴斯套北	572.24	279.83	300	0.49	0.00000069034	0.93	53896.44	C	334_3
9	ZB-9	口门子	368.56	154.79	400	0.42	0.00000069034	0.79	33766.93	C	334_3
10	ZB-10	咸水泉	427.44	196.62	400	0.46	0.00000069034	0.73	39634.39	C	334_3
合计									805910.81		

5.2.3.2 金矿资源量预测

（1）已查明资源储量及其估算参数

查明资源储量：主要指目前工程控制实际查明的全部资源储量，即333类别以上级别的资源量。

矿床面积：通常指矿床面积，即矿体、矿带或脉状矿体聚集区段边界范围的面积（在MapGIS预测要素图上分别读取数据）。

矿体延深：大多指经普查或者勘探的矿床某勘探线钻孔控制最大见矿垂深。

品位、体重：指估算查明资源储量时实际采用的品位和体重。

体积含矿率＝查明资源储量/（面积×延深）。

（2）典型矿床深部及外围预测资源量及其估算参数

典型矿床资源量预测包括矿床深部及矿床外围资源量，根据工作区典型矿床的实际情况而进行资源量预测，有的只有其中一种，有的兼而有之。在典型矿床深部及外围资源量预测过程中，牵涉到以下参数：面积、延深、体积含矿率、预测资源量。

1）面积：指估算预测资源量的面积参数，当只估算已知矿床深部预测资源量时，采用查明资源储量部分矿床面积；当预测矿床外围地段时，指预测范围面积。矿床面积以已知矿体的（多个）最大边界范围圈定。

2）延深：预测矿床延深，根据物探、地质、矿床特征等因素推定。

3）体积含矿率：为单位体积的资源量，体积含矿率 = 查明资源储量/已查明矿体总体积。

4）预测资源量 = 预测矿体面积 × 预测资源量部分延深 × 体积含矿率 + 外围预测资源量。

（3）模型区含矿系数确定

模型区含矿系数 = 模型区预测资源总量/模型区含矿地质体总体积。

从以上公式可以看出，含矿系数精度取决于模型区的资源量和成矿地质体体积。模型区的资源总量包括查明资源量、预测资源量和已剥蚀了的资源量。其中，预测资源量是指在矿区深部及外围开展大比例尺预测求得的预测精度较高的 334_1 资源量。①当成矿地质体可以确切圈定边界，应估算模型区含矿地质体含矿系数。②当含矿地质体难以确切圈定边界时，直接估算模型区含矿系数。计算公式依据：模型区含矿系数 = 模型区预测资源总量/（模型区总体积 × 含矿地质体面积参数）。

博格达一带模型区资源量及其估算参数见表 5. 2. 10、表 5. 2. 11。

表 5. 2. 10　模型区预测资源量及其估算参数

名称	模型区预测资源量 kg	模型区面积 km^2	延深 m	含矿地质体面积 km^2	含矿地质体 面积参数	矿种
索尔巴斯陶	29309. 41	111. 83	500	62. 62	0. 56	金

表 5. 2. 11　模型区含矿地质体含矿系数表

模型区名称	含矿地质体含矿系数 $t \cdot m^{-3}$	资源总量 kg	含矿地质体总体积 m^3	矿种
索尔巴斯陶	0. 00000093610	29309. 41	31310000000. 00	金

（4）最小预测区相似系数的确定

相似系数通常指最小预测区与概念模型的相似程度。求取过程主要是对预测要素权重进行分析并赋予不同的数值，一般必要要素权重 1. 00、重要要素权重 0. 80、次要要素权重 0. 50，然后将最小预测区与概念模型类比，根据各要素与最小预测的对应情况赋予一定的分值，这样根据要素所得分值与相应要素权重即可求得某一要素在一个最小预测区的得分。通过计算最小预测区所有要素的总得分即可计算预测区与概念模型的相似程度，求得相似系数。计算公式如下：

$$T = （要素 1 \times 权重 1 + 要素 2 \times 权重 2 + \cdots + 要素 n \times 权重 n）$$

式中：T 为最小预测区有利度；F 为相似系数；T_{max} 为概念模型标准分值。

根据地质矿产调查成果在博格达 - 哈尔里克一带，建立了区域预测概念模型，预测铜矿必要要素包括：韧性剪切带附近、断裂交汇部位、早石炭世；重要预测要素包括：有金矿床（点）、金化探异常、海相火山岩建造、重砂异常；次要预测要素为火山碎屑岩建造、硅化、黄铁矿化围岩蚀变，进行相似系数计算，博格达一带金矿最小预测区相似系数结果见表 5. 2. 12。

表 5.2.12　博格达一带最小预测区相似系数计算表

最小预测区编号	级别	必要要素（权重100%）			重要要素（权重80%）				次要要素（权重50%）		预测区要素总值 T	相似系数 F
		韧性剪切带附近	断裂交汇部位	早石炭世	有金矿床（点）	金化探异常	海相火山岩建造	重砂异常	火山碎屑岩建造	硅化、黄铁矿化围岩蚀变		
		要素1	要素2	要素3	要素4	要素5	要素6	要素7	要素8	要素9		
ZB－1	A	1	1	1	0.8	0.5	0.6	0.25	0.5	0.5	6.15	1.00
ZB－2	B	0.5	1	0.5	0.8	0.75	0.7	0.3	0.4	0.4	5.35	0.87
ZB－3	C	0.5	1	0.5	0.8	0.8	0.7	0.25	0.4	0.3	5.25	0.85
ZB－4	C	0.5	1	0.8	0.8	0.6	0.5	0.3	0.3	0.35	5.15	0.84

注：T＝（要素1×权重1＋要素2×权重2＋…＋要素 n×权重 n）；$F=T\div T_{max}$；T_{max}为典型矿床概念模型得分。

（5）预测工作区预测资源量结果

根据模型区与预测区的具体情况，采用预测区与模型区进行相似类比，最小预测区预测资源量估算公式如下：

$$Q=S_{体}\times H_{预}\times K\times\alpha$$

式中：Q 为预测区总资源量；$S_{体}$ 为模型区或预测区含矿地质体面积；$H_{预}$ 为推算深度，各预测区分别采用相似模型区的推算深度；K 为模型区含矿率，各预测区分别采用相似模型区的含矿率；α 为相似系数。

结合含矿地质建造、地表矿化蚀变以及铜地球化学元素异常，在博格达一带圈定金矿预测靶区 4 个（图 5.1.2），采用综合信息地质体积法预测金资源总量 42.88（表 5.2.13）。

表 5.2.13　博格达一带最小预测区参数及资源量估算结果一览表

序号	最小预测区编号	最小预测区名称	最小预测区面积 / km^2	含矿地质体面积 / km^2	$H_{预}$ / m	K_s 面积参数	K / $t\cdot m^{-3}$	相似系数	预测总资源量 / kg	级别	精度
1	ZB－1	索尔巴斯套	111.83	62.62	500	0.56	0.00000093610	1.00	29309.41	A	334_1
2	ZB－2	口门子	258.32	41.33	200	0.16	0.00000093610	0.87	6731.92	B	334_2
3	ZB－3	石头泉	436.72	42.74	100	0.10	0.00000093610	0.85	3400.77	C	334_3
4	ZB－4	镜儿泉	427.44	43.67	100	0.10	0.00000093610	0.84	3433.89	C	334_3
合计									42875.99		

5.3 成矿潜力分析

博格达－哈尔里克地区具有较好的铜金成矿地质条件，通过本次研究，共圈定成矿远景区8处，各类靶区14处，预测金资源总量42.88t，预测铜资源总量80.59×10^4t，显示了进一步找矿的潜力。

5.3.1 成矿条件分析

5.3.1.1 地层岩性控矿

地层岩性对成矿的控制作用，主要体现为含矿岩性建造及地层岩石化学性质和物理性质对成矿作用的影响。研究区内泥盆纪和石炭纪火山活动最为强烈，火山岩地层分布广泛。火山热液型矿床（点）大多产于下石炭统火山岩系中，含矿火山岩系为玄武－安山－流纹岩－沉凝灰岩建造和玄武－凝灰岩建造，矿源层大多是Cu、Au丰度高的凝灰质（细）砂岩和安山质火山碎屑岩等，如索尔巴斯陶金矿、西地铜矿。韧性剪切带型金矿的最佳层位是上石炭统柳树沟组（C_2l），该组地层具有较高的Cu、Au元素异常，地层中含有丰富的成矿物质，后期的构造挤压环境使得成矿元素活化迁移，在有利地段富集成矿，如琼祖尔开金矿。

区内出露的矿化最好的地层由老至新分别为中—下奥陶统恰干布拉克组（$O_{1-2}q$）、中—上奥陶统塔水组（$O_{2-3}t$）、下石炭统塔克尔巴斯陶组（C_1tk）、上石炭统柳树沟组（C_2l）、奥尔吐组（C_2a），其中柳树沟组为区内最主要的含矿地层。

（1）恰干布拉克组（$O_{1-2}q$）

恰干布拉克组为海相的中基性火山熔岩夹火山碎屑岩组合，属爆发喷溢相。该地层主要岩性为爆发喷溢相的中基性火山熔岩、火山碎屑岩夹少量碎屑岩，其火山岩发育区有较多的铜矿化现象，调查区内有5个铜矿（化）点发育于该套地层中。原冶金704队（1978年）所做的铜分散流测量圈出的15个Cu元素异常有5个分布于该地层发育区段。经过踏勘检查和地质找矿工作，Cu异常所处地段主要岩性为安山岩、英安岩和中性酸性凝灰岩。在阔木达坂附近，铜矿化主要发育于酸性火山岩为受火山机构控制的脉岩附近。矿化带附近多伴生绿帘石化、绿泥石化、硅化和黄铁矿化，矿化多呈细脉状和浸染状，矿产检查表明，岩浆热液和火山热液对火山岩石的改造是矿化元素富集的主要原因。尤其是叠加了动力变形地段尤为明显，如绿泥石千枚岩等（原岩为凝灰岩）。除了铜矿化以外，大多数铜矿化岩石还伴生低品位金矿化（Au元素含量为$0.2\times10^{-6}\sim0.6\times10^{-6}$）。经与新疆北部成矿元素平均丰度值的比较，可看出本组的Au、Ag、Cu、Pb、Zn元素平均丰度值均高于新疆北部统计数值（新疆维吾尔自治区第二轮成矿远景区划研究汇总报告，1994）。尤以Au、Cu元素丰度值较为突出。其中安山岩、安山质集块岩、安山质凝灰岩、凝灰岩等Au元素丰度为$0.82\times10^{-9}\sim2.51\times10^{-9}$，高出新疆北部元素丰度值1.5～4倍，已发生热液蚀变和动力变形的火山碎屑岩如绢云千枚岩、绿泥千枚岩Au元素含量为$1.15\times10^{-9}\sim27.73\times10^{-9}$，是新疆北部元素丰度值的2～47倍。Cu元素也表现出中性火山岩、火山碎屑岩丰度值很高的现象，高出新疆北部元素丰度值2~35倍，这与本组中广泛见到的局部孔雀石化现象吻合。说明本组具有形成铜矿的良好矿源层条件。

（2）塔水组（$O_{2-3}t$）

塔水组为分布于塔水—白杨沟—板房沟一带，处于几组断裂交汇和构造线转折部位，为一套海相火山复理石沉积建造。受韧性剪切变质变形作用影响，岩石千枚岩化、糜棱岩化强烈，受深部变质流体的改造，局部地段硅化、黄铁矿化、碳酸盐化发育，形成北西走向的石英脉群。经与新疆北部成矿元素平均丰度值的比较，可看出本组的Au、Ag、Cu、Pb、Zn元素平均丰度值均高于新疆北部元素丰度值，其中酸性凝灰岩、绢云千枚岩、长英质糜棱岩、绿泥千枚岩、绢云石英片岩、凝灰岩糜棱岩等Au元素平均含量$3.08\times10^{-9}\sim15.30\times10^{-9}$之间，为新疆北部元素丰度值5.2~25.9倍，尤其是被低温动力变质作用改造的中酸性火山岩（酸性凝灰岩、长英质糜棱岩、绿泥千枚岩、凝灰岩糜棱岩等），Au元素含量明显高出很多倍，属于金矿化矿源层，被韧性剪切变质变形作用改造的岩石Au元素含量明显增高的现象，说明韧性剪切变质变形作用对该地层的金矿化起着重要的成矿作用。新发现的琼祖尔开、乌尊吞盖、唐吉勒尕等15个金矿（化）点均发育在韧性剪切作用和其流体活动带中，该矿化受韧性剪切形成的构造面理和构造蚀变岩带、含硫化物石英脉控制。

（3）柳树沟组（C_2l）

柳树沟组为中酸性火山岩组合，被韧性剪切变质变形作用改造，分布于天山庙－塔水－白杨沟、板房沟一带，呈北西300°方向断片出露。出露宽度2~3km，最宽处可达3km。向北西延入北邻区，向南东于琼祖尔开－板房沟一带被板房沟－南山口大断裂截切而尖灭。在天山庙－塔水－阔木达坂北北西向断裂以西为碎屑岩夹火山岩，东部为火山岩、火山碎屑岩夹碎屑岩及少许大理岩。在塔水－阔木达坂北北西向断裂以东康吉勒尕－板房沟一带，为一套火山碎屑岩夹正常碎屑岩沉积。该组内北西向韧脆性断裂十分发育，受剪切变质变形作用影响，岩石千枚岩化、糜棱岩化强烈，受深部变质流体的改造，一些地段硅化、黄铁矿化、碳酸盐化发育，形成北西走向的石英脉群。新发现的15个金矿（化）点和4个铜矿化点均发育在韧性剪切作用和其流体活动带中，该矿化受韧性剪切形成的构造面理和构造蚀变岩带、含硫化物石英脉控制。该组地层在琼祖尔开一带处于几组断裂交汇和构造线转折部位，岩石组合在该地段火山岩、火山碎屑岩逐渐增多，正常碎屑岩明显减少，是火山活动强烈地区，上述几种地质条件的叠加，使得本区段的成矿作用更加明显，形成的矿（化）点更加集中。经与新疆北部成矿元素平均丰度值的比较，可看出本组的Au、Ag、Cu、Pb、Zn元素平均丰度值均高于新疆北部元素丰度值，其中酸性凝灰岩、绢云千枚岩、长英质糜棱岩、绿泥千枚岩、绢云石英片岩、凝灰岩糜棱岩等Au元素平均含量为$3.08\times10^{-6}\sim15.30\times10^{-6}$，为新疆北部元素丰度值的5.2~25.9倍，尤其是被低温动力变质作用改造的中酸性火山岩（酸性凝灰岩、长英质糜棱岩、绿泥千枚岩、凝灰岩糜棱岩等）Au元素含量明显高出很多倍，属于金矿化矿源层，被韧性剪切变质变形作用改造的岩石Au元素含量明显增高的现象，说明韧性剪切变质变形作用对该地层的金矿化起着重要的成矿作用。Cu元素在中基性火山岩、火山碎屑岩组合中（安山岩、玄武岩、绢云绿泥千枚岩）高出新疆北部元素平均近2倍，该现象与本组中广泛见到的局部孔雀石化现象吻合，说明本组的中基性火山岩、火山碎屑岩组合，是形成铜矿化的良好矿源层。

(4) 塔克尔巴斯陶组 (C_1tk)

塔克尔巴斯陶组第一岩性段与新疆北部地区元素丰度值进行比较发现，其常见热液元素 Au、Ag、Pb、Mo 的平均值均高于新疆北部地区的元素丰度，其 Cu、Ni 元素平均值低于新疆北部丰度，表明塔克尔巴斯陶组中热液活动较强。塔克尔巴斯陶组第一段地层中较高的 Au、Ag、Pb、Mo 元素含量在地层形成时期就已经具备，显示出其具有初始富集矿源层的性质。而 Cu、Ni 元素在该地层形成过程中则处于相对分散、贫化特征，Sn、Zn、Cr、Co、W 元素平均值与新疆北部丰度相当，未出现相对贫化或富集现象。该地质单元总体上以富集 Au、Ag、铁族元素为特征。Au、Ag、Pb、Cu、Zn、Cr、Ni、Co、Mo 等元素高低值变化幅度大多数大于 20 倍，其中 Au、Cu、Zn、Ni 分别达 230 倍、30 倍、34 倍，这些元素在该地层的含量相对较高，且这些元素的最大值明显高于地层的平均值，表明这些元素在局部有利控矿条件部位或地段，已产生了相对再富集。而 Ag、Sn、W 元素仍处于相对分散状态。

塔克尔巴斯陶组第二岩性段地层成矿元素平均值与新疆北部成矿元素丰度比较，Au、Ag、Pb、Cr、W、Mo 元素平均值高于新疆北部丰度，Cu、Zn、Ni、Co 元素平均值低于新疆北部丰度。表明塔克尔巴斯陶组第二段地层中 Au、Ag、Pb、Cr、W、Mo 元素在该地层形成初期，就已经富集了上述元素组合，含有较高的地球化学背景值，具有了初始富集矿源层的特征。而 Cu、Zn、Ni、Co 元素在该地层形成过程中则处于相对分散、贫化特征，Sn 元素平均值与新疆北部丰度相当，未出现相对贫化或富集现象。

总体上，博格达晚古生代裂谷在早石炭世拉张阶段形成与火山作用有关金（铜）矿床，主要赋存于下石炭统双峰式火山岩建造内（塔克尔巴斯陶组），至石炭纪晚期阶段，该区由拉张环境转向碰撞汇聚环境，发生了大规模的火山作用，成矿作用与该期火山作用关系密切，该区所形成的矿床均受火山机构控制（李平等，2013b）。哈尔里克古生代复合岛弧的老地层中晚奥陶塔水组 ($O_{2-3}t$) 中含有丰富的成矿物质，在后期的岩浆活动、构造挤压作用下，成矿元素被萃取出来形成矿化体，为金矿体的形成提供了物质来源（李平等，2013b）。

5.3.1.2 岩浆侵入作用控矿

岩浆侵入活动不仅能为矿体的形成提供温度、压力等成矿条件，还能为成矿提供丰富的物质来源。研究区岩浆侵入活动剧烈而频繁，各个时代侵入岩体形态、产状不一，岩性复杂多样，成因类型和岩石序列齐全，其中晚古生代是研究区岩浆作用最活跃的时期，特别是石炭纪侵入岩更加发育，也为成矿作用提供了物质来源和热力学动力。博格达造山带为分布广泛的辉绿岩岩床及少量闪长岩－花岗闪长岩和钾长花岗岩岩株，侵位于上石炭统，其中辉绿岩为顺岩层呈岩床产出，遍布博格达山脉，具典型辉绿结构、嵌晶辉长结构。闪长岩、花岗闪长岩、二长花岗岩和钾长花岗岩均为小岩株、岩枝状产出。哈尔里克地区以二长花岗岩为主，侵入最新地层为上石炭统。

据近年来 1∶5 万区域地质调查工作成果，郭华春等（2006）有关学者分别对哈尔里克山口门子地区和塔水河一带的花岗质岩体进行了年代学研究，获得小铺片麻状黑云母花岗岩锆石年龄（311 ±9）Ma（孙桂华等，2007）、奥姆尔塔格碱性花岗岩 U－Pb 同位素年龄（287.6 ± 2.1）Ma（汪传胜等，2009）、小堡花岗岩体 U - Pb 同位素年龄（297 ±2）Ma和（295 ±2）Ma（陈希节等，2010）。王赐银等（1996）、赵明等（1997）通过同位素定年认为哈尔里克晚古生代火山弧发生于早石炭世，晚石炭世发生陆陆碰撞。孙桂华等（2005）通过对口门子一带大面积出露的闪长岩和花岗闪长岩锆石 SHRIMP U - Pb 定年获得（316 ±3）Ma，将其解释为哈尔里克晚古生代的初始岩浆侵入活动。主要岩体测年成果表明侵入上石炭统的侵位时代主要集中 310 ~ 280Ma 前后，可视为后碰撞深成岩浆活动（韩宝福等，2006）。从宏观上看，博格达 - 哈尔里克地区与铜、金矿有关的岩浆岩主要集中于华力西中晚期的花岗岩、花岗闪长岩侵入体，剧烈岩浆活动对已有矿化或矿源层进行热液改造和再次富集，铜、金矿成矿流体研究表明其成矿流体特征都显示出了岩浆期后热液特征。岩浆侵入活动与金属矿成矿在空间、时间和成因上关系密切。

5.3.1.3 断裂构造控矿

成矿带受大的构造断裂带控制，矿床多分布在大断裂附近，矿床中的矿体则大多受次一级断裂控制，这些断裂不仅在围岩接触带，在岩体内部也有分布，既可以为岩浆的侵入、含矿热液的流动提供通道，又可以为成矿流体的热源、水源、矿源以及成矿物理化学条件变化、矿体定位等提供能量。断裂构造能够为各种热液（包括岩浆水、大气降水、地下热卤水、建造水等）的活动提供便利的条件。各种热液的广泛活动有利于萃取中—基性火山岩中的成矿物质而形成含矿热液，断裂构造能够为含矿热液或含有 Cu、Au 等成矿物质的流体提供运移的通道，同时，由于物化条件的改变，成矿流体发生沉淀成矿时，还能为其提供容矿空间。如索尔巴斯陶金矿床、大红山金矿床、铜沟、杏树沟铜矿床等均产于断裂破碎带中，明显受断裂构造控制。韧性剪切带形成于深部构造层次，其成矿流体来源于温度、压力较高的深部变质流体，这种流体富含 Cl、I、F、B、CO_2、H_2S 等，具有高侵蚀性、强淋滤性和溶解造岩、造矿组分的能力。经历了高温卤水长时间的侵蚀、淋滤和溶解作用后，原岩（中—基性火山岩）中 Au、Cu 等成矿物质大部分被淋滤出来，多呈化合物形式存在于高温、高压流体（卤水）中。由于后期造山运动的影响，使这些形成于深部的韧性剪切带及其含矿流体被抬升至浅部，随着温度压力的降低，物理化学条件的改变及地表水的参与，含矿流体中的 Cu、Au 等成矿物质因失稳而沉淀，形成铜、金矿。此外，韧性剪切带内的岩石相对于围岩地层的岩石而言，因其发生了糜棱岩化，岩石破碎较强，增大了岩石的渗透性，对于成矿物质的迁移与富集十分有利。因此，口门子一带的铜、金矿（化）点多分布于口门子地区塔水 - 板房沟一带的强变形 - 韧性剪切带中或附近。目前已发现的韧性剪切带型金矿琼祖尔开金矿就产于口门子一带的塔水 - 板房沟韧性剪切带。已发现的双泉金矿、金窝子金矿、白杨沟金矿等也都分布在韧性剪切带地层中或附近。本构造单元最重要控矿或有利于成矿元素富集的构造为：①受侵入挤压构造和汽水热液通道控制的侵入岩内外接触带；②受裂隙中心式喷发带控制的火山机构和各种脉岩带、热液活动带；③后期叠加的韧性剪切变质变形带。尤其是多期次、多走向断裂交汇部位复合控矿现象尤为明显，如阔木达坂 - 琼祖尔开一带。受侵入构造和汽水热液蚀变带控制的矿点主要有小八羊沟铜矿点、霍莫拉东铜矿（化）点等，受火山岩带和火山机构控制的矿点主要有阔木达坂铜矿点、霍莫拉铜矿（化）点、乔塔克塔铜矿化点等，受韧性剪切带控制的矿点主要有琼祖尔开金矿点、琼祖尔开东铜矿点、帕托郭勒东铜矿点、杨托西铜矿化点等。

5.3.1.4 化探异常分析

目前收集的全疆1∶20万水系化探成果表明，研究区内发育两处综合化探异常，博格达－七角井Cu、Au、Zn综合异常带和大南湖Cu、Ni、Au综合异常带。前者位于东天山博格达－七角井－白石头一带，以Cu、Au、Zn为主，异常规模及面积较小，分布零散，多呈单元素异常分布，仅在少部分地区形成多元素异常集中区：如七角井－吴家庄子Cu、Au、Ni、Sb、Pb异常集中区，是铜、金成矿远景地区。后者位于沙尔湖到庙尔沟一带，以Cu、Au为主，自西向东形成多元素异常集中区：如大南湖Cu、Ni、Au异常集中区，是铜、金、镍成矿远景地区。近年的1∶5万化探资料也表明，区内Au元素平均含量高于新疆北部元素丰度值，且博格达－哈尔里克一带Au异常区大多数异常集中在上石炭统柳树沟组（C_2l）中，Au、Ag、Cu、Pb、Zn元素平均丰度值均高于新疆北部元素丰度值，其中Au元素为新疆北部元素丰度值的5.2～25.9倍。该组分布于天山庙－塔水－白杨沟、板房沟一带，其中北西向韧脆性断裂十分发育，受剪切变质变形作用影响，岩石的千枚岩化、糜棱岩化强烈，受深部变质流体的改造，一些地段硅化、黄铁矿化、碳酸盐化发育，形成北西走向的石英脉群。其中有15个金矿（化）点和4个铜矿化点均发育在韧性剪切作用和其流体活动带中。该组地层在琼祖尔开一带处于几组断裂交汇和构造线转折部位，岩石组合在该地段火山岩、火山碎屑岩逐渐增多，正常碎屑岩明显减少，是火山活动强烈地区。上述几种地质条件的叠加，使得本区段的成矿作用更加明显，形成的矿（化）点更加集中。由此可见，这些成矿元素丰富的地层在晚古生代吐哈洋盆双向俯冲发生大规模火山活动，从火山活动过程中带来了大量的成矿物质，形成主要有泥盆纪和石炭纪火山岩地层组成的古生代岛弧。后期华力西中晚期岩浆热液活动中，热液沿构造裂隙运移，与围岩发生交代作用，并从围岩中汲取部分成矿物质，发生热液叠加作用，在构造裂隙中沉积形成矿化体，这就为金、铜成矿提供了物质基础。

5.3.1.5 地球物理特征分析

在博格达西段杏树沟地区开展靶区查证工作，系统采集了各类岩性的物性标本。从极化率参数统计结果看，砂岩、粉砂岩、粗砂岩、细砾岩、凝灰质砂岩、凝灰质粉砂岩、辉绿岩的极化率平均值相对较小都小于1%，并且彼此间的差异不大；铜矿石的平均极化率相对较高，平均值在13%，可以引起极化率异常；矿化砂岩与矿化粉砂岩平均极化率小于1%，不能引起极化率异常。本区内大多数岩性的电阻率的变化范围较大，总体而言，辉绿岩、凝灰质砂岩的平均电阻率相对大些，为5400～6700Ω·m，大多数岩石的电阻率平均值相对小些，为2500～4500Ω·m，铜矿石电阻率平均值非常小，小于1Ω·m，孔雀石化砂岩、粉砂岩平均电阻率在2000Ω·m左右，比不含矿化的砂岩、粉砂岩等略低。根据实测激电数据背景地段的η_s平均值为1.2%。激电异常显示异常体具有中低电阻中极化率特征，异常主要由孔雀石化、铜矿化现象引起。在博斯塘一带进行靶区查证，结果激电剖面异常中心明显，极化率最大值达到3.0，视电阻率最高为1200Ω·m。总体显示出了中高极化率中低电阻率的激电特征。

在索尔巴斯陶金矿区对各类岩性样品进行物性测试，电性特征明显。靠近断层地下水丰富，矿化发育，视电阻率相对偏低，视电阻率在200Ω·m左右，玄武岩、安山岩视电阻率较高，视电阻率在6000~12000Ω·m左右，大多数蚀变岩的电阻率平均值相对小些，黄铁矿化的蚀变岩岩电阻率平均值最小2000Ω·m左右。位于探明矿体中部的4号电阻率剖面显示，视电阻率测深剖面推测该剖面300m以下成矿潜力巨大，可以延伸到900m左右，宽度约100m。深部成矿潜力巨大。F_3、F_4断层组合控制的蚀变带主要矿化为褐铁矿化、高岭土化、硅化，绢云母化等，显示出了较好的矿化现象。在索尔巴斯陶金矿外围。口门子从物性标本电阻率参数统计结果看，各类岩性通过电阻率特征相对容易区分，彼此间的电阻率变化范围虽有交集但区别较大。安山岩的电阻率比相对较为破碎的千枚岩化或糜棱岩化变质岩电阻率高，电阻率接近于1550.3~3730.2Ω·m；千枚岩化安山岩与糜棱岩化凝灰岩及绢云母千糜岩电阻率较低，变化范围在350.6~870.3Ω·m。总体而言，安山岩、凝灰岩的平均电阻率相对大些，为1550~6700Ω·m，含黄铁矿化的区域动力变质岩电阻率平均值最小，如黄铁矿化蚀变千糜岩小于150Ω·m。总体显示出了中高极化率中低电阻率的激电特征。

5.3.2 邻区对比分析

研究区北部卡拉麦里成矿带发育与晚期碱性花岗岩-碱长花岗岩有关的云英岩型锡矿以及发育海相及陆相火山岩型和中酸性侵入内外接触带型金矿。并有铜、铬、铁、钒、钛、铅、锌等多种矿产。矿床成因类型较多，主要有斑岩型铜矿（乌伦布拉克式）、矽卡岩型铁铜矿、花岗岩类有关热液型铁矿、锰矿及金矿、陆相火山岩型铜金及明矾石、海相火山-沉积型汞矿、铜矿及银矿、与韧性剪切带有关的蚀变岩型金矿等，其中以斑岩型、陆相火山岩型及海相火山岩型矿床最为重要。特别是下石炭世的陆相火山-潜火山岩建造发育区，已发现有浅成低温热液型金铜矿化（双峰山式）。此外还受韧性剪切带、破碎蚀变带和火山机构控制的金矿床，如双泉（中型）、南明水、野马泉小型金矿床等。锡矿主要在卡拉麦里断裂以北的老鸦泉-黄羊山花岗岩发育区，为锡石石英脉型和蚀变花岗岩型。

研究区南部觉罗塔格成矿带以铁、铜、镍、钼、金、钨、钼、稀有金属、煤、钠硝石、硅灰石为主，并有银、铅、锌、锰、钴、钒、钛等多种矿产，主要矿产地有上百处，是新疆最重要成矿带之一。主要矿床类型有海相火山岩型铜、铁矿，斑岩型铜钼矿，镁铁-超镁铁岩型铜镍矿、钛矿，韧性剪切带型金矿（破碎蚀变岩型），花岗岩热液型钨、银矿，花岗伟晶岩型稀有金属矿，沉积型铁、锰、钒钛磁铁矿等。其中达到大型—超大型规模的矿床有土屋-延东铜矿、黄山-黄山东-香山-香山西铜镍矿、白山钼矿、康古尔-石英滩金矿床等，达到中型规模的有雅满苏、红云滩、白灵山铁矿、维权银铜矿等。

博格达-哈尔里克成矿带具有与邻区相近的成矿条件，但区内已发现矿床成因类型较单一，矿种以铜、金为主。其中铜矿成因类型以具层控特征中低温热液型，如铜沟、杏树沟铜矿；金矿成因类型以浅成低温热液型以及韧性剪切带型为主，分别以索尔巴斯陶金矿和琼祖尔开金矿为代表。矿床成因类型对比表明，研究区成矿作用类型较少，具有进一步勘查的潜力，如哈尔里克地区分布着大面积花岗岩类侵入体，具有寻找斑岩型矿产的潜力。矿床规模对比表明，研究区内已发现矿产规模对以中小型为主，且矿床、矿种数量较少，结合最新新疆资源潜力评价研究，博格达-哈尔里克成矿带具有很大的找矿潜力。

5.3.3 资源潜力分析

根据本次研究，博格达－哈尔里克地区可划分出杏树沟－铜沟、庙尔沟－达坂城、博斯塘、条湖东、索尔巴斯陶、口门子、石头泉和镜儿泉北8个铜金成矿远景区。目前，只有杏树沟－铜沟、博斯塘、索尔巴斯陶和石头泉4个成矿远景区已发现成型矿床。本书通过成矿背景、典型矿床研究，建立了铜、金综合预测找矿模型，并圈定了有利成矿区。在模型区成矿要素分析及资源量估算的基础上，进一步圈定了找矿靶区，并采用综合信息地质体积法进行了资源量预测，结果显示区内具有进一步寻找大型铜金矿床的潜力。

此外，哈尔里克东段地区广泛分布着华力西期花岗质侵入岩体，大多为花岗斑岩、二长斑岩等花岗质斑岩体，具有形成斑岩型矿床的成矿条件。由于该地区工作程度较低，还未系统开展斑岩铜矿研究及找矿工作，但最新的区调工作已发现多处斑岩铜矿化显示及化探铜、金异常，地质成矿条件与准噶尔地区斑岩铜矿带相似，为晚古生代陆缘弧。同时在哈尔里克口门子地区识别出了塔水－板房沟韧性剪切变形带，该带规模较大，东西延伸数十至上百千米，卷入地层主要为具有较高金元素背景值的塔水组，具有形成韧性剪切带型金矿床的成矿条件，本次工作已经在该地区发现了琼祖尔开、琼祖尔开东、乌尊吞盖等金矿化点。通过进一步加大投入，在博格达－哈尔里克地区铜金找矿上也有取得突破的潜力。

综合上述分析，本区铜金矿成矿地质条件优越，具有多期次的构造－岩浆活动；铜金成矿作用比较复杂，普遍存在不同成矿期次的热液叠加改造作用；与邻区对比显示，具有相同的大地构造环境及成矿条件，同属中亚巨型铜金成矿带；本次预测显示，博格达－哈尔里克地区铜金资源潜力很大。

第6章 结 论

通过本次工作，主要得到以下几点认识：

1）对博格达地区石炭系火山-沉积层序进行了重新厘定，其自下而上依次为：下石炭统七角井组、上石炭统柳树沟组、上石炭统祁家沟组、上石炭统奥尔吐组。

2）对哈尔里克地区火山岩喷发旋回进行了梳理，其中奥陶纪为玄武岩-安山岩组合；志留纪为玄武安山岩-安山岩-英安岩-流纹岩组合；泥盆纪为玄武岩-安山岩-英安岩-流纹岩组合；石炭纪为安山岩-英安岩-流纹岩组合；二叠纪为玄武岩-流纹岩组合。

3）博格达山侵入带存在两期岩浆活动，即晚石炭世侵入序列（324~298Ma）：辉绿岩、辉石石英二长闪长岩、辉石石英闪长岩、角闪二长岩、石英二长闪长岩、钾长花岗岩、花岗岩等；二叠纪侵入序列（289~250Ma）：辉长岩、辉长闪长岩、二长闪长岩。

4）根据研究区侵入岩岩性岩相、同位素年代学特征，确定哈尔里克地区存在奥陶纪—志留纪（460~425Ma）、泥盆纪（415~360Ma）、石炭纪—二叠纪（335~270Ma）三期侵入岩浆事件，并分别对应于不同的构造环境。侵入岩岩浆活动具有时间跨度长、规模强度大的特点。

5）将博格达构造带重新厘定了晚古生代弧后盆地。哈尔里克早古生代为年轻的不成熟岛弧，不存在古老基底，晚古生代为发育在早古生代不成熟岛弧之上的复合岛弧。建立了古生代区域构造演化模式。

6）铜沟铜矿产于正常碎屑沉积岩建造中，成矿过程包含三个阶段，即早期黄铁矿形成阶段、中期矿化阶段（表现为黄铜矿的形成与富集）和晚期碳酸盐岩阶段。方解石中捕获的原生流体包裹体为水溶液包裹体，主要类型有气液两相富液相包裹体、气液两相富气相包裹体和纯液相单相包裹体，成矿流体显示了低盐度和低密度流体的特征。通过He-Ar、H-O同位素分析，认为流体混合作用可能是导致含矿热液沉淀成矿的主要原因。流体混合引发含矿热液温度急剧降低使Cu元素析出、沉淀，形成的金属硫化物与石英和方解石充填到构造裂隙中形成中低温热液脉型矿床。

7）索尔巴斯陶金矿产于下石炭统中基性火山熔岩及同性火山碎屑岩中，地表构造蚀变破碎严重，具明显构造控矿特征。含金石英脉中石英捕获的原生流体包裹体类型比较单一，发育水溶液包裹体，成矿流体显示出了低温度、低盐度和低密度流体的特征，压力估算表明其形成于浅成环境。H-O同位素表明成矿流体主要为大气降水，混入少量岩浆水；硫同位素表明成矿物质主要来源于中基性火山岩。成矿时代为中二叠世。通过与典型浅成低温热液型金矿床对比研究，索尔巴斯陶金矿床属浅成低温热液型金矿床。

8）琼祖尔开金矿位于塔水-板房沟韧性剪切变形带中，矿体产于受韧性剪切带改造的石炭系的一套糜棱岩化、碎裂岩化的浅变质火山碎屑岩中。矿化岩石为糜棱岩化凝灰岩，黄铁矿呈浸染状、细脉状。石英捕获的原生流体包裹体类型比较单一，以发育水溶液包裹体为特征，总体显示出了中低温度、低盐度和低密度热液流体的特征。在金矿体发育的黄铁矿化糜棱岩化凝灰岩中，金属矿物呈条带状分布，局部岩石受构造应力影响，已发生强烈变形，金矿物呈微晶赋存于黄铁矿晶隙中。从不同尺度地质现象和矿化特征综合分析成果来看，本区的金矿化与前人总结的韧性剪切带型金矿化特征十分相似，因此认为琼祖尔开金矿是较为典型的韧性剪切带型金矿化。

9）基于 ArcGIS 软件平台，采用加权 Logistic 回归模型进行综合分析，结合化探异常信息及定量成矿有利度评价结果，最终圈定了 8 处成矿远景区。

10）在总结已知矿床（点）和区域成矿规律的基础上，建立了区内铜、金矿床综合信息成矿预测模型。结合全区 1∶20 万化探数据和重点地区 1∶5 万化探普查数据，圈定铜矿找矿靶区 10 处，金矿找矿靶区 4 处。预测金资源总量 42.88t，预测铜资源总量 80.59×10^4t。从地层岩性建造、岩浆侵入作用、断裂构造及物化探等成矿地质条件、邻区对比以及资源潜力方面，分析了研究区铜金找矿潜力。

参考文献

曹福根，涂其军，张晓梅，等.2006. 哈尔里克山早古生代岩浆弧的初步确定——来自塔水河一带花岗质岩体锆石 SHRIMP U－Pb 侧年的证据. 地质通报，25（8）：923～927.

陈斌，贺敬博，陈长健，等. 2013. 东天山白石泉镁铁－超镁铁杂岩体的 Nd－Sr－Os 同位素成分及其对岩浆演化的意义. 岩石学报，29（1）：294～302.

陈登超，赵省民，邓坚.2010. 新疆东部博格达山北侧石炭系碎屑锆石 U－Pb 定年及其地质意义，地质学报，84（12）：1770～1780.

陈富文，李华芹，陈毓川，等.2005. 东天山土屋－延东斑岩铜矿田成岩时代精确测定及其地质意义. 地质学报，79（2）：256～261.

陈希节，舒良树.2010. 新疆哈尔里克山后碰撞期构造－岩浆活动特征及年代学证据. 岩石学报，26（10）：3057～3064.

陈衍景，倪培，范宏瑞，等. 2007. 不同类型金矿热液系统的流体包裹体特征. 岩石学报，23（09）：2085～2108.

陈毓川，李兆，毋瑞身，等.2001. 中国金矿床及其成矿规律. 北京：地质出版社，1～465.

成守德，王广瑞，杨树德.1986. 新疆古板块构造. 新疆地质，4（2）：1～26.

成守德，张湘江.2000. 新疆大地构造基本格架. 新疆地质，18（4）：293～296.

党如童. 2011. 运用逻辑回归模型预测泥沙灾害危险系数. 水土保持应用技术，1：11～12.

党延霞，贺转香，何建喜，等. 2010. 新疆巴里坤县索尔巴斯陶金矿成矿特征. 新疆有色金属，13～15.

邓晋福，罗照华，苏尚国.2004. 岩石成因、构造环境与成矿作用. 北京：地质出版社，1～381.

邓晋福，肖庆辉，苏尚国，等.2007. 火成岩组合与构造环境. 高校地质学报，13（3）：392～402.

第鹏飞，李泰德，王金荣，等.2010. 新疆博格达造山带东段二叠纪流纹岩地球化学特征及地质意义. 兰州大学学报（自然科学版），46（6）：8～19.

董连慧，冯京，刘德权，等. 2010. 新疆成矿单元划分方案研究. 新疆地质，28（1）：1～15.

方国庆.1993. 博格达晚古生代岛弧的沉积岩石学证据. 沉积学报，11（3）：31～36.

龚斌利，刘云鹤. 2013a. 新疆哈尔里克山地区韧性剪切带型铜金矿化地质特征及找矿前景. 西北地质，46（3）：90～97.

龚斌利，刘云鹤. 2013b. 新疆哈尔里克山地区韧性剪切带型铜金矿化地质特征及找矿前景. 高校地质学报，19（增）：374.

顾连兴，胡受奚，于春水，等. 2001. 论博格达俯冲撕裂型裂谷的形成与演化. 岩石学报，17（4）：585～597.

顾连兴，胡受奚，于春水，等. 2010. 东天山博格达造山带石炭纪火山岩及其形成地质环境. 岩石学报，16（3）：305～316.

顾连兴，胡受奚，于春水，等.2001. 博格达陆内碰撞造山带挤压－拉张构造转折期的侵入活动. 岩石学报，17（2）：187～198.

郭华春，钟莉，李丽群，等. 2006. 哈尔里克山口门子地区石英闪长岩锆石 SHRIMP U－Pb 测年及其地质意义. 地质通报，25（8）：928～931.
郭威，周鼎武，欧阳征健，等.2009. 博格达山南缘达坂城东沟乡二叠纪岩浆岩及其形成地质环境. 陕西师范大学学报：自然科学版，37（1）：103～108.
郭新成，余元军，徐晟.2008. 新疆鄯善色尔特能蛇绿岩及构造意义. 新疆地质，26（3）：225～230.
郭召杰.2012. 新疆北部大地构造研究中几个问题的评述——兼论地质图在区域构造研究中的重要意义. 地质通报，31（7）：1054～1060.
韩宝福，何国琦，王式洸，等. 1998. 新疆北部后碰撞幔源岩浆活动与陆壳纵向生长. 地质论评，44（4）：396～406.
韩宝福，季建清，宋彪，等.2006. 新疆准噶尔晚古生代陆壳垂向生长（I）—后碰撞深成岩浆活动的时限. 岩石学报，22（05）：1077～1086.
何国琦，李茂松，刘德权，等.1994. 中国新疆古生代地壳演化及成矿. 乌鲁木齐：新疆人民出版社，1～437.
姬金生.1994. 东天山康古尔塔格金矿带地质与成矿. 北京：地质出版社，90～92.
江思宏，聂凤军，张义，胡朋. 2004. 浅成低温热液型金矿床研究最新进展. 地学前缘，11（2）：401～411.
靳刘圆，张济，朱志新，等. 2013. 哈尔里克山古生代火山岩地质特征及构造意义. 新疆地质，31（3）：173～179.
李昌年.1992. 火成岩微量元素岩石学. 武汉：中国地质大学出版社，74～93.
李华芹，陈富文. 2004. 中国新疆区域成矿作用年代学. 北京：地质出版社. 1～391.
李锦轶，何国琦，徐新，等. 2006. 新疆北部及邻区地壳构造格架及其形成过程的初步探讨. 地质学报，80（1）：148～168.
李锦轶，王克卓，李文铅，等. 2002. 东天山晚古生代以来大地构造与矿产勘查. 新疆地质，22（4）：295～301.
李锦轶，王克卓，孙桂华，等.2006. 东天山吐哈盆地南缘古生代活动陆缘残片：中亚地区古亚洲洋板块俯冲的地质记录. 岩石学报，22（05）：1087～1102.
李锦轶. 2004. 新疆东部新元古代晚期和古生代构造格局及其演变. 地质论评，50（3）：304 ～322.
李平，刘伟，朱志新，等. 2013a. 博格达西段三个山石英闪长岩体地球化学特征、年代学及地质意义. 新疆地质，31（3）：162～166.
李平，徐仕琪，朱志新，等. 2013b. 新疆博格达－哈尔里克一带金矿类型及找矿方向研究. 西北地质，46（4）：163～172.
李平，刘伟，朱志新，等. 2013c. 新疆博格达西段石英二长岩锆石 SHRIMP U－Pb 测年及地质意义. 新疆大学学报（自然科学版），30（4）：476～481.
李平，朱志新，陈川，等. 2014. 新疆巴里坤索尔巴斯陶金矿床成矿流体特征及矿床成因. 矿床地质，33（2）：339～349.
李文明，任秉琛，杨兴科，等.2002. 东天山中酸性侵入岩浆作用及其地球动力学意义. 西北地质，35（4）：41～64.
李文铅，马华东，王冉，等.2008. 东天山康古尔塔格蛇绿岩 SHRIMP 年龄、Nd－Sr 同位素特征及构造意义. 岩石学报，24（4）：773～780.
李文铅，夏斌，王克卓，等.2006. 新疆东天山彩中花岗岩体锆石 SHRIMP 年龄及地球化学特征. 地质学报，2006. 80（1）：43～52.
李文渊，牛耀龄，张照伟，等. 2012. 新疆北部晚古生代大规模岩浆成矿的地球动力学背景和战略找矿远景. 地学前缘，19（4）：41～50.

李亚萍，孙桂华，李锦轶，等．2006. 吐哈盆地东缘泥盆纪花岗岩的确定及其地质意义．地质通报，25（8）：932～936.
梁婷，郭新成，高景刚，等．2011. 博格达山东段石炭纪火山岩地球化学及构造属性．新疆地质，29（3）：289～295.
刘德权，唐延龄，周汝洪．1992. 新疆北部古生代地壳演化及成矿系列．矿床地质，11（4）：307～314.
刘家远．2001. 新疆北部陆相火山岩型金矿床的主要特征．黄金地质，7（3）：127.
刘艺梁，殷坤龙，刘斌．2010. 逻辑回归和人工神经网络模型在滑坡灾害空间预测中的应用．水文地质工程地质，37（5）：92～96.
楼法生，唐春花．1995. 新疆巴里坤红井子地区石炭纪火山岩及其大地构造环境分析．新疆地质，13（1）：67～76.
卢焕章，范宏瑞，倪培，等．2004. 流体包裹体．北京：科学出版社，1～487.
马瑞士，舒良树，孙家齐．1997. 东天山构造演化与成矿．北京：地质出版社，1～202.
马瑞士，王赐银，叶尚夫．1993. 东天山构造格架及地壳演化．南京：南京大学出版社，1～225.
马学玉．1994. 新疆柴窝堡铜矿带铜沟－庙儿沟铜矿田成矿地质特征．矿产与地质，5（8）：392～397.
莫江平，陆孝赞，席小平．2003. 新疆庙儿沟铜矿成因研究．华南青年地学学术研讨会论文集，098～102.
努丽曼古·阿不都克力木，张晓帆，陈川，等．2012. 加权 Logistic 回归模型在斑岩铜矿预测中的应用——以中—哈边境扎尔玛—萨吾尔成矿带为例．地质论评，58（2）：398～400.
欧阳征健，周鼎武，等．2006. 博格达山白杨河地区中基性岩墙地球化学特征及其地质意义．大地构造与成矿学，30（4）：495～503.
潘桂棠，肖庆辉，陆松年，等．2009. 中国大地构造单元划分．中国地质，36（1）：1～28.
芮宗瑶，王龙生，王义天，等．2002. 东天山土屋和延东斑岩铜矿床时代讨论．矿床地质，21（1）：16～22.
沙德铭，董连慧，鲍庆中，等．2003. 西天山地区金矿床主要成因类型及找矿方向．新疆地质，21（4）：419～425.
邵洁连．1988. 金矿找矿矿物学．北京：中国地质大学出版社，1～158.
舒良树，朱文斌，王博，等．2005. 新疆博格达南缘后碰撞期陆内裂谷和水下滑塌构造．岩石学报，21（01）：25～36.
宋彪，李锦轶，李文铅，等．2002. 吐哈盆地南缘克孜尔卡拉萨依和大南湖花岗质岩基锆石 SHRIMP 定年及其地质意义．新疆地质，20（4）：342～345.
孙桂华，李锦轶，高立明，等．2005. 新疆东部哈尔里克山闪长岩锆石 SHRIMP U－Pb 定年及其地质意义．地质论评，51（4）：463～469.
孙桂华，李锦轶，朱志新，等．2007a. 新疆东部哈尔里克山片麻状黑云母花岗岩锆石 SHRIMP U－Pb 定年及其地质意义．新疆地质，25（1）：4～10.
孙桂华，李锦轶，朱志新，等．2007b. 新疆东部哈尔里克山南麓石炭纪砂岩碎屑锆石 SHRIMP U－Pb 定年及其地质意义．中国地质，34（5）：778～789.
孙桂华．2007. 新疆哈尔里克山古生代以来构造变形及构造演化（博士论文）．北京：中国地质科学院，237.
田黎萍，王金荣，汤中立，等．2010. 新疆博格达山东段早石炭世火山岩地球化学特征及其构造意义．兰州大学学报（自然科学版），46（4）：30～41.
万博，张连昌，孙赫．2006. 东天山小石头泉铜多金属矿区火山岩－次火山岩地球化学与成矿构造背景．岩石学报，22（11）：2714～2715.

汪帮耀，姜常义，李永军，等. 2009. 新疆东准噶尔卡拉麦里蛇绿岩的地球化学特征及大地构造意义. 矿物岩石，29（3）：74～82.
汪传胜，顾连兴，张遵忠，等. 2009a. 东天山哈尔里克山区二叠纪高钾钙碱性花岗岩成因及地质意义. 岩石学报，25（6）：1499～1511.
汪传胜，顾连兴，张遵忠，等. 2009b. 新疆哈尔里克山二叠纪碱性花岗岩－石英正长岩组合的成因及其构造意义. 岩石学报，25（12）：3182～3196.
王赐银，舒良树，赵明，等. 1996. 东天山北部哈尔里克晚古生代推覆构造与岩浆作用研究. 高校地质学报，2（2）：198～206.
王登红，陈毓川，徐志刚，等. 2000. 新疆北部 Cu－Ni－（PGE）硫化物矿床成矿系列探讨. 矿床地质，19（2）：147～155.
王方成，蔡晓菊. 2010. 新疆博格达山晚古生代花岗岩地球化学特征及构造意义. 兰州大学学报（自然科学版），46（5）：1～6.
王金荣，李泰德，田黎萍，等. 2010. 新疆博格达造山带晚古生代构造－岩浆演化过程：火山岩组合及地球化学证据. 岩石学报，26（4）：1103～1115.
王世称，陈永良，夏立显. 2000. 综合信息矿产预测理论与方法. 北京：科学出版社，2～30.
王银喜，顾连兴，张遵忠，等. 2007. 东天山晚石炭世大石头群流纹岩 Sr－Nd－Pb 同位素地球化学研究. 岩石学报，23（7）：1749～1755.
王银喜，顾连兴，张遵忠，等. 2005. 博格达裂谷闭合和区域隆起的同位素年代学证据及地质意义. 地球学报，26（增刊）：102～104.
王银喜，顾连兴，张遵忠，等. 2006. 博格达裂谷双峰式火山岩地质年代学与 Nd－Sr－Pb 同位素地球化学特征. 岩石学报，22（5）：1215～1224.
王有标，赵殿甲. 2006. 中国新疆金矿床. 北京：地质出版社，1～204.
王元龙，成守德. 2001. 新疆地壳演化与成矿. 地质科学，36（2）：129～143.
王宗秀，李涛，周高志，等. 2003. 博格达山晚石炭世造山活动的变形地质记录. 地学前缘，10（1）：63～69.
王宗秀，周高志，李涛. 2003. 对新疆北部蛇绿岩及相关问题的思考和认识. 岩石学报，19（4）：683～691.
吴庆福. 1986. 准噶尔盆地构造演化及含油气远景. 新疆地质，4（3）：1～19.
夏芳，赵同阳，徐仕琪，等. 2012. 新疆哈尔里克地区侵入岩浆构造序列的确定及构造意义. 新疆地质，30（4）：392～398.
夏林圻，张国伟，夏祖春，等. 2002. 天山古生代洋盆开启、闭合时限的岩石学约束—来自震旦纪、石炭纪火山岩的证据. 地质通报，21（2）：55～62.
肖序常，汤耀庆，冯益民. 1992. 新疆北部及其邻区大地构造. 北京：地质出版社，1～169.
新疆维吾尔自治区地质矿产局. 1993. 新疆维吾尔自治区区域地质志. 北京：地质出版社.
徐仕琪，赵同阳，朱志新，等. 2013. ArcGIS 证据权模型在铜矿成矿预测中的应用—以博格达－哈尔里克成矿带为例. 地质与勘探，49（5）：981～989.
徐学义，夏林圻，张国伟，等. 2002. 下石炭统马鞍桥组在天山构造演化中的地位. 新疆地质，20（4）：338～341.
杨富全，毛景文，夏浩东，等. 2005. 新疆北部古生代浅成低温热液型金矿特征及其地球动力学背景. 矿床地质，24（3）：242～263.
叶天竺，吕志成，庞振山，等. 2015. 勘查区找矿预测理论与方法（总论）. 北京：地质出版社.
叶天竺，肖克炎，严光生. 2007. 矿床模型综合地质信息预测技术研究. 地学前缘（中国地质大学：北京），14（5）：11～19.
叶天竺，张智勇，肖庆辉，等.2010. 全国矿产资源潜力评价技术要求系列丛书——成矿地质背景研究技术要求. 北京：地质出版社，431～434.
翟伟，孙晓明，苏丽薇，等. 2010. 新疆阿希金矿：古生代的低硫型浅成低温热液金矿床. 地学前缘，17（2）：266～284.
张锐. 1997. 新疆铜沟矿区矿床地质特征及成矿机制. 有色金属矿产与勘查，6（6）：342～345.
张文璟，牛亮，林伟，等. 2013. 新疆索尔巴斯陶金矿矿床地质特征及金的赋存状态. 地质论评，59（增刊）：1～2.
赵明，舒良树，王赐银.1997. 东疆哈尔里克变质地带变质作用特征及形成构造环境研究. 高校地质学报，3（1）：40～50.
赵鹏大，陈建平，张寿庭. 2003.“三联式”成矿预测新进展. 地学前缘，10（2）：455～463.
周济元，崔炳芳，肖惠良，等.2001. 新疆康古尔－黄山对接碰撞带的存在、成矿模式及成矿预测. 火山地质与矿产，22（4）：252～263.
周济元，茅燕石，黄志勋，等.1994. 东天山古大陆边缘火山地质. 成都：成都科技大学出版社，1～280.
Andersen T. 2002. Correction of common lead in U－Pb analyses that do not report ^{204}Pb. Chemical Geology, 192（1～2）：59～79.
Bailey J C. 1981. Geochemical criteria for a refined tectonic discrimination of orogenic andesites. Chemical Geology, 32（1～4）：139～154.
Baldwin J A, Pearce J A. 1982. Discrimination of productive and nonproductive porphyritic intrusions in the Chilean Andes. Economic Geology, 77（3）：664～674.
Bazhenov M L, Collins A Q, Degtyarev K E, et al. 2003. Paleozoic northward drift of the North Tien Shan (Central Asia) as revealed by Ordovician and Carboniferous paleomagnetism. Tectonophysics, 366（1～2）：113～141.
Bischoff J L. 1991. Densities of liquids and vapors in boiling NaCl－H_2O solutions：A PVTX summary from 300℃ to 500℃. Amer J Sci, 291：309～338.
Blevin P L, Chappell B W. 1995. Chemistry, origin, and evolution of mineralized granites in the Lachlan fold belt, Australia：The metallogeny of I－and S－type granites. Economic Geology, 90：1604～1619.
Bodnar R J. 1993. Revised equation and table for determining the freezing point depression of H_2O－NaCl solutions. Geochimica Cosmochimica Acta, 57（3）：683～684.
Boynton W V. 1984. Geochemistry of the rare earth elements：meteorite studies. In：Henderson P.（ed）, Rare earth element geochemistry. Elservier, 63～114.
Brown P E, Lamb W M. 1989. P－V－T properties of fluids in the system $H_2O \pm CO_2 \pm$ NaCl：New graphic presentations and implications for fluid inclusion studies. Geochim Cosmochim Acta, 53：1209～1221.
California. The Journal of Geology, 91（5）：487～509.
Carroll A R, Liang Y H, Graham S A, et al. 1990. Junggar basin, Northwest China：Trapped Late Palaeozoic ocean. Tectonophysics, 181：1～14.
Chen B, Arakawa Y. 2005. Elemental and Nd－Sr isotopic geochemistry of granitoids from the West Junggar foldbelt (NW China), with implications for Phanerozoic continental growth. Geochimica et Cosmochimica Acta, 69（5）：1307～1320.
Chen B, Jahn B M. 2004. Genesis of post－collisional granitoids and basement nature of the Junggar Terrane, NW China：Nd－Sr isotope and trace element evidence. Journal of Asian Earth Sciences, 23（5）：691～703.

Chen B, Tian W, Jahn B M, Chen Z C. 2008. Zircon SHRIMP U – Pb ages and in – situ Hf isotopic analysis for the Mesozoic intrusions in South Taihang, North China craton: Evidence for hybridization between mantle – derived magmas and crustal components. Lithos, 102 (1 ~2) : 118 ~137.

Chen Xijie, Shu Liangshu , Santosh M. 2011. Late Paleozoic post – collisional magmatism in the Eastern Tianshan belt, northwest China: new insights from geochemistry, geochronology and petrology of bimodal volcanic rocks. Lithos, (127): 581 ~598.

Cindie K C. 1982. Plate tectonics and crustal evolution. London: Pergamon Press, 1 ~310.

Clayton R N, O' Neil J R, Mayeda T K. 1972. Oxygen isotope fractionation in quartz and water. Geophys Res, 77: 3057 ~3067.

Coleman R G. 1989. Continental growth of northwest China. Tectonics, 8 (3): 621 ~635.

Corbett G. 2002. Epithermal gold for explorationists. AIG Journal Applied Geoscientific Practice and Research in Australia, April: 1 ~26.

Dupuy C, Dostal J, Marcelot G, et al. 1982. Geochemistry of basalts from central and southern New Hebrides arc: Implication for their source rock composition. Earth and Planetary Science Letters, 60 (2) : 207 ~225.

Faure K, Mat suhisa Y, Met sugi H, et al. 2002. The hishikari Au – Ag epithermal deposit, Japan: oxygen and hydrogen isotope evidence in determining the source of paleo hydrothermal fluids. Economic Geology, 97: 481 ~498.

Feeley T C, Wilson L F, Underwood S J. 2008. Distribution and compositions of magmatic inclusions in the Mount Helen dome, Lassen Volcanic Center, California: Insights into magma chamber processes. Lithos, 106 (1 ~2) : 173 ~189.

Han Baofu, He Gouqi, Wang Shiguang. 1999. Postcollisional mantle – derived magmatism, underplating and implications for basement of the Junggarbasin. Science in China (SeriesD), 42 (2): 113 ~19.

Han Baofu, Guo Zhaojie, Zhang Zhicheng, et al. 2010. Age, geochemistry, and tectonic implications of a late Paleozoic stitching pluton in the North Tian Shan suture zone, western China. Geological Society of America Bulletin, 122: 627 ~640.

Harker A. 1909. The Natural History of the Igneous rocks. New York: Macmillan, 1 ~384.

Heald P, Floey N K, Hayba D O. 1987. Comparative anatomy of volcanic – hosted epithermal deposits: acid – sulfate and adularia – sericite types. Economic Geology, 82: 1 ~26.

Hedenquist J W, Lowenstern J B. 1994. The role of magmas in the formation of hydrothermal ore deposits. Nature, 370: 519 ~526.

Heinrich C A. 2007. Fluid – fluid interactions in magmatic – hydrothermal ore formation. Rev. Miner. Geochem, 65: 363 ~387.

Holden P, Halliday A N, Stephens W E. 1987. Neodymium and strontium isotope content of microdiorite enclaves points to mantle input to granitoid production. Nature, 330 (6143) : 53 ~56.

Hunter A G , Blake S. 1995. Petrogenetic evolution of a transitional tholeiitic – calc – alkaline series: Towada Volcano, Japan. Journal of Petrology, 36 (6) : 1579 ~1605.

Izawa E, Urashima Y, Ibaraki K, et al. 1990. The Hishikari gold deposit: High – grade epithermal veins in Quaternary volcanics of southern Kyushu, Japan. Journal of Geochemical Exploration, 36: 1 ~56.

John D D, Hofstra A H, Fleck R E, et al. 2003. Geological setting and genesis of the Mule Canyon low – sulfidation epithermal gold – silver deposit, north – central Nevada. Economic Geology, 98: 425 ~463.

Kemp A I S. 2004. Petrology of high – Mg, low – Ti igneous rocks of the Glenelg River Complex (SE Australia) and the nature of their interaction with crustal melts. Lithos, 78 (1 ~2) : 119 ~ 156.

Le Bas M J, Le Maitre R W, Streckeisen A, et al. 1986. A chemical classification of volcanic rocks based on the total alkali – silica diagram. Journal of Petrology, 27 (3): 745.

Ma X H, Chen B , Yang M C. 2013. Magma mixing origin for the Aolunhua porphyry related to Mo – Cu mineralization, eastern Central Asian Orogenic Belt. Gondwana Research, 24 (3 ~4) : 1152 ~ 1171.

Mao J W, Pirajno F, Zhang Z H, et al. 2008. A review of the Cu – Ni sulphide deposits in the Chinese Tianshan and Altay orogens (Xinjiang Autonomous Region, NW China) : Principal characteristics and oreforming processes. Journal of Asian Earth Sciences, 32 (2 ~4): 184 ~ 203.

Matsuhisa Y, Aoki M. 1994. Temperature and oxygen isotope variations during formation of the Hishikari epithermal gold – silver veins, southern Kyushu, Japan. Economic Geology, 89: 1608 ~ 1613.

Meschede M. 1986. A method of discriminating between different types of mid – ocean ridge basalts and continental tholeiites with the Nb – Zr – Y diagram. Chemical Geology, 56 (3 ~4): 207 ~ 218.

Miao L C, Fan W M, Liu D Y, et al. 2008. Geochronology and geochemistry of the Hegenshan ophiolitic complex: Implications for late – stage tectonic evolution of the Inner Mongolia – Daxinganling Orogenic Belt, China. Journal of Asian Earth Sciences, 32 (5 ~6): 348 ~ 370.

Middlemost E A K. 1994. Naming materials in the magma/igneous rock system. Earth Sci. Rev., 37: 215 ~ 224.

Noyes H J, Frey F A and Wones D R. 1983. A tale of two plutons: Geochemical evidence bearing on the origin and differentiation of the Red Lake and Eagle Peak Plutons, Central Sierra Nevada, California. The Journal of Geology, 91 (5): 487 ~ 509.

Pearce J A , Cann J R. 1971. Ophiolite origin investigated by discriminant analysis using Ti, Zr and Y. Earth and Planetary Science Letters, 12 (3) : 339 ~ 349.

Pitcher W S. 1982. Granite Types and Tectonic Environment. Mountain Building Processes. London: Acad. Press, 19 ~ 40.

Plank T , Lanmuir C H. 1998. The chenmical composition of subducting sediment and its consequence for the crust and mantle. Chemical Geology, 145: 325 ~ 394.

Qiu Yu zhuo, Tu G C, Byron R. 2008. Epithermal gold deposits of China. Geochemica, 37 (4): 329 ~ 343.

Rapp R P , Watson E B. 1995. Dehydration melting of metabasalt at 8 ~ 32kbar: Implications for continental growth and crust – mantle recycling. Journal of Petrology, 36 (4) : 891 ~ 931.

Rogers G, Hawkesworth C J. 1989. A geochemical traverse across the North Chilean Andes: Evidence for crust generation from the mantle wedge. Earth and Planetary Science Letters, 91 (3 ~4) : 271 ~ 285.

Rollinson H R. 1993. Using Geochemical Data: Evaluation, Presentation, Interpretation. London: Pearson Education Limited, 1 ~ 278.

Sajona F G, Maury R C, Bellon H, et al. 1996. High field strength element enrichment of Pliocene – Pleistocene island arc basalts, Zamboanga Peninsula, Western Mindanao (Philippines) . Journal of Petrology, 37 (3) : 693 ~ 726.

Sengör A M C, Natal' in B A , Burtman V S. 1993. Evolution of the Altaid tectonic collage and Palaeozoic crustal growth in Eurasia. Nature, 364 (6435) : 299 ~ 307.

Shu Liangshu, Wang Bo, Zhu Wenbin, et al. 2011. Timing of initiation of extension in the Tianshan, based on structural, geochemical and geochronological analyses of bimodal volcanism and olistostrome in the Bogda Shan (NW China) . Int. J. Earth Sci. (Geol. Rundsch) , 100: 1647 ~ 1663.

Simmons S F, Brown K L. 2006. Gold in magmatic hydrothermal solutions and the rapid formation of a giant ore

deposit. Science, 314: 288 ~ 290.
Simon G, Kesler S E, Russell N, et al. 1999. Epithermal gold mineralization in an old volcanic arc: the Jacinto deposit, Camaguey district, Cuba. Economic Geology, 94: 487 ~ 506.
Singer D A. 1993. Basic Concepts in Three – Part Quantitative Assessments of Undisco – Vered Mineral Resources. Nonrenewable Resources, 2 (2): 69 ~ 83.
Sun S S, Mcdonough W F. 1989. Chemical and isotopic systematics of oceanic basalts: implications for mantle composition and process. Geological Society Special Publications, 42: 313 ~ 345.
Taylor H P Jr. 1973. O^{18}/ O^{16} evidence of meteoric – hydrothermal alteration and ore deposition in the Tonopah, Comstock Lode, and goldfield mining districts, Nevada. Economic Geology, 68 : 747 ~ 764.
Taylor S R , McLennan S M. 1985. The Continental crust: Composition and evolution. Blackwell Scientific Publications, Oxford, 1 ~ 372.
Thompson R N. 1982. British Tertiary volcanic province. Scott. J. Geol. , 18: 59 ~ 107.
Wang Y, Sasaki M , Sasada M, Chen C H. 1999. Fluid inclusion studies of the Chinkuashih high – sulfidation gold – copper deposits in Taiwan. Chemical Geology, 154: 155 ~ 167.
White A J R, Chappell B W, Wyborn D. 1999. Application of the restite model to the Deddick granodiorite and its enclaves: A reinterpretation of the observations and data of Maas *et al.* (1997) . Journal of Petrology, 40 (3) : 413 ~ 421.
Wilkinson J J. 2001. Fluid inclusions in hydrothermal ore deposits. Lithos, 55: 229 ~ 272.
Winter J D. 2001. An Introduction to Igneous and Metamorphic Petrology. London: Prentice Hall, 1 ~ 407.
Wood D A, Joron J L , Treuil M. 1979. A re – appraisal of the use of trace elements to classify and discriminate between magma series erupted in different tectonic settings. Earth and Planetary Science Letters, 45 (2) : 326 ~ 336.
Xia L Q, Xia Z C, Xu X Y, et al. 2008. Relative contributions of crust and mantle to the generation of the Tianshan Carboniferous rift – related basic lavas, northwestern China. Journal of Asian Earth Sciences, 31 (4 ~ 6): 357 ~ 378.
Xiao W J, Zhang L C, Qin K Z, et al. 2004. Paleozoic accretionary and collisional tectonics of the eastern Tianshan (China) : Implications for the continental growth of central Asia. American Journal of Science, 304 (4): 370 ~ 395.
Yang Fuquan, Mao Jingwen, Bierlein Frank P, et al. 2009. A review of the geological characteristics and geodynamic mechanisms of Late Paleozoic epithermal gold deposits in North Xinjiang, China. Ore Geology Review , 35: 217 ~ 234.

内部资料

曹福根，贺卫东，李嵩龄，等. 2005. 新疆伊吾县伊吾河上游一带 1:5 万区域地质矿产调查报告. 第一区域地质调查大队.
郭华春，齐德义，贺卫东，等. 2006. 新疆哈密市口门子南一带 1:5 万区域地质矿产调查报告. 第一区域地质调查大队.
王德贵，陈琪乐，唐智，等. 2011. 新疆巴里坤县下涝坝一带 1:5 万区域地质矿产调查报告. 第一区域地质调查大队.
新疆地矿局第一区域地质调查大队. 2006. 1:5 万塔水幅矿产图说明书.
新疆地矿局区测大队. 1996. 1:20 万伊吾幅区域地质调查报告.
新疆地质调查院. 2002. 1:25 万五堡幅区域地质调查报告.
新疆维吾尔自治区地质矿产勘查开发局第一区域地质调查大队. 2005. 新疆哈密市沁城一带 1:5 万区域

战地质矿产调查报告（K46E008019、K46E008020、K46E008021、K46E009021）. 乌鲁木齐：新疆维吾尔自治区1∶5万项目管理办公室，9～18.
新疆维吾尔自治区地质矿产勘查开发局第一区域地质调查大队. 2005. 新疆伊吾县伊吾河上游一带1∶5万区域地质矿产调查报告（K46E006019、K46E006020、K46E007020）. 乌鲁木齐：新疆维吾尔自治区1∶5万项目管理办公室，94～146.
新疆维吾尔自治区地质矿产勘查开发局第一区域地质调查大队. 2006. 新疆哈密市口门子南一带1∶5万区域地质矿产调查报告（K46E005015、K46E005016、K46E005017、K46E006016、K46E006017）. 乌鲁木齐：新疆维吾尔自治区1∶5万项目管理办公室，136～214.
新疆维吾尔自治区地质矿产勘查开发局第一区域地质调查大队. 2011. 新疆巴里坤县下涝坝一带1∶5万区域地质矿产调查报告（K46E002007、K46E003007、K46E003008）. 乌鲁木齐：新疆维吾尔自治区1∶5万项目管理办公室，152～215.
新疆维吾尔自治区地质矿产勘查开发局区域地质测量大队. 1965. 中华人民共和国地质图及说明书（1∶20万乌鲁木齐幅）. 新疆地矿局内部资料.
新疆维吾尔自治区地质矿产勘查开发局区域地质测量大队. 1967. 中华人民共和国地质图及说明书（1∶20万伊吾幅）. 新疆地矿局内部资料.
新疆维吾尔自治区地质矿产勘查开发局区域地质测量大队. 1971. 中华人民共和国地质图及说明书（1∶20万七角井幅）. 新疆地矿局内部资料.
中国地质调查局. 2010. 固体矿产推断的内蕴经济资源量和经工程验证的预测资源量估算技术要求（2010年补充）.